第3種

第2版

冷凍機械責任者
超速マスタ

冷凍機械研究会

TAC出版
TAC PUBLISHING Group

はじめに

冷凍機械責任者とは,「高圧ガス製造保安責任者」という国家資格の区分のひとつで,冷凍機械責任者の資格は,取り扱う冷凍機の容量から第1種,第2種,第3種の3つに分けられています。難易度としては,第3種冷凍機械責任者がもっとも易しく,第2種,第1種と難易度が上がり,同時に取り扱える冷凍設備の容量も大きくなります。

第3種冷凍機械責任者は,1日の冷凍能力が100t未満までのすべての冷凍設備の運転および保安を行うことができる資格です。試験科目は「保安管理技術」と「法令」の2科目で,各60点以上が合格ラインです。これまでの受験者の平均合格率は40～50%ですから,しっかりと学習すれば到達できるレベルです。

そこで本書は,第3種冷凍機械責任者試験にはじめて挑戦する予備知識のない読者も念頭に,試験で問われる要点を中心にまとめ,わかりやすい解説に務めました。各節の冒頭にそこで学習する内容をまとめて提示し,各節の内容をスムーズに理解していただけるような構成としています。また,各節の終わりには,出題頻度の高い過去問題にチャレンジして,学習効果を確認できるようにしました。

第3種冷凍機械責任者試験に合格するための入門書として,また試験直前には,最終確認を行う総まとめとして,本書を有効に活用していただければと思います。

皆さんが,合格の栄冠を手にされることを念願いたします。

目次

第8章 保安管理技術：冷凍装置の保守管理と保安装置

第9章 法令：関連法規と高圧ガス保安法

第10章 法令：製造設備および製造方法の技術上の基準

受験案内

第３種冷凍機械責任者試験とは

第３種冷凍機械責任者は, 高圧ガス保安法第29条第１項に規定される「高圧ガス製造保安責任者免状」の中に定められています。また, 同条第３項には, 製造保安責任者免状は「高圧ガス製造保安責任者試験」に合格した者でなければ, その交付を受けることができないとされています。

冷凍機械責任者には冷凍装置の規模（取り扱う冷凍機の容量）により, 第１種冷凍機械責任者, 第２種冷凍機械責任者, 第３種冷凍機械責任者の３つの区分があります。なお, 第３種と第２種の試験については都道府県知事が実施しますが, 第１種は経済産業大臣が試験を実施します。

高圧ガス製造保安責任者免状の種類	職務の範囲
第１種冷凍機械責任者	製造施設における製造に係る保安
第２種冷凍機械責任者	１日の冷凍能力が300t未満の製造施設における製造に係る保安
第３種冷凍機械責任者	１日の冷凍能力が100t未満の製造施設における製造に係る保安

受験資格

第３種冷凍機械責任者試験の受験には, 学歴, 年齢, 性別, 実務経験などの制限は特にありません。誰でも受験することができます。

試験科目と試験範囲等

試験科目は「法令」と「保安管理技術」の２科目で, 試験は筆記試験のみ。また, 試験範囲と試験時間, 試験方式は次の表のように実施されます。

試験科目	試験範囲	試験時間	出題形式	出題数
法令	高圧ガス保安法に係る法令および関係する政令, 省令等	60分	5肢択一のマークシート	20問
保安管理技術	冷凍のための高圧ガス製造に必要な初歩的な保安管理技術	90分	5肢択一のマークシート	15問

合格ライン

各科目ともに60点（60%）の正解であることが合格ラインです。科目平均ではなく，全科目（2科目）とも60%をとることが必要ということです。法令で100点をとっても，保安管理が50点であればたとえ平均が75点でも不合格となります。

試験科目の免除

高圧ガス保安協会の行う講習を受け，「技術検定試験（高圧ガス保安協会技術検定)」に合格すると，保安管理技術科目の試験が免除されます。

高圧ガス協会が行う講習（技術検定）

高圧ガス保安協会の委託を受けた冷凍関係の法人である「日本冷凍空調学会」および各都道府県にある関連団体（冷凍教育検査事務所，高圧ガス教育検査事務所等）が実施する高圧ガス保安協会の講習会を受講し，講習終了後に行われる技術検定試験（高圧ガス保安協会技術検定）を受験します。これに合格すると修了証書（合格証書）が交付され，第3種冷凍機械責任者試験では法令科目のみの受験となります。

講習の種類と名称	頻度	日数	時期	講習科目	講習時間
第３種冷凍機械講習 製造第９講習	年２回	３日間	２～３月および ５～６月	法令	７時間
				保安管理技術	１４時間

講習会は，全国35か所程度で開催され，受講後の検定試験（保安管理技術のみ）の合格ラインも国家試験と同様に60%以上の得点が必要です。この講習の修了証書の写しを国家試験申し込みの際に添付することで保安管理技術の科目が免除されます。また，修了証書の期限は無期限なので，翌年以降の受験にも有効です。

講習会の申し込み方法や募集時期，受講料等などの情報や詳細については，高圧ガス保安協会のホームページで確認できます。

●高圧ガス保安協会ホームページ　https://www.khk.or.jp/

国家試験の受験申し込み手続き

①受験書類

高圧ガス製造保安責任者試験受験願書（書面申請用）は，高圧ガス保安協会の本部および支部，各都道府県試験事務所ほか各都道府県高圧ガス担当窓口にて配布されます。また，インターネットでの申し込みについては，高圧ガス保安協会のホームページより申請用受験案内をダウンロードすることができます。

②郵送および直接持参の場合に必要な提出書類

(1) 高圧ガス製造保安責任者試験受験願書
(2) 願書に貼付する写真（無背景，脱帽，上半身正面で撮影した6か月以内のもの）
(3) 受験手数料の銀行あるいは郵便局の受付局日付印が押印された「振込受付証明書」または「郵便振替払込受付証明書」
(4) 1科目免除受験の場合は，講習修了書証の写し

③受験手数料（2024年の第3種冷凍機械責任者試験の場合）

書面申請の場合は10,300円，電子申請（インターネット）の場合は9,800円

※受験手数料は改定される場合がありますので，受験年度ごとに確認してください

④受験願書受付期間

毎年8月下旬～9月上旬頃

※書面受付，インターネット受付とで受付期間が異なりますので必ず確認してください

⑤受験願書の提出先

居住地，あるいは受験を希望する試験地の高圧ガス保安協会試験事務所に提出。

試験結果の発表と免状の交付申請手続き

合格発表は試験の2か月後の翌年1月上旬に行われ，合格者名簿が高圧ガス保安協会のホームページに掲載されます。そののち，受験者本人に合否の通知が郵送されます。試験合格者は，免状交付申請手続きを行い，免状の交付を受けます。

高圧ガス保安協会　都道府県試験事務所一覧

試験地	受験の担当事務所の名称	〒	所在地	電話番号
北海道（札幌市）	高圧ガス保安協会 北海道支部	060-0005	札幌市中央区北５条西５－２－12 住友生命札幌ビル	011-272-5220
北海道（函館市）				
北海道（室蘭市）				
北海道（旭川市）				
北海道（釧路市）				
青森県	青森県試験事務所	030-0802	青森市本町2-4-10 田沼ビル （一社）青森県エルピーガス協会内	017-775-2731
岩手県	岩手県試験事務所	020-0015	盛岡市本町通1-17-13 （一社）岩手県高圧ガス保安協会内	019-623-6471
宮城県	高圧ガス保安協会 東北支部	980-0014	仙台市青葉区本町2-3-10 仙台本町ビル	022-268-7501
秋田県	秋田県試験事務所	010-0951	秋田市山王3-1-7 東カン秋田ビル （一社）秋田県LPガス協会内	018-862-4918
山形県	山形県試験事務所	990-0025	山形市あこや町1-2-12 あこや町ビル （一社）山形県LPガス協会内	023-623-8364
福島県	福島県試験事務所	960-1195	福島市上鳥渡字蛭川22-2 （一社）福島県LPガス協会内	024-593-2161
茨城県	茨城県試験事務所	310-0801	水戸市桜川2-2-35 茨城県産業会館 （一社）茨城県高圧ガス保安協会内	029-225-3261
栃木県	栃木県試験事務所	321-0941	宇都宮市東今泉2-1-21 栃木県ガス会館 （一社）栃木県LPガス協会内	028-689-5200
群馬県	群馬県試験事務所	371-0854	前橋市大渡町1-01-7 群馬県公社総合ビル 群馬県高圧ガス保安協会連合会内	027-255-4639
埼玉県	埼玉県試験事務所	330-0063	さいたま市浦和区高砂3-4-9 太陽生命ビル 埼玉県高圧ガス団体連合会内	048-833-6107
千葉県	千葉県試験事務所	260-0024	千葉市中央区中央港1-13-1 千葉県ガス石油会館　（一社）千葉県LPガス協会内	043-246-1725
東京都（23区）	高圧ガス保安協会 試験センター	105-8447	東京都港区虎ノ門4-3-13 ヒューリック神谷町ビル	03-5362-3881
東京都（大島町）				
東京都（三宅村）				
東京都（八丈島）				
東京都（小笠原村）				
神奈川県				
愛知県				
大阪府				
兵庫県				
新潟県（新潟市）	新潟県試験事務所	950-0087	新潟市中央区東大通1-2-23 北陸ビル 新潟県高圧ガス保安団体連絡協議会内	025-244-3784
新潟県（長岡市）				
新潟県（上越市）				
富山県	富山県試験事務所	930-0004	富山市桜橋通り6-13 フコク生命第１ビル （一社）富山県エルピーガス協会内	076-441-6993
石川県	石川県試験事務所	920-8203	金沢市鞍月2-3 鉄工会館 （一社）石川県エルピーガス協会内	076-254-0001
福井県	福井県試験事務所	918-8037	福井市下江守町第26号35番地4 （一社）福井県LPガス協会内	0776-34-3930
山梨県	山梨県試験事務所	400-0035	甲府市飯田1-4-4 ヒロセビル （一社）山梨県LPガス協会内	055-228-4171

長野県	長野県試験事務所	380-0935	長野市中御所1-16-13 天馬ビル (一社)長野県LPガス協会内	026-229-8734
岐阜県	岐阜県試験事務所	500-8384	岐阜市藪田南5-11-11 岐阜県エルピージー会館 (一社)岐阜県LPガス協会内	058-274-7131
静岡県	静岡県一般ガス・冷凍試験事務所	420-0031	静岡市葵区呉服町2-3-1 ふしみやビル (一社)静岡県高圧ガス保安協会内	054-254-7891
三重県	三重県試験事務所	510-0855	四日市市馳出町3-29 親和ビル 三重県高圧ガス安全協会内	059-346-1009
滋賀県	滋賀県試験事務所	520-0044	大津市京町4-5-23 フォレスト京町ビル 滋賀県高圧ガス保安協会内	077-526-4718
京都府	京都府試験事務所	601-8306	京都市南区吉祥院宮ノ西町9-1 KONAビル 京都府高圧ガス試験運営協議会内	075-314-6540
奈良県	奈良県試験事務所	630-8132	奈良市大森西町13-12 奈良県高圧ガス保安協議会内	0742-33-7192
和歌山県	和歌山県試験事務所	640-8269	和歌山市小松原通1-1 サンケイビル 和歌山県高圧ガス地域防災協議会内	073-432-1896
鳥取県	鳥取県試験事務所	680-0911	鳥取市千代水1-133 (一社)鳥取県LPガス協会内	0857-22-3319
島根県(松江市) **島根県(江津市)**	島根県試験事務所	690-0886	松江市母衣町55-4 島根県商工会館 (一社)島根県LPガス協会内	0852-21-9716
岡山県	岡山県試験事務所	700-0824	岡山市北区内山下1-3-19 成広ビル 岡山県高圧ガス地域防災協議会内	086-226-5227
広島県	広島県試験事務所	730-0012	広島市中区上八丁堀8-23 林業ビル 広島県高圧ガス地域防災協議会内	082-228-1370
山口県	山口県一般ガス・冷凍試験事務所	754-0011	山口市小郡御幸町7-31 アドレ・ビル203号 山口県高圧ガス保安協会内	083-974-5380
徳島県	徳島県試験事務所	771-0134	徳島市川内町平石住吉209-5 徳島健康科学総合センター (一社)徳島県エルピーガス協会内	088-665-7705
香川県	香川県試験事務所	760-0020	高松市錦町1-6-8 柳ビル (一社)香川県LPガス協会内	087-821-4401
愛媛県	愛媛県試験事務所	790-0011	松山市千舟町6-2-8 千舟T・Sビル (一社)愛媛県LPガス協会内	089-947-4744
高知県	高知県試験事務所	780-8031	高知市大原町80-2 高知県石油会館 (一社)高知県LPガス協会内	088-805-1622
福岡県	福岡県試験事務所	812-0015	福岡市博多区山王1-10-15 (一社)福岡県LPガス協会内	092-476-3838
佐賀県	佐賀県試験事務所	840-0804	佐賀市神野東2-2-1 フルカワビル (一社)佐賀県LPガス協会内	0952-20-0331
長崎県	長崎県試験事務所	850-0055	長崎市中町1－26 NAGASAKI中町ビル (一社)長崎県LPガス協会内	095-824-3770
熊本県	熊本県試験事務所	862-0951	熊本市中央区上水前寺2-18-4 (一社)熊本県LPガス協会内	096-381-3131
大分県	大分県試験事務所	870-0045	大分市城崎町2-1-5 司法ビル (一社)大分県高圧ガス保安協会内	097-534-0733
宮崎県	宮崎県試験事務所	880-0912	宮崎市赤江飛江田774 宮崎県エルピーガス会館 (一社)宮崎県LPガス協会内	0985-52-1122
鹿児島県(鹿児島市) **鹿児島県(奄美市)**	鹿児島県試験事務所	890-0064	鹿児島市鴨池新町5-6 鹿児島県プロパンガス会館 (一社)鹿児島県LPガス協会内	099-250-2535
沖縄県(本島) **沖縄県(宮古市)** **沖縄県(石垣市)**	沖縄県試験事務所	901-0152	那覇市字小禄1831-1 沖縄産業支援センター706号 (一社)沖縄県高圧ガス保安協会内	098-858-9562

保安管理技術

第 1 章

冷凍の原理

第1章 保安管理技術：冷凍の原理

1 冷凍機のしくみと熱

まとめ&丸暗記　この節の学習内容とまとめ

□ 冷凍機	蒸発器, 圧縮機, 凝縮器, 膨張弁で構成されている
□ 吸収式冷凍機	蒸発→吸収→再生→凝縮で冷凍を行う
	空調に用いられる際には冷媒は水, 吸収液は臭化リチウムを使用する
□ 顕熱	物質の温度変化だけに用いられる熱
□ 潜熱	物体の状態変化に用いられる熱
□ 冷凍サイクル	蒸発→圧縮→凝縮→膨張
□ 蒸発器	冷媒液を蒸発させて空気や水を冷やす
□ 圧縮機	冷媒を圧縮し, 高温・高圧にする
□ 凝縮器	冷媒を空気や水で冷却して冷媒液にする
□ 膨張弁	冷媒液を蒸発しやすい低温・低圧の液体にする
□ 熱の伝わり方（伝熱）	熱伝導, 熱伝達, 熱放射（熱ふく射）
□ 熱伝導	固体など動かない物質の内部における伝熱作用
	熱伝導の伝達量 $\phi = \dfrac{\delta}{\lambda \cdot A}$ [K/kW]
□ 熱伝達	固体壁表面とそこに接して流れる空気や水などの流体との間の伝熱作用
	固体壁表面からの熱伝達の伝熱量 $\phi = \alpha \cdot \varDelta t \cdot A$ [kW]
□ 熱通過	高温の流体（外気）から固体壁（冷凍機）で隔てられた低温流体（冷凍機の内気）に熱が流れる作用
	熱通過の伝熱量 $\phi = K \cdot A \cdot \varDelta t$ [kW]
□ 算術平均温度差	$\varDelta t_m = \dfrac{\varDelta t_1 + \varDelta t_2}{2} = \dfrac{t_{w1} + t_{w2}}{2} - t_o$ [K]

冷凍機

1　冷凍の原理

アルコールで手を消毒したあとには，手が涼しく感じられます。アルコールが皮膚の熱によって蒸発し，皮膚の表面から熱を奪うためです。アルコールのように，蒸発時に周囲から熱を奪い冷却を行う物質を**冷媒**といいます。ほかにも，夏の風呂上がりに扇風機の風を受けると体がひんやりとするのも，風が水分を蒸発させるときに水が熱を奪っていくからです。

この原理を応用したものが，家庭にある冷蔵庫です。冷蔵庫の中は外気よりも低い温度に保たれ，物体を冷やすことができます。この作用を**冷凍**といいます。

冷凍の方法は３種類あります。１つめは**蒸発熱（気化熱）**で，アルコールのような液体から気体（またはその逆）に変化する際の熱量を用いる方法です。

２つめは**昇華熱**です。ケーキやアイスクリームを持ち帰る際，商品が溶けないようドライアイスを入れてくれることがあります。ドライアイスは固体から直接気体に変化しますが，そのときの熱量を利用します。

３つめは**融解熱**です。容器に入った飲み物に氷を入れると冷たくなりますが，これは固体から液体（またはその逆）に変化する際の熱量を利用しているからです。この３つの中で長時間，安定した冷凍を実現することができるのは蒸発熱を利用する方法です。

上記で紹介した例では，蒸発した冷媒を使い捨てていますが，これから見ていく**冷凍機（冷凍装置）**では，**冷媒を循環利用**しています。

補足

冷媒

冷凍機内で熱を運搬する流体のこと。冷媒にはR22, R134aなどの単一成分冷媒（単体成分冷媒・単成分冷媒）と，単一成分冷媒を複数混ぜた混合冷媒があります。

冷凍機の原理

蒸発して気体となった冷媒を圧力を上げて通常の温度でも液体に戻れる（凝縮）ようにすると，常温（室温）の冷却水で液化できるようになります。この冷媒の作用を利用して低い温度の熱を奪い，高い温度にして外に排出することが冷凍機の原理となります。

冷凍機の４要素

1　蒸発器
2　圧縮機
3　凝縮器
4　膨張弁

2 冷凍機の構造

冷凍機の中で，多くの家庭にあるのが冷蔵庫です。ここでは冷蔵庫を例に冷凍機の構造を見ていきます。

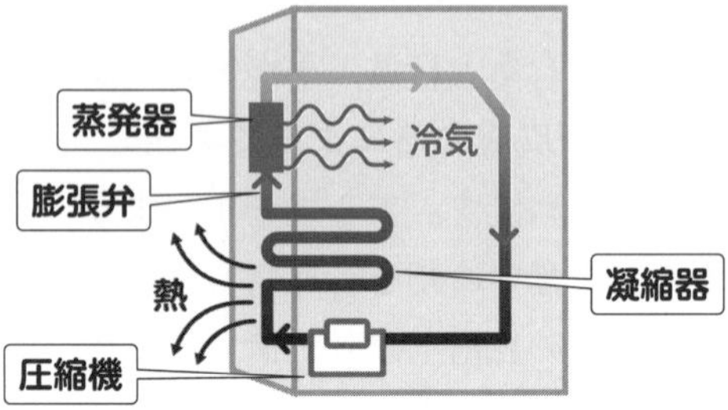

冷凍機は，蒸発して気体となった冷媒に圧力をかけて液体に戻すことで，再利用しています。そのためには，蒸発，圧縮，凝縮，膨張の工程が必要です。

①蒸発

低温・低圧の冷媒液を蒸発させて熱を奪い，空気や水などを冷やします。

②圧縮

蒸気となった冷媒を圧縮し，高温・高圧にします。

③凝縮

圧縮された冷媒を空気や水で冷却し，高温・高圧の冷媒液にします。

④膨張

高温・高圧の冷媒液を，蒸発しやすい低温・低圧の液体にします。

冷蔵庫の冷媒にはイソブタンやプロパン，大型の冷凍機には蒸発しやすいアンモニアやフルオロカーボンなどが使用されています。

イソブタンは炭化水素の一種で，エアコンや電気冷蔵庫などでフロンガスの代替品として使用されています。

アンモニアは冷凍能力が大きいものの，毒性と可燃性があります。フルオロカーボンは化学反応が発生しにくく比較的安定していますが，炎に熱せられると熱分解して有毒ガスが発生します。

3 吸収式冷凍機

吸収式冷凍機は**蒸発**, **吸収**, **再生**, **凝縮**のプロセスを経て冷凍を行います。

水が蒸発して熱を奪ったのち（蒸発）, 吸収液が水蒸気を吸収（吸収）, これによって薄くなった吸収液は加熱されて濃度を元に戻します（再生）。そして水蒸気を冷やし, 液体の水に戻します（凝縮）。

空調に用いられる際には冷媒は水, 吸収液に臭化リチウムが使用されます。

吸収式冷凍機は, 高温水や蒸気を利用し, 工場排熱などが利用できる点や電力消費量を抑えられることもメリットとなります。

補足

高圧ガス保安法

高圧ガスによる災害防止のため, 高圧ガスの製造, 貯蔵, 販売, 輸入, 移動, 消費, 廃棄等を規制する法案。空調に用いられる吸収式冷凍機は, 冷媒の作動圧力が低く, 高圧ガス保安法の適用を受けません。

チャレンジ問題

問1 難 中 **易**

以下の記述のうち, 不適切なものはどれか。

(1) 大気よりも低い温度で物体を冷やすことを冷凍という。
(2) 冷凍機は, 蒸発器, 圧縮機, 凝縮器, 膨張弁などによって構成されている。
(3) フルオロカーボンは不安定な物質で, 炎に熱せられると有毒ガスが発生する。
(4) アンモニアは冷凍能力が大きい反面, 燃えやすく毒性がある。

解説

フルオロカーボンは化学反応が発生しにくい, 安定した物質です。

解答 (3)

熱の種類と冷凍サイクル

1 顕熱と潜熱

物体を加熱していくと，内部に熱を蓄え，物体の温度が上昇していきます。－20℃の氷を加熱すると温度は上昇をはじめ，しばらくすると0℃となります。このように，物質の温度変化だけに用いられる熱を**顕熱**といいます。氷は溶けきるまで，温度は0℃の状態が保たれています。温度は一定で，物体の状態変化（固体→液体→気体）に用いられる熱を**潜熱**といいます（この逆の，気体→液体→固体の状態変化に用いられる熱も潜熱です）。

氷が溶け，水になってからも加熱を続けていると水の温度は上昇していきます。100℃になっても加熱していると，今度は**水蒸気**に変化し，水がなくなっていきます。このとき水の温度は100℃で一定となっており，水蒸気への状態変化が発生しています。

0℃の氷1kgが水に状態変化する際に必要な熱量は333.6kJ/kg，そして100℃の水1kgを水蒸気にするために必要な熱量は約2260kJ/kgです。1kJ（キロジュール）＝1000J（ジュール）を意味します。

●顕熱と潜熱

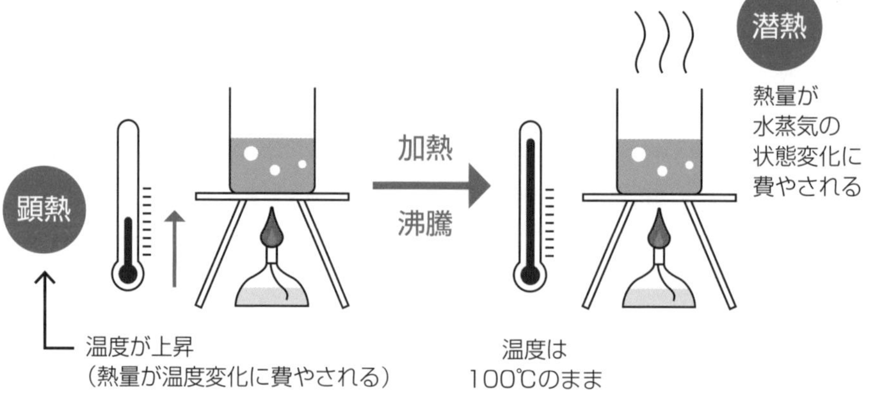

2 冷凍サイクルとは

物質を冷凍するには，冷媒が蒸発するときの潜熱を利用して周囲の物質から熱を取り込みます。しかし，熱を吸収し，蒸気に変化した冷媒をそのまま空気中に放出してしまうと経済的ではないうえに，環境破壊の一因になる危険性があります。蒸気になった冷媒は，それほど高くない圧力で水，空気などを利用して冷やすと再び液体の状態に変化します。この性質を利用して，冷媒を冷凍機の中に循環させることで何度でも使用することができます。

冷媒は，冷凍機の中で**蒸発→圧縮→凝縮→膨張**という4つの状態変化を繰り返していきます。この工程を**冷凍サイクル**といいます。

●冷凍サイクル

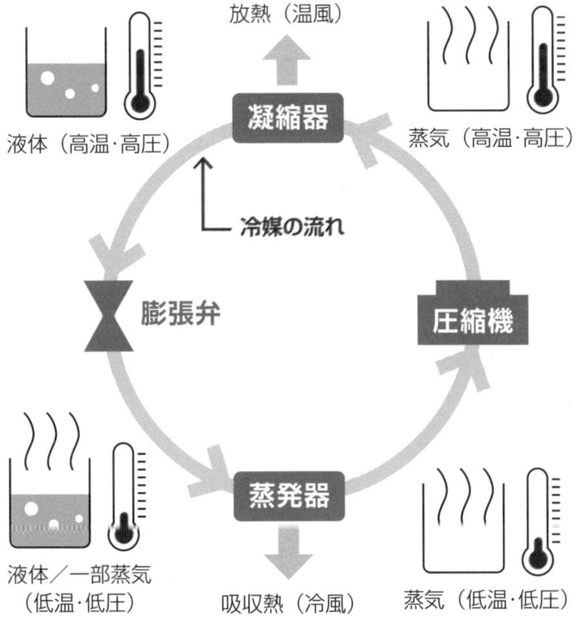

補足

1日本冷凍トン

冷凍装置により冷却できる能力を冷凍能力[ϕ_o]といい，kWの単位で表します。0℃の水1t(1000kg)を1日(24時間)で0℃の氷にするために除去しなければならない熱量のことを，1日本冷凍トン（JRT, JRt）と呼び，これを冷凍能力の単位として用いることもあります。

比熱

質量1kgの物質の温度を1℃（1K）上昇させるのに必要な熱量のことを比熱といいます。水の比熱は4.18kJ/（kg·K）で，ほかの多くの物質は水よりも小さくなる傾向にあります。

全熱量

顕熱と潜熱の合計量で，kJを用いて表します。

基準冷凍サイクル

蒸発温度が−15℃，凝縮温度が30℃，膨張弁の直前温度が25℃（過冷却度5℃）の温度条件によるものを，冷規（冷凍保安規則）第5条第4号の「基準冷凍サイクル」といいます。

3 冷凍サイクルを構成する各機器と役割

冷凍機の中で冷媒が蒸発→圧縮→凝縮→膨張と冷凍サイクルを繰り返すためには，それぞれに対応した**蒸発器**，**圧縮機**，**凝縮器**，**膨張弁**の各機器が必要となります。

ここでは，冷凍機における各役割を見ていくことにしましょう。

①蒸発器

物質から**熱を吸収する役割を持った装置**です。膨張弁によって低温・低圧の液体になった冷媒を蒸発させて物体から熱を奪って冷却します。

こうして蒸気に変化した低温・低圧の冷媒は，再び圧縮機へと送られていきます。

②圧縮機

蒸発器から流れてきた蒸気になった**冷媒を加圧する装置**です。加圧により，冷媒を高温・高圧の蒸気にします。

③凝縮器

圧縮機で高温・高圧の蒸気に変化した冷媒を，水や空気などを利用して**冷却するための装置**です。これにより冷媒は高温・高圧の液体になります。

④膨張弁

高温・高圧の液体になった冷媒を，低温・低圧の液体にして**蒸発器に送るための装置**です。ここでは，冷媒を膨張弁の狭い流路を通過させることで流速が増し，圧力が下がる絞り膨張の原理を利用しています。外部と熱のやり取りがない膨張弁では外部に対して仕事を行うわけではないので，冷媒の一部が蒸発して冷媒の温度が下がります。

一般家庭に広く普及している電気冷蔵庫では，膨張弁の代わりに管径が細い**毛細管（キャピラリチューブ）**を使用して，冷媒が蒸発しやすいように圧力を下げています。

チャレンジ問題

問1

難　中　易

以下の記述のうち，正しいものはどれか。

(1) 物質の温度変化だけに用いられる熱は潜熱である。
(2) 温度は一定で，物体の状態変化に用いられる熱は顕熱である。
(3) 0℃の氷10kgが水に状態変化するには3336kJ/kgの熱量が必要である。
(4) 100℃の水1kgを水蒸気にするには約287.6kJ/kgの熱量が必要である。

解説

0℃の氷1kgが水に状態変化する際には333.6kJ/kgの熱量が必要なので，10kgだとその10倍である3336kJとなります。

解答 (3)

問2

難　中　易

以下の記述のうち，正しいものはどれか。

(1) 圧縮機は，冷媒を加圧して高温・高圧の液体にする。
(2) 凝縮器は，冷媒をさらに加圧して高温・高圧の蒸気にする。
(3) 蒸発器は，冷媒を蒸発させて放熱するための装置である。
(4) 膨張弁は，狭い流路を冷媒が流れるので低温・低圧の液体に変化する。

解説

膨張弁は，冷媒が狭い流路を流れることで流速が増し，圧力が下がる絞り膨張の原理を利用しています。

解答 (4)

熱移動（伝熱）

1 伝熱

これまで見てきたように，冷凍には熱の移動が深く関係しています。冷媒に関わる熱の移動について学ぶことは，冷凍の効率化，冷凍機の小型化や保守管理などを考えるうえで非常に重要です。ここでは，熱の移動について解説します。

熱は温度の高い場所から低い場所へ移動する性質を持っており，これを伝熱といいます。伝熱には**熱伝導**，**熱伝達**，**熱放射（熱ふく射）**の３種類があり，冷凍機にはこの２～３つが同時に発生することが多くあります。

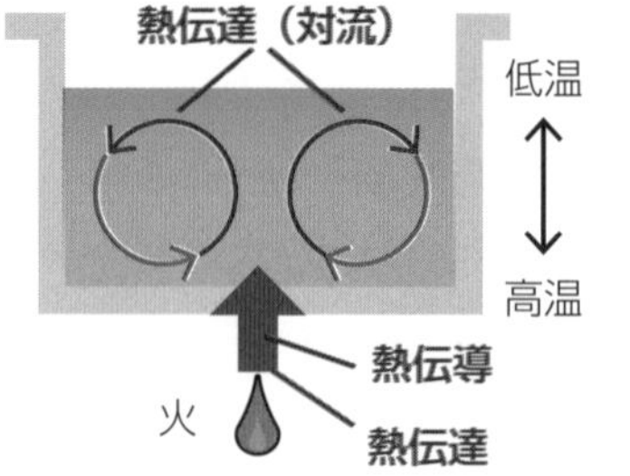

水が入った鍋を加熱する場合，まず炎に接している鍋に熱が伝わります(熱伝達)。そしてこの熱は鍋を透過（熱伝導）して，鍋の中にある水に伝わり，水が温められます（熱伝達)。この一連の現象を熱通過といいます。

2 熱伝導

金属棒の片方の端を手で持ち，もう片方の端を火であぶると，手に熱を感じます。これは，金属（固体）内を火であぶっている温度の高い端から，手で持っている温度の低い端へ熱が移動したことを意味します。

このように，固体など動かない物質の内部における伝熱作用を熱伝導といいます。このとき，熱の流れやすさは**熱伝導率**［W/(m・K)］を用いて表現されます。たとえば，銅の熱伝導率は370，木材は0.09～0.15W/(m・K）となっており，銅は熱を通しやすい良導体，木材は通しにくい不良導体であることが分かります。

●熱伝導

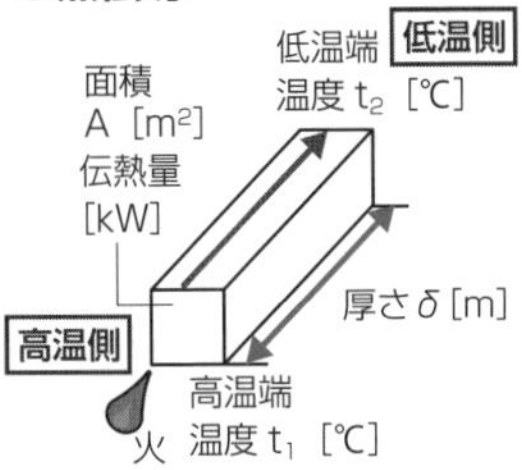

●熱伝導の伝熱量

$$\phi = \frac{\lambda \cdot A \cdot \varDelta t}{\delta} \ [kW]$$

A　：熱の流れに対して垂直な断面積［m²］
⊿t：温度差［K］
δ　：熱移動の距離（厚さ）［m］

熱伝導の**伝達量φ**（ファイ）［kW］は，**定常状態**において熱の流れに対して垂直な**断面積A**［m²］，高温端と低温端の温度差である$\varDelta t = t_1 - t_2$［K］に正比例します。そして，熱移動の距離である**δ**（デルタ）［m］に対して反比例します。

比例定数**λ**（ラムダ）［kW/(m・K)］は熱伝導率といい，物体内における熱の流れやすさを表します。逆に熱の流れにくさは**熱伝導抵抗**といいます。

●熱伝導抵抗の求め方

$$熱伝導抵抗 = \frac{\delta}{\lambda \cdot A} \ [K/kW]$$

●物質の熱伝導率（例）

物質	熱伝導率［W/(m・K)］
鉄鋼	35～58
銅	370
アルミニウム	230
木材	0.09～0.15
鉄筋コンクリート	0.8～1.4

補足

良導体
銅やアルミニウムなど，電気や熱を通しやすい物質のことです。

不良導体
ゴムや木など，電気や熱を通しにくい物質のことです。

定常状態
電流，熱伝導，流体の流れなどで，場所ごとの物理量が一定に保たれ，時間によって変化しない状態です。

熱伝導率
物質の熱伝導率はそれぞれ固有の値を持ち，金属は大きく，空気や油，霜などは小さいのが特徴です。本文の「物質の熱伝導率（例）」表以外では，ポリウレタンフォーム0.023～0.035，スチロフォーム0.035～0.041，グラスウール0.035～0.046，空気0.023，水0.59，氷2.2，油膜0.14，水あか0.93，雪層（新しいもの）0.10，雪層（古いもの）0.49などがあります。

3 熱伝達

熱伝達は，固体壁表面とそこに接して流れる空気や水などの流体との間の伝熱作用のことで，**対流熱伝達**とも呼ばれています。この熱伝達のうち，送風機やポンプなどを利用した流体の流れは**強制対流熱伝達**，流体自身が持っている浮力を利用したものは**自然対流熱伝達**といいます。

固体壁表面温度を t_1［℃］，固体壁から十分に離れた位置にある流体の温度を t_2［℃］とし，両者には $t_1 > t_2$ という温度の関係があるとき，熱は固体壁表面から流体へと流れていきます。

固体壁表面からの熱伝達の**伝熱量** ϕ［kW］は，**伝熱面積** A［m^2］と温度差 $\Delta t = t_1 - t_2$［K］に正比例し，以下のようになります。

$$\phi = \alpha \cdot \Delta t \cdot A \text{ [kW]}$$

熱の伝わりやすさを示す**比例定数** α［kW/(m^2・K)］は**熱伝達率**といいます。この値は，流体の種類や状態，固体壁表面の形状，流体の流速などにより大きく異なります。

●熱伝達

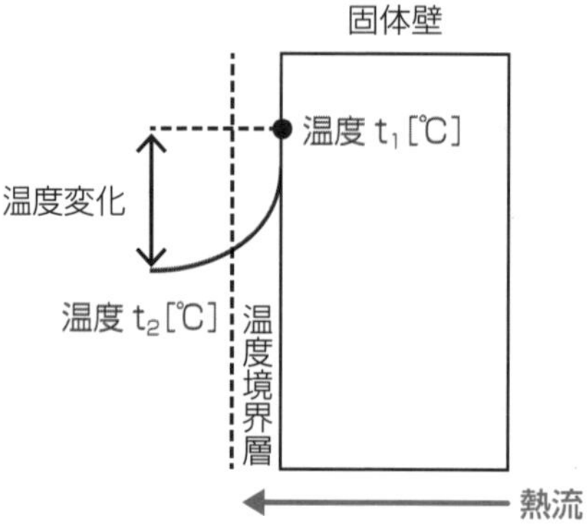

●熱伝達率

流体の種類とその状態		熱伝達率［kW/(m^2・K)］
気体	自然対流	0.005～0.012
	強制対流	0.012～0.12
液体	自然対流	0.08～0.35
	強制対流	0.35～12.0
凝縮面	アンモニア	5.8～8.1
	フルオロカーボン	2.9～3.5
蒸発面	アンモニア	3.5～5.8
	フルオロカーボン	1.7～4.0

熱伝達率とは反対に，熱の流れにくさは**熱伝達抵抗**といい，以下の式で表すことができます。

●熱伝達抵抗の求め方

$$\text{熱伝達抵抗} = \frac{1}{\alpha \cdot A} \text{ [K/kW]}$$

4 熱通過

冷凍機の中は外気よりも温度が低くなっていますが，このとき冷凍機の内部は外部からの熱侵入にさらされています。このように，高温の流体（外気）から固体壁（冷凍機）で隔てられた低温流体（冷凍機の内気）に熱が流れる作用を，**熱通過**といいます。

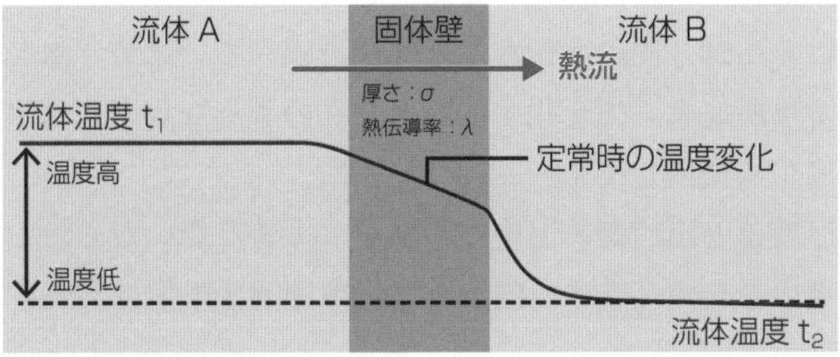

熱伝達により高温の流体Aから固体壁に熱が伝わり，固体壁内は熱伝導により低温側の固体壁へ，そして低温側の固体壁から流体Bへは熱伝導で熱が伝わります。**伝熱面積をA［m²］**，高温流体と低温流体との**温度差** $\Delta t = t_1 - t_2$［K］の場合，伝熱量は $\phi = K \cdot A \cdot \Delta t$［kW］となります。

比例定数K［kW/（m²・K)］は，熱の伝わりやすさを意味する**熱通過率**といいます。この熱通過率とは逆に，熱の伝わりにくさは**熱通過抵抗**といい，以下の式で表すことができます。

●熱通過抵抗の求め方

$$熱通過抵抗 = \frac{1}{K \cdot A}\ [K/kW]$$

$$\frac{1}{K \cdot A} = \frac{1}{\alpha_1 \cdot A} + \frac{\sigma}{\lambda \cdot A} + \frac{1}{\alpha_2 \cdot A}\ [K/kW]$$

$$\frac{1}{K} = \frac{1}{\alpha_1} + \frac{\delta}{\lambda} + \frac{1}{\alpha_2}\ [(m^2 \cdot K)/kW]$$

補足

温度境界層

接触する固体と流体で温度差が生じている場合，流体内の温度分布は，固体壁表面近くで大きく変化します。この領域を温度境界層といいます。

熱通過率

熱交換器での熱通過率は一般に，空気対冷媒（空冷凝縮器，乾式プレートフィン蒸発器など）では外表面積（空気側）を基準とした熱通過率を，液体対冷媒（水冷凝縮器，ブライン冷却器など）では冷媒側を基準とした熱通過率を用います。

5 平均温度差

外部の熱が冷凍装置の天井や固体壁などから侵入する場合，**侵入熱量は$\phi = K \cdot A \cdot \varDelta t$ [kW]** と計算することができます（外部の温度と冷凍庫内の温度は一定とする)。

しかし，冷媒蒸気を冷却管内で凝縮させる，冷媒の蒸発で冷却管内を流れる水を冷却するといった場合には，水の温度は流れる方向に向かって次第に変化していきます。そのため，この計算式は使用できません。

下図は，蒸発器における冷却管内の**冷却水温度分布**を表しています。水と冷媒との温度差は流れる場所によって変化するため，このような場合には水と冷媒との対数平均温度差を使用します。

冷凍装置は入口側の温度差と出口側の温度差があまり大きくないため，おもに**算術平均温度差**が用いられています。**対数平均温度差との誤差は数%程度**です。

●蒸発器内の冷却水温度分布

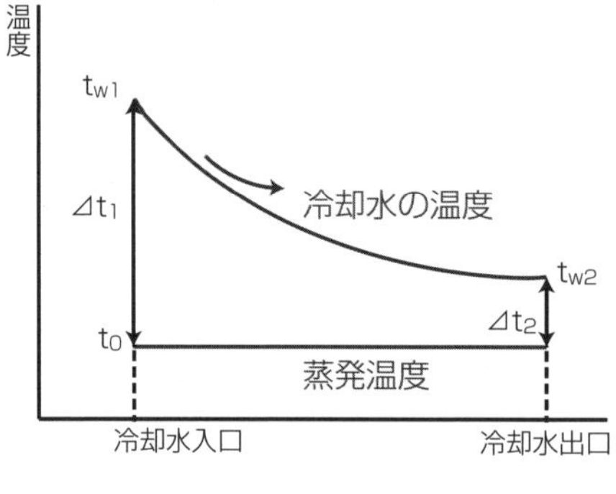

●蒸発器における算術平均温度差

$$\varDelta t_m = \frac{\varDelta t_1 + \varDelta t_2}{2} = \frac{t_{w1} + t_{w2}}{2} - t_0 \ [k]$$

$\varDelta t_m$ ：算術平均温度差［K］

$\varDelta t_1$ ：冷却管入口の冷却水温度と蒸発温度との温度差［K］

$\varDelta t_2$ ：冷却管出口の冷却水温度と蒸発温度との温度差［K］

t_{w1} ：冷却管入口の冷却水温度［℃］

t_{w2} ：冷却管出口の冷却水温度［℃］

t_0 ：冷媒の蒸発温度［℃］

凝縮器における冷却管内の冷却水温度分布と算術平均温度差は，以下の通りです。

●凝縮器内における冷却管の冷却水温度分布

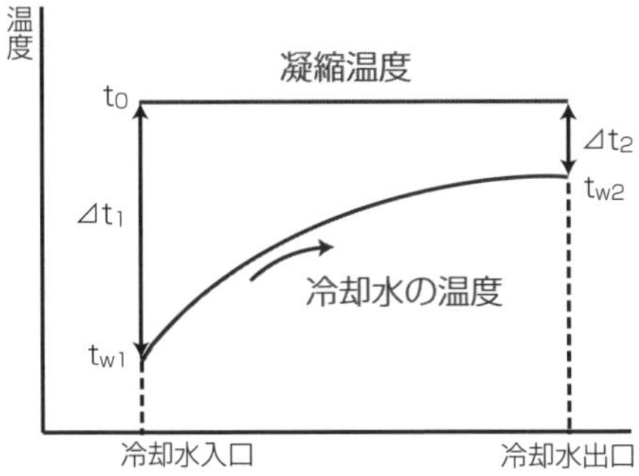

●凝縮器における冷却管内算術平均温度差

$$\Delta t_m = \frac{\Delta t_1 + \Delta t_2}{2} = t_0 - \frac{t_{w1} + t_{w2}}{2} \ [\mathrm{K}]$$

t_0 ：冷媒の凝縮温度 [℃]　Δt_m ：算術平均温度差 [K]

Δt_1 ：凝縮器入口の冷却水温度と凝縮温度との温度差 [K]

Δt_2 ：凝縮器出口の冷却水温度と凝縮温度との温度差 [K]

t_{w1} ：凝縮器入口の冷却水温度 [℃]　t_{w2} ：凝縮器出口の冷却水温度 [℃]

補足

対数平均温度差

熱交換器内における2流体間の平均的な温度差を計算したものです。温度差を正確に求める際に使用します。

算術平均温度差

対数平均温度差よりも簡単に温度差を計算できる方法です。冷凍装置の場合は，温度差があまり大きくないため算術平均温度差を用いるのが一般的です。

チャレンジ問題

問1

難　中　易

以下の記述のうち，正しいものはどれか。

(1) 伝熱は熱伝達，熱伝導，熱放射（熱ふく射）の3種類があり，それぞれが単体でのみ発生する。

(2) 定常状態における熱伝導の伝熱量は，物体の厚さσに正比例する。

(3) 熱伝達の伝熱量は，伝熱面積，熱伝達率，温度差に正比例する。

(4) 熱伝達率は，固体の形状や流体の種類にはあまり影響を受けない。

解説

熱伝達の伝熱量φ [kW] は，伝熱面積A [㎡] と温度差である$\Delta t = (t_1 - t_2)$ [K] に正比例します。

解答 (3)

第1章 保安管理技術：冷凍の原理

2 p-h線図と冷凍サイクル

まとめ&丸暗記 この節の学習内容とまとめ

□ p-h線図	冷凍サイクルを図式化したもの。冷凍装置内を流れる冷媒の状態と様子，熱の出入りを表す
□ p-h線図の用語	等圧線，等温線，飽和液線／飽和蒸気線，等比エンタルピー線，等乾き度線，等比体積線，等比エントロピー線，臨界点
□ 冷凍能力	冷凍装置の蒸発器において冷媒が吸収する単位時間あたりの熱量 冷凍能力（ϕ_o）＝冷凍効果（wr）×冷媒循環量（q_{mr}）［kJ/s］
□ 冷媒循環量	冷凍サイクルを循環する冷媒の量
□ 冷凍効果	冷媒1kgが蒸発器で蒸発した際に水や空気などから除去する熱量 p-h線図におけるh_1-h_4
□ 凝縮負荷	凝縮器で放出する凝縮熱量 凝縮負荷（ϕ_k）＝（h_2-h_3）×冷媒循環量（q_{mr}）［kJ/s］
□ 圧力比（圧縮比）	吐出し圧力と吸込み圧力の比 圧力比＝吐出しガスの絶対圧力p_k÷吸込み蒸気の絶対圧力p_o

p-h線図

1 p-h線図とは

冷凍装置を深く理解するには，冷凍装置内を循環する冷媒が冷凍サイクルを構成する各機器でどのような形に変化し，どの程度の熱エネルギーが出入りしているのかを知らなければなりません。そのためには，冷凍サイクルを図式化した**p-h線図（圧力-比エンタルピー線図）**への理解を深める必要があります。p-h線図には，冷凍装置内を流れる冷媒の状態と様子，熱の出入りが示され，冷凍装置が正常であるか否かも判断できるように作られています。

縦軸は**絶対圧力p［MPa abs］（対数目盛）**，横軸は**比エンタルピーh（等間隔目盛）**とし，冷凍装置が示すゲージ圧力に**大気圧（0.1［MPa］）**を足して**絶対圧力［MPa abs］**とする必要があります。このゲージ圧力は，**ブルドン管圧力計**で測定します。これは断面が楕円形のブルドン管という管の中に針があり，圧力が加わるとその針が回転し測定圧力を示します。

● **p-h線図**

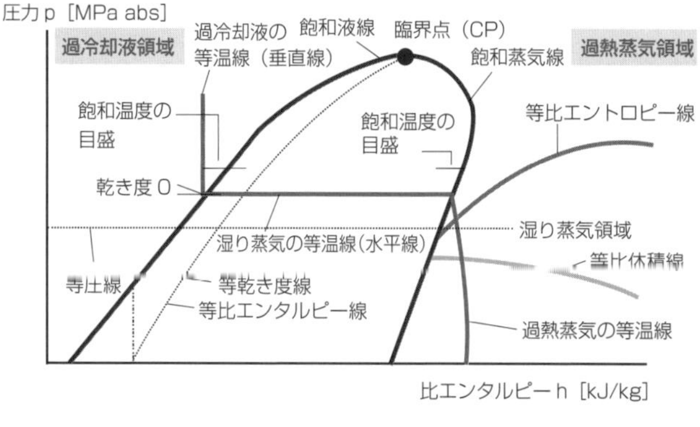

補足

圧力p[MPa abs]

縦軸に圧力pを表示します（p-h線図の圧力は絶対圧力で表す）。圧力にはゲージ圧力と絶対圧力がありますが，ゲージ圧力は圧力メータで指示される圧力で，絶対圧力はゲージ圧力に待機圧力を加えた圧力となります。絶対圧力を明示するため，単位記号のあとに[abs]をつけます。

比エンタルピーh[kJ/kg]

横軸に比エンタルピーh[kJ/kg]を表示します。比エンタルピーは冷媒が持っている全熱量（顕熱と潜熱の和）で，物体1kgの全熱量を[kJ]に換算したものが比エンタルピーh[kJ/kg]になります。

ブルドン管圧力計

楕円形の断面をしたブルドン管に圧力が加わると，管はまっすぐに伸びようとします。その力が歯車やレバーに伝わり，圧力指針が動く構造になっています。

2 p-h線図で使われる用語

p-h 線図には，さまざまな線や目盛が登場します。ここでは，p-h 線図で使われる用語について詳しく見ていくことにしましょう。

●等圧線

圧力を表す縦軸に垂直な，圧力が一定の線。

●等温線

温度が一定の線。飽和液腺と飽和蒸気線の線に沿って目盛がつけられており，冷媒の温度と圧力の関係を表しています。湿り蒸気領域においては，ほぼ水平線（圧力が決まれば温度も決まるため），過冷却液領域においてはほぼ垂直，そして過熱蒸気領域では少し湾曲した右下がりの形となります。

●飽和液線／飽和蒸気線

冷凍装置内の冷媒は，冷凍装置内を循環しつつ凝縮や蒸発といった状態変化を繰り返しています。ときには気体と液体の状態が混じり合った気液混合体の状態になることもあり，p-h 線図にはこの飽和線が描かれています。

飽和線のうち，臨界点を挟んで左側を飽和液線，右側を飽和蒸気線（乾き飽和蒸気線）と呼びます。この飽和線に囲まれている内部は，湿り蒸気領域という気体と液体（気液）が混在しています。

●等比エンタルピー線

冷媒 1kg が持っている全熱量を，比エンタルピーといいます。0℃の飽和液におけるエンタルピーは，p-h 線図では 200kJ/kg と決められています。等比エンタルピー線の形状は，横軸に垂直となります。

●等乾き度線

乾き度が一定となっている曲線のことを，等乾き度線といいます。蒸気が湿り蒸気（液と蒸気の混合状態）に占める割合を 0 ～ 1 で示したもので，単位はありません。乾き度が0.4の場合には，飽和蒸気が40%，飽和液が60%であることを表しています。

●等比体積線

飽和蒸気線の右側に見える右上がりの曲線で，圧縮機における吸い込み蒸気の比体積が一定です。比体積は蒸気1kgあたりの体積であり，比体積が大きくなるほど蒸気の密度は薄くなります。

●等比エントロピー線

飽和蒸気線の右側に見える曲線を等比エントロピー線（断熱圧縮線）といいます。冷媒を圧縮するときに外部との熱の出入り，摩擦損失，機会損失などがないと仮定した場合の理論的な圧縮変化（断熱圧縮変化）を行う際，右肩上がりに変化します。比エントロピーは冷媒1kg，温度変化1Kあたりのエネルギーを意味しています。

比エントロピーと比エンタルピーは非常に似ていますが，まったく異なる意味の用語ですので，間違えないように注意しましょう。

●臨界点（CP）

飽和液腺と飽和蒸気線の交点を，臨界点（CP）といいます。この臨界点における圧力が臨界圧力，そして温度は臨界温度です。一般的に，冷凍装置は臨界点（臨界圧力，臨界温度）以下の状態で，つまりp-h線図上で使用することになります。

p-h線図は，冷媒の種類（R134a，R410Aなど）ごとに描かれます。p-h線図に描かれている内容をしっかりと読み取れるようになりましょう。

補足

ゲージ圧力

冷凍機の装置が示す圧力で，大気圧を基準にした圧力のこと。ゲージ（gauge）とは，計器などの意味です。

比体積

蒸気1kgあたりの体積を比体積といいますが，これは密度[kb/m^3]の逆数であり，m^3/kgで表します。

3 p-h線図と冷凍サイクル

下図で①の圧縮機入口に存在する低温・低圧の冷媒蒸気を圧縮すると，②の圧縮機出口で高温・高圧の蒸気になります。この冷媒蒸気は凝縮器に入って水や空気によって冷やされます（**顕熱の放出**）。冷媒蒸気はaの飽和蒸気線から液体に変化していき，bの飽和液洗浄ですべて液化します（**潜熱の放出**）。

bから③に至る場所は過冷却領域で，液体の冷媒を一段と冷却します。③から膨張弁に入り，減圧を経て④へ行き，一部の液体が蒸発して温度が下がります。③と④の比エンタルピーは一定となっており，$h_3 = h_4$の関係が成り立ちます。こうした膨張を絞り膨張と呼びます。④では冷媒液が外部の熱を取り込むことで蒸発，cで冷媒液は蒸気に変化します。そしてcから①までは**加熱領域**といい，3～8℃の加熱後，①の圧縮機に入る形になります。

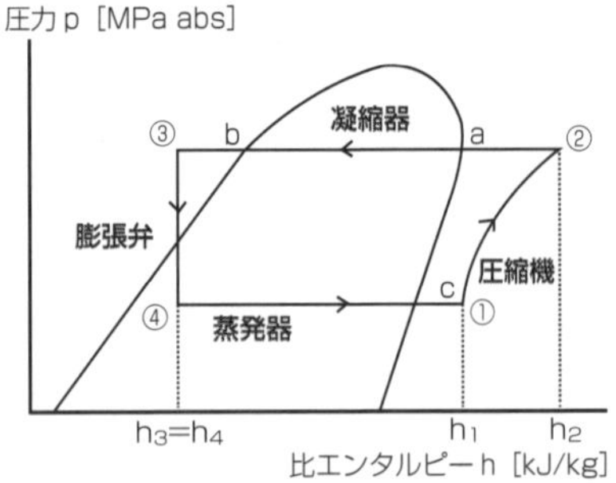

チャレンジ問題

問1 難 中 易

p-h線図で使われる用語についての以下の記述のうち，誤っているものはどれか。

(1) 圧力を表す縦軸に垂直な，圧力が一定の線のことを等圧線という。
(2) 等比エンタルピー線と等比エントロピー線は同じ意味の用語である。
(3) 等乾き度線とは，乾き度が一定となっている曲線のことをいう。
(4) 飽和液線と飽和蒸気線の交点を，臨界点（CP）という。

解説

等比エンタルピー線とは，比エンタルピーが一定の線で，横軸に垂直な線です。等比エントロピー線とは，飽和蒸気線の右側に見える曲線で，断熱圧縮線ともいいます。両者はまったく違う用語，意味であり，使われ方の違いに注意しましょう。

解答 (2)

冷凍能力と冷凍効果

1 冷凍能力

熱は温度の高いところから低いところへ移動します。つまり，Aを冷却するには，Aよりも温度が低いBが存在すればよいことになります。これが冷凍の考え方です。

冷凍能力とは，冷凍装置の蒸発器において冷媒が吸収する**単位時間あたりの熱量**のことです。また，冷凍装置の中を循環する冷媒の量を**冷媒循環量**（q_{mr} [kg/s]）といいます。冷凍能力の単位はWもしくはkWを使用します。その換算は以下のようになります。

$$1kW=1kJ/s=3600kJ/h$$

冷媒循環量に大きな影響をおよぼすのは，**体積効率**，**比体積**，**ピストン押しのけ量**（圧縮機におけるピストンの大きさ）などです。体積効率はピストン押しのけ量と圧縮機の実際の**吸込み蒸気量**［m^3/s］で，有効に吸い込む割合，そして**比体積**［m^3/kg］は単位質量あたりの体積を意味します。

冷媒循環量が減少する場合には，**圧力比が大きくなる**，**圧縮機の吸込み圧力が低下する**といった原因が考えられます。圧縮機の吸込み圧力が低下する場合は**蒸発圧力の低下**が一因です。

蒸発器内の冷媒循環量を[kg/s]とした場合，冷凍能力（ϕ_0）は以下のように求めることができます。

$$冷凍能力(\phi_0)=冷凍効果(w_r)\times冷媒循環量(q_{mr})\ [kJ/s]$$

補足

冷凍能力の単位

冷凍能力は冷凍装置で冷却する熱量のこで，kW，kJ/h，日本冷凍トンを用います。0℃の水1tを1日（24時間）で0℃の氷にするために必要な冷却熱量（冷凍能力）を，1日本冷凍トンといいます。

1kJ/s＝1kW＝3600kJ/h＝860kcal

1［日本冷凍トン］＝333.6kJ/kg×1000kg÷24H×3600＝13900kJ/h≒3.861kW

冷凍トン（Rt）

冷凍能力の単位のこと。1冷凍トン（1Rt）とは，0℃の水1t（1000kg）を，1日（24時間）で0℃の氷にする能力をいいます。

蒸発潜熱

真空状態で0℃の水1kgを蒸発させるのに，約2500kJ/kgの熱量が必要となります。この熱を水の蒸発潜熱といいます。なお，100℃の蒸発潜熱は，約2260kJ/kgです。

2 冷媒循環量

p-h 線図では，冷凍サイクルの①→②→③→④→①と循環する冷媒の量を**冷媒循環量**といいます。

吸込み蒸気の比体積を v ［m^3/kg］とすると，冷媒循環量 q_{mr} ［kg/s］は，以下のように求めることができます。

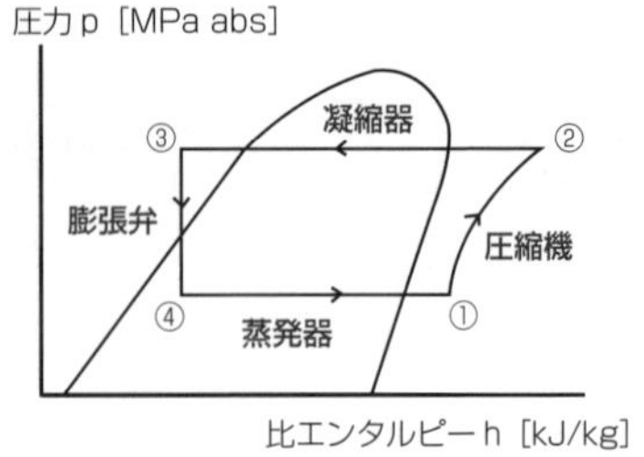

q_{mr}＝実際の吸込み蒸気量 q_{vr} ÷吸込み蒸気の比体積 v
＝ピストン押しのけ量 V×体積効率 η_v ÷吸込み蒸気の比体積 v

ここで重要なのは，吸込み蒸気圧は圧力比が大きくなるほど低下して体積効率が小さくなることです。冷媒循環量が少なくなった結果，冷凍能力は低下するのです。

●p-h 線図と吸込み蒸気の比体積

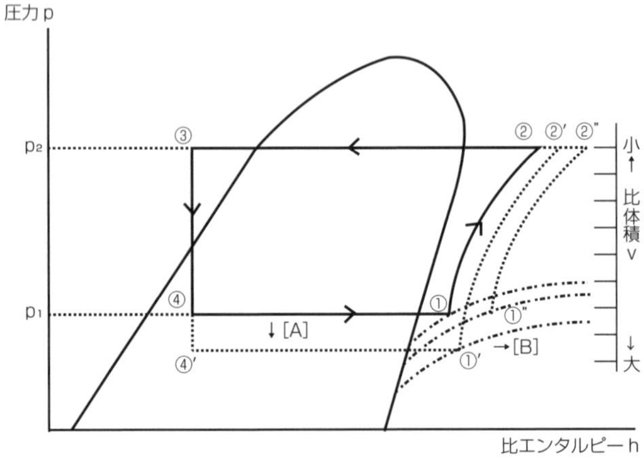

［A］低温運転になるだけ，［B］過熱運転になるだけ，比体積 v は大きくなります（比体積 v：①<①′，①<①″）。比体積が大きいということは密度が低い，つまり薄い蒸気となります。

3 冷凍効果

冷凍効果（w_r）とは，冷媒1kgが奪う熱量を指します。これは蒸発器の入口と出口の比エンタルピーの差，すなわちp-h線図のh_1-h_4で求めることができます。同様に凝縮器における比エンタルピーの差h_2-h_3に冷媒循環量を乗ずると，凝縮器で放出する凝縮熱量である**凝縮負荷（ϕ_k）**を求めることができます。

凝縮負荷（ϕ_k）＝（h_2-h_3）×冷媒循環量（q_{mr}）［kJ/s］

4 圧力比と圧縮比

圧力比は圧縮比ともいい，真空を圧力の基準とする絶対圧力を用いて，**吐出し圧力**と**吸込み圧力**との比で表します。

圧力比 ＝吐出しガスの絶対圧力p_k÷吸込み蒸気の絶対圧力p_0

補足

冷凍能力と凝縮負荷の単位

冷凍能力と凝縮負荷の単位は，ともにkWを使用します。

体積効率

圧力比が大きくなるほど，体積効率は小さくなります。

チャレンジ問題

問1 難 中 易

以下の記述のうち，正しいものはどれか。

(1) 比エンタルピーと比エントロピーは同じ意味である。
(2) 冷凍能力とは，冷凍装置の蒸発器で冷媒が放出する単位時間あたりの熱量である。
(3) 冷凍効果は，p-h線図のh_1-h_4で求めることができる。

解説

冷凍効果は，蒸発器の入口と出口の比エンタルピーの差となります。

解答（3）

第1章 保安管理技術：冷凍の原理

3 成績係数

まとめ&丸暗記 この節の学習内容とまとめ

□ 成績係数	冷凍装置の冷凍能力とその能力に必要となる圧縮動力との比。理論的な成績係数と実際の成績係数の2種類，そしてそれぞれに冷凍サイクルとヒートポンプサイクルの成績係数という4種類がある
□ 理論冷凍サイクル	$(COP)_{th \cdot R} = \dfrac{冷凍能力[kW]}{理論断熱圧縮動力[kW]} = \dfrac{\phi_0}{P_{th}}$ $= \dfrac{(h_1 - h_4)\times冷媒循環量}{(h_2 - h_1)\times冷媒循環量} = \dfrac{(h_1 - h_4)}{(h_2 - h_1)}$
□ 理論ヒートポンプサイクルの成績係数	理論冷凍サイクルの成績係数$(COP)_{th \cdot R}$よりも1だけ大きい $(COP)_{th \cdot H} = 加熱能力\phi_k \div 理論断熱圧縮動力P_{th}$ $= (\phi_0 + P_{th}) \div P_{th} = \phi_0 \div P_{th} + P_{th} \div P_{th}$ $= (COP)_{th \cdot R} + 1$
□ 実際の成績係数	圧縮機軸動力（モーターの動力）に該当する熱量と冷凍能力の比 $(COP)_R = 理論冷凍サイクルの成績係数 \times \eta_c \times \eta_m$ 実際の冷凍装置の成績係数に1を足したもの
□ 成績係数は冷凍装置の運転条件に影響を受ける	・凝縮温度が低く（高く）なると，断熱圧縮仕事が小さく（大きく）なる ・蒸発温度が高く（低く）なると，冷凍効果が大きく（小さく）なる ・凝縮温度が高くなる，もしくは蒸発温度が低くなる場合と，この2つが同時に発生した場合は成績係数は小さくなる

成績係数の種類

1　成績係数とは

優秀な冷凍装置は，少ない動力で大きな冷凍力を持っています。この性能は，冷凍装置の冷凍能力とその能力に必要となる圧縮動力との比で表します。

これを**成績係数（COP；Coefficient Of Performance）**といいます。この成績係数は大きいほど少ない動力で大きな冷凍能力を持つ，優れた冷凍装置となります。

この成績係数には圧縮機内での損失を考えない**理論的な成績係数**と，**実際の成績係数**の 2 種類があり，さらにそれぞれに冷凍サイクルとヒートポンプサイクルの成績係数というあわせて 4 種類があります。

ちなみに，理論成績係数は理論上の計算になるため，p-h 線図をもとに計算することができます。

●成績係数の種類

- 成績係数
  - 理論成績係数
    - 理論冷凍サイクルの成績係数 $(COP)_{th\cdot R}$
    - 理論冷凍ヒートポンプサイクルの成績係数 $(COP)_{th\cdot H}$
  - 実際の成績係数
    - 実際の冷凍サイクルの成績係数 $(COP)_{R}$
    - 実際の冷凍ヒートポンプサイクルの成績係数 $(COP)_{H}$

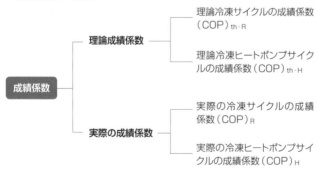

※ th＝theory（理論）／H＝heat（ヒート）／R＝Refrigerant（冷凍）

成績係数（COP）＝冷凍能力÷圧縮動力

補足

機械的摩擦損失動力

圧縮機にはシリンダーとピストンリングのこすれといったさまざまな摩擦抵抗が生じます。このような摩擦抵抗は機械的摩擦損失動力（P_m）といいます。理論成績係数ではこうした要素を排除し，あくまでも理論的，理想的な成績係数を求めていきます。

2　理論冷凍サイクルの成績係数

冷凍サイクルを考えるにあたって，いかにエネルギーを有効活用できるか，すなわち**小さな消費電力で必要十分な冷凍能力を得ることができるか**は重要なポイントとなります。この冷凍サイクルの効率を示す尺度には，冷凍効果と圧縮動力の比である**理論冷凍サイクルの成績係数**を用います。

理論冷凍サイクルは，圧縮機内での熱損失や凝縮器内・蒸発器内・配管内での流れ抵抗による熱損失，圧力降下などは考慮しません。それでは，p-h線図を用いて成績係数の式を見ていきましょう。

●p-h線図と理論冷凍サイクルの成績係数

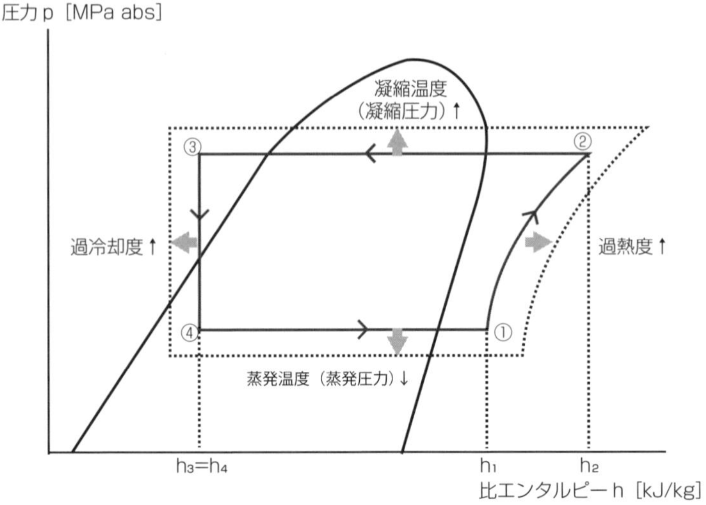

理論冷凍サイクルの成績係数は，**冷凍能力÷理論断熱圧縮動力**となります。小さな動力で大きな冷凍能力を得るには，この値が大きくなくてはいけません。

$$(COP)_{th \cdot R} = \frac{冷凍能力[kW]}{理論断熱圧縮動力[kW]} = \frac{\Phi_o}{P_{th}}$$

$$= \frac{(h_1 - h_4) \times 冷媒循環量}{(h_2 - h_1) \times 冷媒循環量} = \frac{(h_1 - h_4)}{(h_2 - h_1)}$$

3 理論ヒートポンプサイクルの成績係数

エアコンの暖房が部屋を暖めるのは，冷房で外の凝縮器に放出していた熱を室内に放出するためです。

理論ヒートポンプサイクルの成績係数は，**加熱能力**を**理論断熱圧縮動力**でどの程度得られるかという効率を表します。加熱能力は，加熱器内部の冷媒循環量をq_{mr}［kg/s］とした場合，以下の式で求めます。

$$\phi_k = q_{mr}(h_2 - h_3)\ [kW]$$

理論断熱圧縮動力$P_{th} = q_{mr}(h_2 - h_1)$［kW］となり，理論ヒートポンプサイクルの成績係数は以下の式となります。

$$\begin{aligned}(COP)_{th\cdot H} &= 加熱能力\phi_k \div 理論断熱圧縮動力P_{th}\\ &= (\phi_0 + P_{th}) \div P_{th} = \phi_0 \div P_{th} + P_{th} \div P_{th}\\ &= (COP)_{th\cdot R} + 1\end{aligned}$$

つまり，理論ヒートポンプサイクルの成績係数$(COP)_{th\cdot H}$は理論冷凍サイクルの成績係数$(COP)_{th\cdot R}$よりも1だけ大きい数値となります。

4 実際の成績係数

実際の成績係数とは，**圧縮機軸動力（モーターの動力）**に該当する熱量と冷凍能力の比を指します。

圧縮機駆動の軸動力（P）は，理論断熱圧縮動力（P_{th}）より機械効率（η_m）と断熱効率（η_c）を考慮した分，数値が大きくなるため以下のようになります。

$$P_{th} \div P = \eta_c \times \eta_m = \eta_{tad}\ (全断熱効率)$$

補足

ヒートポンプ
熱は通常，高温から低温へ移動していきますが，冷凍サイクルには低温から高温へ移動する特徴があり，ヒートポンプと呼ばれます。ヒートポンプの例としてはエアコンがあり，配管や膨張弁を切り替えることで冷房だけでなく暖房も実現しています。

圧縮機の摩擦損失
実際の冷凍装置は圧縮機の摩擦損失などにより，圧縮機を運転するモーターの動力が理論値より大きくなります。実際の成績係数は，この値を考慮した圧縮機軸動力（モーターの動力）に相当する熱量と冷凍能力の比を表します。

また，実際の成績係数を表す式は以下となります。

冷凍装置の実際の成績係数 $(COP)_R$ = 冷凍能力 ϕ_0 [kW] ÷ 圧縮機駆動の軸動力P [kW] $= \phi_0 \div P_{th} \div \eta_c \cdot \eta_m = \phi_0 \div P_{th} \times \eta_c \cdot \eta_m = \phi_0 \div P_{th} \times \eta_{tad} = (h_1 - h_4) \div (h_2 - h_1) \times \eta_c \cdot \eta_m = (h_1 - h_4) \div (h_2 - h_1) \times \eta_{tad}$

したがって，$(COP)_R$ = 理論冷凍サイクルの成績係数 $\times \eta_c \times \eta_m$ となります。実際のヒートポンプ装置の成績係数は，機械的摩擦損失動力が熱となり，

冷媒にプラスされるときは　$(COP)_H = (COP)_R + 1$

加えられない場合は　$(COP)_H = (COP)_R + \eta_m$

実際の冷凍装置の成績係数に1を足したものが，実際のヒートポンプ装置の成績係数です。

チャレンジ問題

問1　難　中　易

冷凍装置の成績係数についての以下の記述が正しければ○，誤っていれば×で答えなさい。

凝縮温度を一定として蒸発温度を低くすると，冷凍装置の成績係数は大きくなる。

解説

凝縮温度を一定として蒸発温度を低く運転すると，圧縮機の吸込み蒸気の比体積が大きく（蒸気が薄く）なり，圧縮機の体積効率も小さくなるので，冷媒循環量が減少し，冷凍装置の成績係数が小さくなります。

解答 ×

成績係数と運転条件

1 理論成績係数と運転条件

成績係数は冷凍装置の運転条件によって，以下のようにさまざまな影響を受けます。

① 凝縮温度が高くなると，**断熱圧縮仕事**が大きくなる
② 蒸発温度が低くなると，冷凍効果が**小さくなる**
③ 凝縮温度が高くなる，もしくは蒸発温度が低くなる場合と，この2つが同時に発生した場合は成績係数は**小さくなる**
④ 成績係数をよくするために，蒸発器出口の過熱度を必要以上には大きくできません。蒸発器の性能が低下し，圧縮ガスの吐出しガス温度が上昇することで**圧縮機の寿命が短くなるため**
⑤ 冷凍効果と成績係数が大きくなるのは，膨張弁手前の過冷却度が大きくなった場合。なお，外気温度（空冷凝縮器）と冷却水温度（水冷凝縮器）よりも**膨張弁手前の高圧液体は下げることはできない**

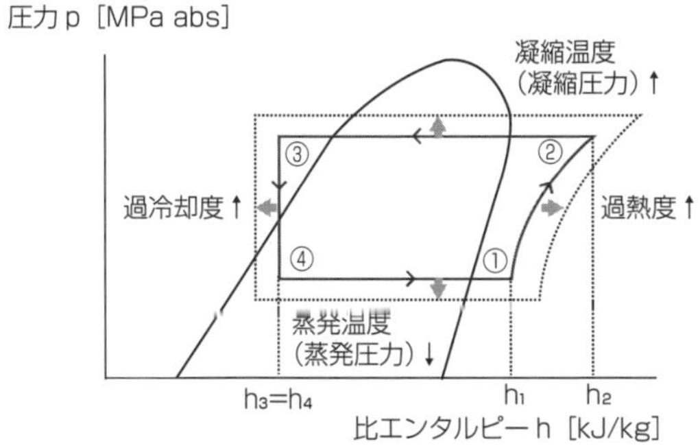

補足

過熱度と蒸発器の関係

蒸発器の性能は，過熱度が必要以上に大きくなるに従って低下していきます。その理由は，過熱蒸気は気体で顕熱（周囲から奪う熱量）が少ないからです。

自動膨張弁の過熱度

自動膨張弁では加熱度は5〜8K程度に調整します（本文④）。

膨張弁手前の高圧液体の値

通常5K程度の値になります（本文⑤）。

2 実際の成績係数と運転条件

冷凍装置の性能は成績係数が大きいほど優秀になりますが，実際には圧縮機などでさまざまな損失が発生して成績係数を小さくする要因となります。

凝縮温度と蒸発温度との温度差が顕著になると機械効率と断熱効率は小さくなるため，成績係数は低下します。蒸発温度が低いと体積効率が小さく，比体積が大きくなって冷媒循環量が減ります。

チャレンジ問題

問1 難 中 易

以下の記述のうち，正しいものはどれか。

(1) 理論冷凍サイクルの成績係数は，冷凍効果と圧縮動力の比で表すことができる。

(2) エアコンの冷房は，凝縮器で放出する熱をヒートポンプが利用している。

(3) 加熱能力は，$\phi_k = q_{mr}(h_1 - h_2)$ [kW] で求めることができる。

解説

理論冷凍サイクルの成績係数は，冷凍能力÷理論断熱圧縮動力で表すことができます。この値が大きいほど，小さな動力で大きな冷凍能力が得られる優秀な冷凍装置となります。

解答 (1)

問2 難 中 易

以下の記述のうち，正しいものはどれか。

(1) 実際の成績係数は，理論断熱圧縮動力と冷凍能力の比を指す。

(2) 冷凍装置の運転条件のうち，蒸発温度が低くなると，冷凍効果は大きくなる。

(3) 冷凍装置の運転条件のうち，凝縮温度が高くなると，断熱圧縮仕事は大きくなる。

解説

p29のp-h線図より，②～③の凝縮温度が上昇すると，①～②の断熱圧縮仕事が大きくなります。

解答 (3)

保安管理技術

第 2 章

冷媒とブラインおよび潤滑油

第2章 保安管理技術：冷媒とブラインおよび潤滑油

1 冷媒の性質と特徴

まとめ&丸暗記　この節の学習内容とまとめ

□ 冷媒	温度の低い所から高い所へ熱を移動させるために用いられる流体 《冷媒に求められる特性》 蒸発しやすい・冷媒循環量が少ない・圧縮しやすい・不燃性または難燃性・圧縮機のピストン押しのけ量が小さい・熱伝導率が大きい・毒性と金属などに対する腐食性がなく安定している・冷媒蒸気が漏れた際の検知が簡単・圧縮した際の温度が低め・環境に悪影響をおよぼさない・粘性が低く流動しやすい 《冷媒の用途》 冷凍装置…アンモニア，フルオロカーボン 家庭用冷蔵庫…プロパン，イソブタン 吸収冷凍機…水など
□ フルオロカーボン冷媒	フッ素，炭素，塩素，水素などの化合物 《特性》 銅と銅合金を腐食しない・毒性や可燃性はない・水に溶けない・冷媒ガスは空気よりも重い・高温では分解による金属腐食や電気回路のショートを引き起こす
□ アンモニア冷媒	毒性と可燃性がある 《特性》 水に溶ける・潤滑油（鉱油）に溶けない・アンモニア液は水や潤滑油よりも軽い・アンモニアガスは空気より軽い・鋼管や鋼板が用いられる・独特の臭気がある

冷媒とは

1 冷媒に使用される物質

エアコンや冷凍装置に使用されている冷媒とは，温度の低い所から高い所へ熱を移動させるために用いられる流体です。

気体が液体に変化する際には周囲に熱を放出し，液体が気体に変化する際には周囲から熱を奪います。冷媒は冷凍装置内を循環しているため，**粘性が低く，流動しやすいものが選ばれます**。粘性の高い冷媒だと，低温になった際に潤滑油が固まることがあるからです。

2 冷媒の性質

冷媒には，以下のような特性が求められます。

①蒸発しやすい（蒸発圧力が適度に高い）
②冷媒循環量が少ない（蒸発潜熱が大きい）
③圧縮しやすい（凝縮圧力が適度に低い）
④不燃性または難燃性（安全性が高まる）
⑤圧縮機のピストン押しのけ量が小さい
⑥熱伝導率が大きい（蒸発器や凝縮器が小型化できる）
⑦毒性と金属などに対する腐食性がなく安定している
⑧冷媒蒸気が漏れた際の検知が簡単にできる
⑨圧縮した際の温度が低め（潤滑油の劣化防止と圧縮機の潤滑不良防止）
⑩環境に悪影響をおよぼさない（地球温暖化防止）
⑪粘性が低く流動しやすい

補足

冷媒に使われる物質

冷蔵庫の冷媒には，イソブタンやプロパン，大型の冷凍機には蒸発しやすいアンモニアやフルオロカーボンなどが使用されます（P4参照）。

フルオロカーボン冷媒

「単一成分冷媒」（R22，R134aなど）と「混合冷媒」に分けられ，さらに混合冷媒は「共沸混合冷媒」（R507A，R508Bなど）と「非共沸混合冷媒」（R407C，R404A，R410Aなど）に分けられます。

混合冷媒

オゾン層を破壊しない単一成分冷媒2～3種類を，特定の割合で混合して特性を改善した冷媒。

3 冷媒の用途

冷凍装置ではアンモニアやフルオロカーボン，家庭用冷蔵庫ではプロパンやイソブタン，吸収冷凍機では水など，それぞれの性能に適合した冷媒が用いられています。

●冷媒の用途

冷媒の種類	冷媒名	用途
HC	NH_3(アンモニア)	冷凍・冷蔵，大型施設の空調
HCFC	R22	冷凍・冷蔵，冷凍空調全般
HFC	R134a	大型冷凍機，カーエアコン
非共沸混合冷媒	R404A	冷凍・冷蔵，ショーケース
	R470C	冷蔵，パッケージエアコン
	R410A	エアコン，ルームエアコン

チャレンジ問題

問1　難　中　易

冷媒に求められる特性のうち，正しいものはどれか。

(1) 蒸発圧力がある程度低い。
(2) 凝縮圧力がある程度高い。
(3) 蒸発潜熱が大きく，冷媒循環量が少ない。
(4) 粘性が大きい。

解説

蒸発潜熱が大きいということは，サイクル効率が良好で，冷媒循環量が少なくてすむ，優れた特性を持つ冷媒を意味します。

解答 (3)

フルオロカーボン冷媒とアンモニア冷媒

1 フルオロカーボン冷媒の特徴

フルオロカーボンはフッ素（F），炭素（C），塩素（Cl），水素（H）などの化合物であり，その中でも単体成分であるR22，R134a，非共沸混合冷媒であるR410A，R404A，R407Cなどがあります。

また，その元祖記号から，CFC（クロロフルオロカーボン）冷媒，HCFC（ハイドロクロロフルオロカーボン）冷媒，HFC（ハイドロフルオロカーボン）冷媒，HFO（ハイドロフルオロオレフィン）冷媒の4つの種類に分類されています。

●冷媒の分類

冷媒	フルオロカーボン冷媒	単一成分冷媒（単体成分冷媒・単成分冷媒）	—	R22，R134a，R32，R1234yf，R1235ze など
		混合冷媒	共沸混合冷媒	R507A，R508Bなど
			非共沸混合冷媒	R407C，R404A，R410Aなど
	それ以外の冷媒（自然冷媒）	HC（ハイドロカーボン）	—	R600a（イソブタン），R290（プロパン）など
		無機化合物	—	R717（アンモニア），R744（二酸化炭素）など

●フルオロカーボン冷媒の特徴

分類	おもな冷媒	おもな特徴
CFC冷媒（特定フロン）	R11，R12など	塩素を含みオゾン層を破壊するため，1996年に製造中止となった
HCFC冷媒（指定フロン）	R22，R123など	わずかに塩素を含むため，長期的にはオゾン層を破壊する。2020年の製造中止が決定している
HFC冷媒（代替フロン）	R134a，R407C，R404A，R410A，R507A，R508Bなど	塩素を含まず，オゾン層を破壊しない。CFC，HCFC冷媒の代替冷媒
HFO冷媒（代替フロン）	R32，R1234yf，R1234ze	HFC冷媒と同様

補足

非共沸混合冷媒

冷媒には，単一組成のものと複数を組み合わせた混合冷媒があります。この混合冷媒の中には，複数を一定比で混合すると決まった沸点を持ち，液相，気相での組成が同一となって一成分に見えるものがあります。こうした混合冷媒を共沸混合冷媒といいます。反対に，全組成範囲において沸点と露点が分離している，混合物の性質のみの冷媒を非共沸混合冷媒といいます。

フルオロカーボンとアンモニアの沸点

大気圧に飽和圧力が等しいときの飽和温度を沸点（または標準沸点）といいます。フルオロカーボンは−26.1℃，アンモニアは−33.3℃と水（100℃）よりもはるかに低くなっています。

2 アンモニア冷媒の特徴

アンモニアは古くから冷媒に使用される**自然冷媒**ですが，毒性と可燃性があるため空調ではなく製氷，冷凍・冷蔵用に用いられています。なお，冷凍保安規則において，**「毒性ガス」**および**「可燃性ガス」**に指定されています。

①水に容易に溶けてアンモニア水となり装置内を循環する。ただし，多量の水が混入すると装置の性能が落ちる
②潤滑油（鉱油）にはほとんど溶けない
③アンモニア液は水や潤滑油よりも軽い
④アンモニアガスは空気より軽い（漏えいガスは天井に滞留する）
⑤銅や銅合金を腐食するため，鋼管や鋼板が用いられる
⑥アンモニア圧縮機では，吐出しガス温度が高く潤滑油が劣化しやすい
冷媒と一緒に吐き出された油は，装置から抜き出し，再利用はしない
⑦同条件の運転では，フルオロカーボンより冷凍効果が大きい

3 特性の比較

フルオロカーボン冷媒とアンモニア冷媒の**相違点**を把握しておきましょう。

●フルオロカーボン冷媒とアンモニア冷媒の特性比較

特性	フルオロカーボン冷媒	アンモニア冷媒
液の比重	潤滑油より重い	潤滑油より軽い
ガスの比重	空気よりも重い	空気よりも軽い
金属	銅，銅合金は腐食しない	銅，銅合金を腐食する
毒性	なし	あり
可燃性	引火爆発はしないが， 裸火に触れると有害ガスを発生する	あり
潤滑油	溶けにくい	溶けやすい
水分	溶けにくい	溶けやすい
吐出しガス温度	アンモニア冷媒に対して 低い吐出しガス温度となる	フルオロカーボン冷媒に対して 高い吐出しガス温度となる
冷凍効果	アンモニア冷媒に対して小さい	フルオロカーボン冷媒に対して大きい

チャレンジ問題

問1

難　中　易

フルオロカーボン冷媒の特性として，正しいものはどれか。

(1) 毒性と可燃性がある。

(2) CFC冷媒はオゾン層を破壊する。

(3) 冷媒ガスは空気よりも軽い。

(4) 水に溶けやすい。

解説

CFC冷媒は塩素を含み，オゾン層を破壊することが明らかになったため，製造中止になっています。

解答 (2)

問2

難　中　易

フルオロカーボン冷媒とアンモニア冷媒の特性のうち，正しいものはどれか。

(1) フルオロカーボン冷媒液，アンモニア冷媒ともに潤滑油より軽くなる。

(2) フルオロカーボン冷媒の吐出しガス温度はアンモニア冷媒に対して高く，アンモニア冷媒の吐出しガス温度はフルオロカーボン冷媒に対して低くなる。

(3) アンモニア冷媒は可燃性で，フルオロカーボン冷媒は引火爆発はしないが，裸火に触れると有害ガスを発生する。

(4) フルオロカーボン冷媒液，アンモニア冷媒ともに毒性はない。

解説

フルオロカーボン冷媒は化学的に安定していて変化しにくい特徴を持っていますが，裸火に触れるとホスゲンなどの有害ガスを発生します。

解答 (3)

冷媒の沸点と吐出しガス温度および体積能力

1 冷媒の沸点と吐出しガス温度

装置内でもっとも高くなるのは**圧縮機の吐出しガス温度**ですが，できるだけ低い温度で運転する方がよいといわれています。そのおもな理由は，温度が高くなりすぎると潤滑油が劣化すること，軸受の表面が変質し，焼き付いた状態になるなど，**装置に悪影響が出る**からです。冷媒ごとの吐出しガス温度と沸点との違いは，以下の通りです。

①沸点は，低いものから並べると，R410A，R404A，R407C，アンモニア，R134a となる
②吐出しガス温度は，低いものから並べると，R134a，R404A，R407C，R410A，アンモニアとなる

2 体積能力

体積能力［kJ/m^3］は圧縮機の単位吸込み体積（1m^3）あたりの冷凍能力を指します。この体積能力の数値は，冷媒の運転条件と種類によって大きく異なります。

R134a とアンモニアを同じ運転条件で比較すると，アンモニアは R134a よりも**約 1.9 倍の体積能力**を持っています。これにより，R134a を使用してアンモニアと同程度の冷凍能力を得るためには，**圧縮機のピストン押しのけ量を 1.9 倍にする**必要があることが分かります。

また，R410A は R134a の **2.3 倍の体積能力**があります。

チャレンジ問題

問1

難　中　易

以下の記述のうち，正しいものはどれか。

(1) 圧縮機の吐出しガス温度は高い方が装置によい影響を与える。
(2) R410AとR134aの吐出しガス温度は，R410Aの方が高くなる。
(3) 潤滑油は，吐出しガス温度が高くなっても劣化しない。
(4) R134aとアンモニアの沸点は，アンモニアの方が低くなる。

解説

凝縮温度45℃，蒸発温度10℃での吐出しガス温度は，R410Aでは60℃，R134aでは49℃なのでR410Aの方が高いです。

解答 (2)

問2

難　中　易

以下の記述のうち，正しいものはどれか。

(1) 圧縮機の吸込み体積あたりの冷凍能力を，容積能力という。
(2) 体積能力［kJ/m^3］は凝縮器の単位吸込み体積（1m^3）あたりの冷凍能力を指す。
(3) 装置内でもっとも高くなるのは圧縮機の吐出しガス温度で，高温で運転するとよい。
(4) R410AはR134aの約2.2倍のピストン押しのけ量を持っている。

解説

凝縮温度45℃，蒸発温度10℃でのR134aの体積能力は2840kJ/m^3，R410Aの体積能力は6215kJ/m^{3}です。したがって，R410Aは約2.2倍のピストン押しのけ量を持っていることになります。

解答 (4)

2 ブライン

まとめ＆丸暗記　この節の学習内容とまとめ

□ ブライン	●凍結点が0℃以下の液体で，潜熱を利用して物体を冷やす媒体 →無機ブラインと有機ブラインがある ●金属に対し腐食性の強いものがあり，その場合は腐食抑制剤を使用する →塩化カルシウムや塩化ナトリウムなどがある ●濃度調整の必要がある →空気中の水分の影響を受けるため ●食品用に使われるブライン →プロピレングリコール系および塩化カルシウム
□ 無機ブライン	塩化カルシウム（最低凍結点－55℃） 塩化ナトリウム（食塩水）（最低凍結点－21℃）
□ 有機ブライン	プロピレングリコール系，エチレングリコール系 ●ブラインが空気中の水分を吸収 →濃度が薄くなるので比重計で測定しつつ調整する ●ブライン＋酸素 →腐食を促進するため空気と接しないようにする ●ブラインの濃度が変化 →凍結温度が変わっていく 塩化ナトリウムブラインの実用温度範囲は－15℃，凍結温度は-21℃ ブラインの濃度［mass%］＝塩化カルシウム［kg］÷溶液［kg］×100

ブラインの特性

1 ブラインの種類と特徴

これまで見てきた冷媒のほかに，凍結点が0℃以下の液体で，顕熱を利用して物体を冷やすブラインがあります。もともと塩水を意味する言葉で，身近なものでは食塩水がよく知られています。

ブラインは無機ブラインと有機ブラインに大別され，無機ブラインには塩化カルシウムブラインや食塩水，有機ブラインにはプロピレングリコール系とエチレングリコール系などが使用されています。

空気中の水分を吸収すると濃度が薄くなるので，比重計で測定しつつ調整していく必要があります。また，ブラインに空気中の酸素が溶け込んでくると腐食が促進されるため，空気と接しないように工夫する必要があります。

●ブラインの種類と凍結点

ブライン		用途	凍結温度
無機ブライン	塩化カルシウム	食品，製氷	−55℃
	塩化ナトリウム	製氷，冷凍	−21℃
有機ブライン	プロピレングリコール系	食品，化粧品	−50℃
	エチレングリコール系	工業用	−50℃

補足

ブラインの濃度調整
ブラインは使用中に空気中の水分を取り込んで濃度が低下するため，濃度を保つために比重計（比重を測定する器具）で濃度測定をしながら濃度調整をします。

ブラインの腐食性
ブラインは金属を腐食するため，腐食抑制剤を添加して用います。腐食抑制剤を添加した有機ブラインは金属を腐食しません。

2 各ブラインの凍結点

下図は，塩化カルシウムブラインの濃度と凍結点の関係を示したものです。塩化カルシウム濃度が増加すると，塩化カルシウムブラインの凍結温度は低下していきます。図から，濃度30mass％の場合には凍結温度（凍結点・共晶点ともいう）は－55℃となることが読み取れます。そして，実用温度範囲は－40℃までの塗りで示した部分です。ブラインが凍る最低の温度である凍結点（凍結温度・共晶点）は，ブラインによって違います。ブラインの濃度が変化すると，凍結温度が変わっていくことが分かります。

塩化ナトリウムブラインの実用温度範囲は－15℃までで，凍結温度は－21℃です。

●塩化カルシウムブラインの濃度と凍結点

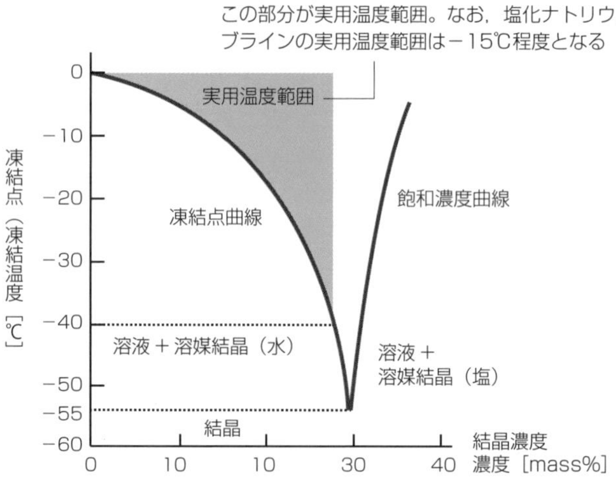

ブラインの濃度［mass％］は，塩化カルシウム［kg］を溶液［kg］で除し，100を乗ずることで求めることができます。

●塩化カルシウムブラインの凍結点と濃度

$$\text{濃度}[\text{mass\%}] = \frac{\text{塩化カルシウム}[\text{kg}]}{\text{溶液}[\text{kg}]} \times 100$$

チャレンジ問題

問1

難 中 **易**

ブラインについての以下の記述のうち，正しいものはどれか。

(1) ブラインとは，凍結点が0℃の液体で，顕熱を利用して物体を冷やすものである。

(2) 無機ブラインには塩化カルシウムブラインや食塩水，有機ブラインにはエチルプロピレングリコール系とエチレングリコール系などが使用されている。

(3) 空気中の水分を吸収すると濃度が薄くなるが，濃度調整は特に必要ない。

(4) 空気中の酸素がブラインに溶け込むと金属の腐食が促進されるため，空気と接しないようにする。

解説

ブライン，特に無機ブラインは金属を腐食する力が強いうえ，酸素が溶け込むと腐食を促進します。そのため，ブラインが漏れやすい弁や管継手などは空気と接しないように工夫しなければなりません。

解答 (4)

問2

難 中 **易**

以下の記述のうち，正しいものはどれか。

(1) 塩化カルシウムブラインの凍結温度は−60℃である。

(2) 塩化ナトリウムブラインの凍結温度は−26℃である。

(3) ブライン濃度［mass%］は，塩化カルシウム［kg］÷溶液［kg］×100となる。

(4) 塩化カルシウムブラインの実用温度範囲は−30℃までである。

解説

塩化カルシウム1kg，溶液10kgの場合のブライン濃度は，1÷10×100＝10mass%となります。

解答 (3)

3 冷媒と潤滑油

まとめ＆丸暗記 この節の学習内容とまとめ

□ 潤滑油（冷凍機油）	●冷媒ガスとともに冷凍機内を循環 →ピストンの摩擦や摩耗を減らす潤滑，密封，防錆の役割を持つ油である ●水分を吸収しやすい →充てんや補充には新しい油を使用する ●高温で劣化する
□ 潤滑油に求められる特性	●適度な粘性がある ●冷媒と化学反応を起こさない ●引火点が高く電気絶縁性が高い ●流動性があり凝固点が低い
□ フルオロカーボン冷媒と潤滑油	●冷媒の種類により使用する潤滑油は異なる →R22は鉱油，R134aはエステル油系，R404A・R407C・R410Aはエステル油系およびエーテル油系 《特性》 ●相互に溶けやすい ●フルオロカーボン冷媒は潤滑油より重い ●冷媒は圧力が高く，温度が低いほど潤滑油に溶ける
□ アンモニア冷媒と潤滑油	●アンモニア冷媒に使用する潤滑油 →鉱油を使用する ●アンモニア冷媒は吐出しガス温度が高い →潤滑油の再使用はせず，装置外に排出する 《特性》 ●鉱油と相互に溶けにくい ●アンモニア冷媒は潤滑油よりも軽い ●劣化しやすい

潤滑油

1 潤滑油の特性

潤滑油は冷凍機油ともいい，ピストンの摩擦や摩耗を減らすための潤滑，密封，防錆のために用いられ，高温では劣化する性質を持っています。

潤滑油には適度な粘性があり，冷媒と化学反応を起こさない，引火点が高く電気絶縁性が高い，流動性があり凝固点が低いことなどの特性が求められます。

2 冷媒と潤滑油

冷媒と潤滑油の関係は以下のようになります。

●フルオロカーボン冷媒と潤滑油

①冷媒と潤滑油はよく溶け合う

②フルオロカーボン冷媒は潤滑油より重い

③R22は鉱油，R404A，R407C，R410Aはエーテル油系やエステル油系，R134aはエステル油系の組み合わせが用いられる

④冷媒は圧力が高く，温度が低いほど潤滑油に溶ける

●アンモニア冷媒と潤滑油

①鉱油と相互に溶けにくい

②アンモニア冷媒は潤滑油よりも軽い

③圧縮機の吐出しガス温度が高いため，潤滑油は劣化しやすい

補足

潤滑油と水

潤滑油は冷凍装置内を冷媒ガスと一緒に循環しますが，水分を吸収しやすいため補充や充てんをする際には新品の潤滑油を使用します。また，高温では劣化する性質を持っています。

3 冷媒と潤滑油の比重比較

冷媒と潤滑油の比重は，下表の通りです。**フルオロカーボン冷媒（ガス）は空気よりも重いため**，室内に漏れ出した場合には床面付近に滞留する傾向にあります。R32，R134a，R410A といった冷媒には相互に溶解性がある**PAG（ポリアルキレングリコール）油**や，**POE（ポリオールエステル）油**といった**合成油**がよく使われます。

●冷媒と潤滑油の比重

冷媒名	飽和液（0℃）		ガス（101kPa, 20℃）		冷凍機油（101kPa, 15℃）	
	密度［kg/m³］	比重	密度［kg/m³］	空気に対する比重	密度［kg/m³］	比重
アンモニア	638.5	0.64	0.7165	0.60	820〜930	0.82〜0.93
二酸化炭素	927.6	0.93	1.839	1.53		
R22	1282	1.28	3.651	3.04		
R32	1055	1.06	2.192	1.83		
R134a	1295	1.30	4.336	3.61		
R410A	1171	1.17	3.060	2.55		
R1234yf	1176	1.18	4.854	4.04		
R1234ze	1240	1.24	4.864	4.05		

※比重は，101kPa，3.98℃における水の最大密度に対する比です
※空気に対する比重は101kPa，20℃における空気の密度に対する比です

チャレンジ問題

問1 難 中 易

以下の記述のうち，正しいものはどれか。

(1) 潤滑油はピストンの摩擦や摩耗を減らす目的で用いられ，高温下でも劣化しない。
(2) フルオロカーボン冷媒と潤滑油は相互に溶けにくい特徴がある。
(3) 潤滑油には，引火点が高く電気絶縁性が高いものが用いられる。

解説

潤滑油に必要なおもな特性は，適度な粘性があること，冷媒と化学反応を起こさないこと，引火点が高く電気絶縁性が高いこと，流動性があり凝固点が低いことです。

解答 (3)

保安管理技術

第 3 章

圧縮機と凝縮器

1 圧縮機

まとめ&丸暗記 この節の学習内容とまとめ

□ 容積式圧縮機	圧縮機内の体積変化によって圧力を加える方法で，吸い込んだ一定容積の冷媒蒸気を閉じ込めて圧縮する方式 **《往復式》** ピストンの往復運動で冷媒蒸気を圧縮する **《開放型》** 電動機と圧縮機をベルト掛け（または直結）して駆動する **《密閉型》** 電動機と圧縮機が直結され，ケーシングに収められている **《ロータリー式》** 回転ピストンまたはロータリーベーンで冷媒蒸気を圧縮する **《スクロール式》** 固定スクロールと旋回スクロールで蒸気を回転させ，圧縮する **《スクリュー式》** ロータ（雄ロータと雌ロータ）のかみ合わせで圧縮する
□ 遠心式圧縮機	冷媒蒸気を羽根車（インペラー）の高速回転で吸い込み，遠心力で圧縮する方法で，遠心力による速度エネルギーを圧力エネルギーに変えて圧縮する方式

圧縮機の種類と形式

1 圧縮機の形式

圧縮機は，吸い込んだ冷媒ガスを凝縮圧力まで圧縮して圧力を高めてから送り出す装置です。冷媒蒸気の圧縮方法によって，容積式と遠心式に分けることができます。

容積式は圧縮機内の体積変化によって圧力を加える方法で，遠心式は大量の冷媒蒸気を羽根車（インペラー）の高速回転で吸い込んで，遠心力によって圧縮する方法です。

●圧縮機の種類

		形　式	適　用	圧縮方法
圧縮機（コンプレッサ）	容積式	往復式（レシプロ式，ピストン式）	小型･中型	ピストンの往復運動（上下運動）で冷媒を圧縮する
		スクロール式（うずまき式）	小型	2つのスクロール（うずまき）を利用して圧縮する
		スクリュー式（ねじ式）	大型･中型	スクリューの形（ねじ状）をした回転体の溝を利用して圧縮する
		ロータリー式（回転ピストン式）	小型	回転するピストンとシリンダを利用して圧縮する
	遠心式	遠心式（ターボ式）	大型･中型	高速回転する遠心力の作用によって圧縮する

補足

圧縮機の駆動方法

圧縮機は，電動機（モータ）を使用して駆動します。その際，電動機と圧縮機を別々にした開放圧縮機と，電動機を内蔵している密閉圧縮機に分けられ，さらに，密閉圧縮機には半密閉圧縮機と全密閉圧縮機の2種類があります。

2 容積式圧縮機

容積式の圧縮機は圧縮機内の体積変化によって圧力を与えますが，その方式によって**往復式**，**ロータリー式（2 種）**，**スクロール式**，**スクリュー式**に分類できます。

●往復式（レシプロ式，ピストン式）

ピストンが往復することで，蒸発器から出た冷媒蒸気をシリンダ内で圧縮し，高圧ガスにしたのち，吐出し弁から凝縮器へ送ります。小型で気筒数が2つ以下のものには**容量制御機構**はありませんが，4つ以上のものは容量制御機構を持つ**多気筒圧縮機**と呼ばれます。古くから使われているため**開放型**，**半密閉型**，**全密閉型**と種類も豊富ですが，大容量の冷凍装置には向きません。また，吸込み弁と吐出し弁が必要です。

●往復式圧縮機

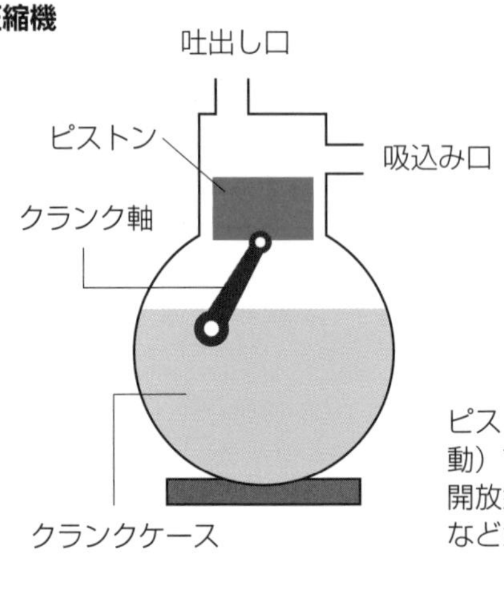

ピストンの往復運動（上下運動）で冷媒を圧縮する。
開放型，半密閉型，全密閉型などがある。

以下は往復式の特徴です。

①おもに中型から小型（120kW 程度まで）の電気冷蔵庫，カーエアコン，各種冷凍装置などの冷凍装置に使用される
②多くの種類があり使いやすいが，吸込み弁と吐出し弁が必要
③大型・中型機は，強制給油機と呼ばれる給油ポンプを内蔵している

●開放型の駆動方式

別の場所に置いた電動機と圧縮機をベルト掛け（または直結）して駆動する方法です。点検や修理は容易に行えますが，クランク軸が圧縮クランクケースを貫通しているため，軸封装置（シャフトシール）を用いて冷媒の漏えいを防ぐ必要があります。

●開放型

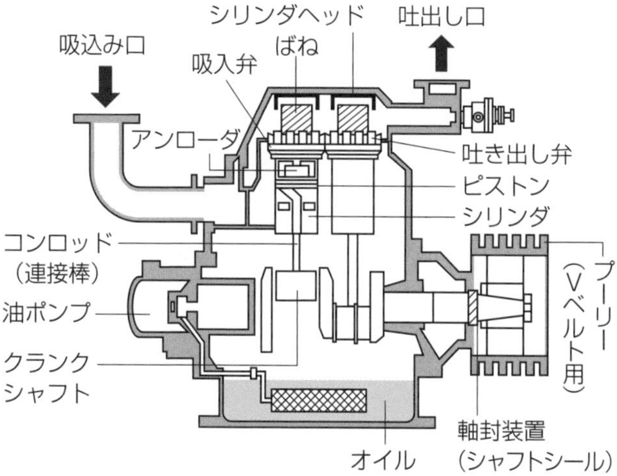

以下は開放型の特徴です。

①軸封装置（シャフトシール）が必要となる

②冷媒にアンモニアを使用するアンモニア冷媒は開放型しか使用できない

●密閉型圧縮機（半密閉型／全密閉型）の駆動方式

密閉型圧縮機は，電動機と圧縮機が直結され，ケーシングに収められています。半密閉型はクランクケース内の油だめからギヤポンプで油を汲み上げて加圧していきます。ボルト止めが施され，点検と修理がしやすいように工夫されているのが特徴です。

補足

軸封装置（シャフトシール）

軸封装置はシャフトシールとも呼ばれ，冷媒の漏えいを防ぐ装置です。ばね受け，ばね，ゴムパッキン，シールリング，カバープレートなどで構成されており，開放圧縮機のみに採用されています。

容量制御機構（アンローダ）

冷凍装置の負荷が大きく減少すると，圧縮機の所定の吸込み弁を機械的に開放し，気筒数を減少することで能力を調整する機構のことをいいます。

ディフューザ

運動エネルギーを圧力エネルギーに変換する装置のことで，定流量（容量を絞る）とサージング現象（外部から周期的な強制力を与えていないにもかかわらず発生する不安定な振動現象）が発生します。

全密閉型はケーシングを溶接密封してあるため，**軸封装置（シャフトシール）が不要**です。簡単に点検や修理はできませんが，装置を小型にできます。

電動機は冷媒によって冷却されますが，アンモニアは電動機の銅線を腐食するため密閉圧縮機には不向きで，おもに開放型で用いられています。ただし，近年ではアルミ線を巻線に，テフロン等を絶縁被覆に使用することでアンモニアも使用可能な半密閉圧縮機も登場しています。

●ロータリー式（回転ピストン式／ロータリーベーン式）

ロータリー式圧縮機はシリンダ内にある冷媒を**回転ピストンもしくはロータリーベーンで圧縮するもの**です。回転ピストン式の全密閉型が多く，家庭用冷蔵庫などに採用されています。吸込み弁は存在せず吐出し弁のみで，さらに部品点数が少ないことから高速回転が可能で，効率のよい圧縮が可能となります。

潤滑油は高圧側にあるので，始動時にクランクケース内の潤滑油が泡立つオイルフォーミングは発生しません。電動機は吐出しガスで冷却され，密閉容器の高圧ガス内に電動機が設置されているので吐出しガス温度よりも電動機の温度は高くなります。また，シリンダに直接吸込み管が接続されているため，**液分離器（アキュムレータ）**を設置して液圧縮を防止しています。

●ロータリー式（回転ピストン式）

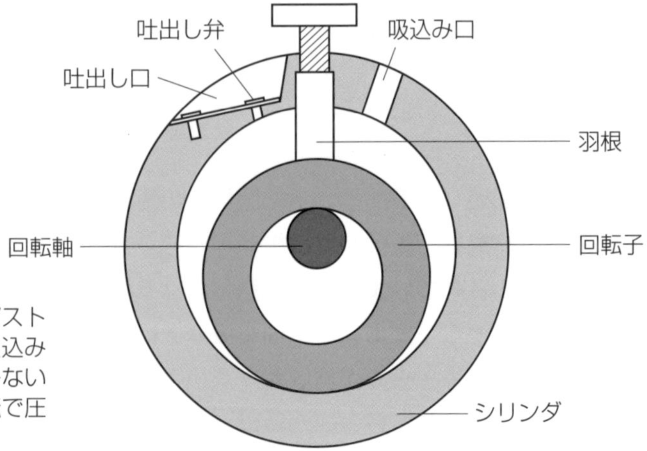

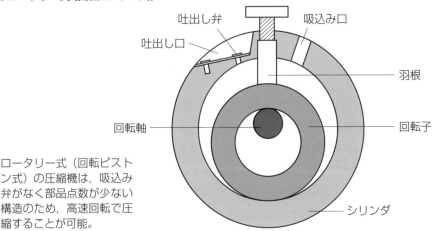

ロータリー式（回転ピストン式）の圧縮機は，吸込み弁がなく部品点数が少ない構造のため，高速回転で圧縮することが可能。

以下はロータリー式の特徴です。

①多くは電気冷蔵庫，ルームエアコン，カーエアコンなどの数キロワット程度以下の小型・小容量の全密閉型に使用される

②密閉容器の高圧ガス内に電動機が置かれ，吐出しガスによって冷却されるため，吐出しガス温度より電動機の温度が高くなる

③潤滑油は高圧側にあるため，始動時のオイルフォーミングは発生しない

④シリンダに吸込み管が直接接続されているため，液圧縮防止の液分離器（アキュムレータ）が設けられている

⑤吸込み弁は不要で，吐出し弁のみの構造となっている

●スクロール式（うずまき式）

うずまきのような形の**固定スクロール**と**旋回スクロール**を利用して，外周部より吸い込んだ蒸気を回転させ，中心部で圧縮します。高速回転が可能で，動作がなめらかで**トルク変動**が小さく，振動と騒音が小さいのが特徴です。停止時にロータが逆回転しないように，**吐出し側には逆止弁を取り付ける**必要があります。

●スクロール式

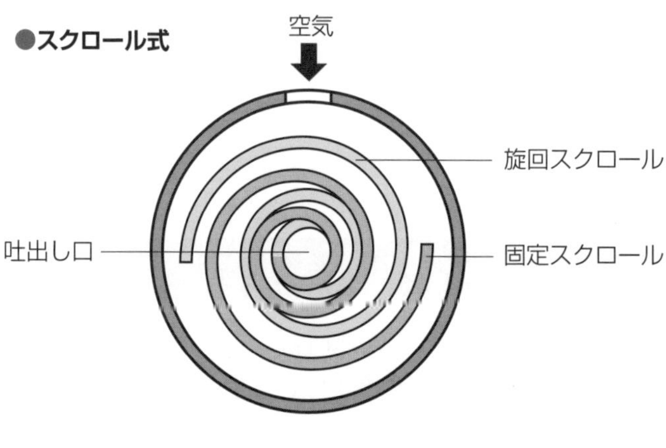

補足

固定スクロールと旋回スクロール

スクロール圧縮機では，固定スクロールの外側にある吸込み口から冷媒を吸入し，旋回スクロールだけが上下左右に動き，中心に向かって圧縮され，中心にある吐出し口から出ていきます。

トルク変動

回転力の変動のことです。

コンパウンド圧縮機

１台の多気筒圧縮機の気筒が高段用と低段用に区分けされ，１台の圧縮機で２段圧縮方式の運転ができる圧縮機をいいます。

以下はスクロール式の特徴です。

①ロータリー式と同様に，数キロワット程度以下の小型・小容量の全密閉型に使用される
②回転動作のため，高速回転での使用が可能
③構造がシンプルで，部品点数が少ない
④吸込み弁および吐出し弁は不要だが，吐出し側に逆止弁が必要となる

●スクリュー式（ねじ式）

ねじ（スクリュー）状の**ロータ（雄ロータと雌ロータ）**が回転して吸入，圧縮する方式です。液圧縮に比較的強く，吸込み弁と吐出し弁がありません。ロータの逆回転を防ぐため**吸込み側と吐出し側に逆止弁が必要**です。**振動が少なく，高出力比に適しているため**，ヒートポンプや冷凍用に用いられます。

●スクリュー式

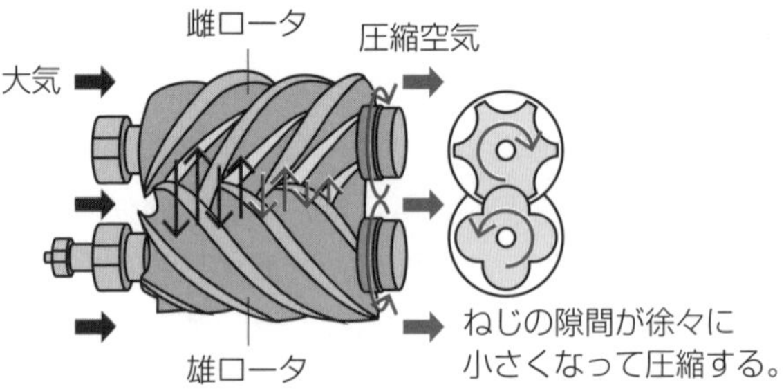

以下はスクリュー式の特徴です。

①各種冷凍装置，ヒートポンプ装置など，千数キロワット程度までの中型～大型の半密閉型，開放型に多く使用される
②高圧力比に適している

3 遠心式圧縮機

遠心式の圧縮機は羽根車（インペラー）を高速回転させることで冷媒蒸気を吸い込み，圧縮します。**ターボ冷凍機**とも呼ばれており，大型のものが多

く，**開放型と密閉型の２種類**があります。停止時に逆回転を防止するため，**吸込み側と吐出し側に逆止弁が必要**です。以下は遠心式圧縮機の特徴です。

①１万キロワット程度までの大容量・大型の半密閉型，開放型に多く使用され，おもに冷水冷却用である

②高圧圧力比には適さず，吸込み側・吐出し側ともに逆止弁が必要

●遠心式圧縮機

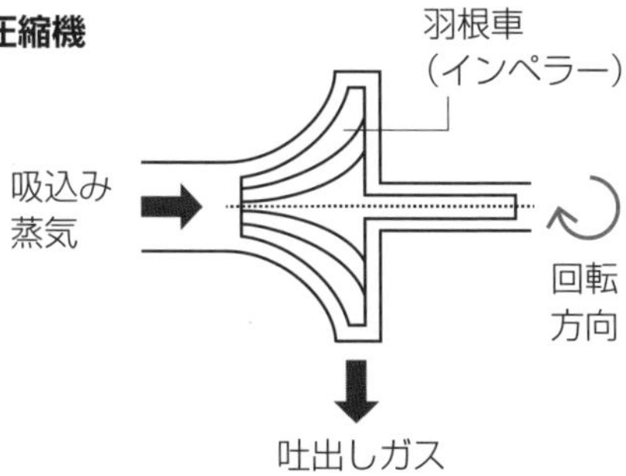

チャレンジ問題

問１ 難 中 易

以下の記述のうち，正しいものはどれか。

(1) 圧縮機は冷媒蒸気の圧縮方法によって体積式と容積式に分けることができる。

(2) 圧縮機は電動機と圧縮機を別々にした密閉圧縮機と，電動機を内蔵した開放圧縮機に分けられる。

(3) 往復式圧縮機は，ピストンを使い，冷媒蒸気を高圧ガスにして凝縮器へ送る。

(4) 多気筒圧縮機では，アンローダと呼ばれる容量制御装置で無段階に容量を制御できる。

解説

往復式圧縮機は，シリンダ内でピストンが往復することで，蒸発器から出た冷媒蒸気を圧縮します。

解答 (3)

2 圧縮機の特性と効率

まとめ＆丸暗記 この節の学習内容とまとめ

□ 往復圧縮機における冷凍能力	圧縮機のピストン押しのけ量（1秒間あたりに圧縮機が理論的に押しのける量）の大小に左右され，「シリンダ容積×回転速度」で求めることができる 法令では1時間あたりのピストン押しのけ量を使用する（単位：m^3/h）
□ 体積効率	ピストン押しのけ量と実際の吸込み蒸気量の比（実際の吸込み蒸気量÷ピストン押しのけ量）
□ 冷媒循環量	1秒間あたりの冷媒循環量（q_{mr} [kg/s]）は，ピストン押しのけ量（V）と体積効率（η_v）の大きさによって表される $冷媒循環量(q_{mr}) = \dfrac{実際の吸込み蒸気量(q_{vr})}{吸込み蒸気の比体積(v)}$ $= ピストン押しのけ量(V) \times \dfrac{\eta_v}{v}$ [kg/s]
□ 断熱効率	圧縮機が圧縮蒸気を吐き出す際に生じる吸込み弁や吐出し弁の流れ抵抗や作動遅れが引き起こす損失の割合 $断熱効率(\eta_c) = \dfrac{理論断熱圧縮動力(P_{th})}{蒸気の圧縮に必要な動力(P_c)}$
□ 機械効率	圧縮機の駆動に必要となる軸動力の損失割合
□ 容量制御	熱負荷の変化に応じて，循環している冷媒量を圧縮機によって変化させること

圧縮機の特性と効率

1 ピストン押しのけ量

冷凍装置では，圧縮機の性能が装置全体に大きく影響します。圧縮機の性能は，**その大きさや吸込み蒸気の圧力と温度，吐出しガス圧力，回転速度，圧縮機出入口の運転条件**などによって決定します。ここでは，往復圧縮機について考えてみましょう。

往復圧縮機における冷凍能力は，圧縮機のピストン押しのけ量の大小に左右されます。ピストン押しのけ量とはピストンの上下運動によって**1秒間あたりに圧縮機が理論的に押しのける量**をいい，回転速度とシリンダ容積によって求めることができます。

●ピストン押しのけ量

$$V=\frac{\pi D^2}{4}\times L\times N\times\frac{n}{60}\ [m^3/s]$$

D：気筒径［m］
L：ピストン行程［m］
N：気筒数
n：毎分の回転数［rpm］
シリンダ容積：$\frac{\pi D^2}{4}\times L\times N$
回転速度：$\frac{n}{60}$

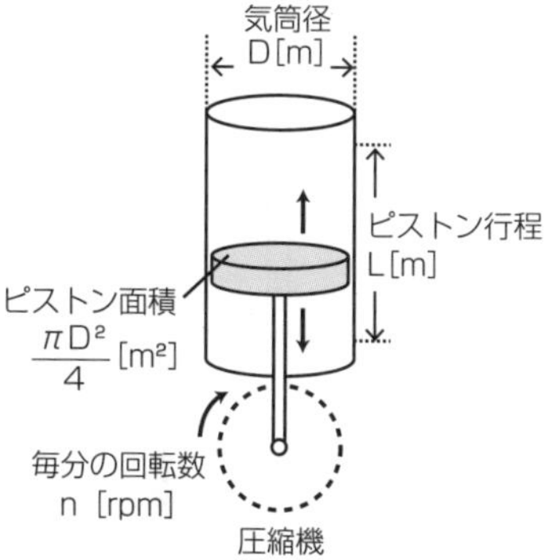

したがって，ピストン押しのけ量は**シリンダ容積と回転速度の乗**で表すことができます。

補足

法令における「ピストン押しのけ量」

法令では1秒あたりのピストン押しのけ量（V）を3600倍にした1時間あたりのピストン押しのけ量を使用します（単位：m^3／h）。法令の単位1/3600が保安管理技術での単位となります。法令では気筒数の記載がないため，複数気筒では注意しましょう。

2 体積効率

圧縮機はシリンダに蒸気を吸い込み，圧縮して吐き出しますが，その量は実際には**ピストン押しのけ量よりも小さく**なります。そのおもな理由は，以下の通りです。

①ピストンとシリンダのすきまから漏れる
②吸込み弁や吐出し弁から漏れる
③シリンダ上部にあるすきま容積（クリアランスボリューム）内で圧縮ガスが再膨張し，吸込み量が減少する

このように，ピストン押しのけ量と実際の吸込み蒸気量は異なりますが，このときの両者の比を**体積効率（η_v）**といいます。体積効率は，以下のようにして求められます。

$$体積効率(\eta_v) = \frac{実際の吸込み蒸気量}{ピストン押しのけ量} = \frac{q_{vr}}{V}$$

●体積効率が低下する原因（ピストンからのガス漏れ）

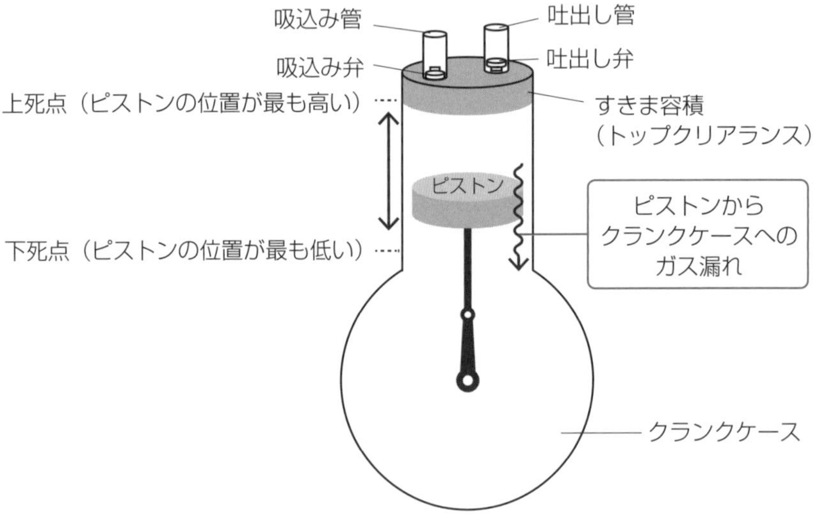

3 冷媒循環量

吸込み蒸気の比体積を v [m^3/kg] とすると，1秒あたりの冷媒循環量 q_{mr} [kg/s] は，ピストン押しのけ量（V），体積効率（η_v）の大きさによって表されるため，以下の式で求めることができます。

$$\text{冷媒循環量}\, q_{mr} = \frac{\text{実際の吸込み蒸気量}(q_{vr})}{\text{吸込み蒸気の比体積}(v)}$$
$$= \text{ピストン押しのけ量}\, V \times \frac{\eta_v}{V}\ [\text{kg/s}]$$

吸込み蒸気圧力が低くなるほど，そして吸込み蒸気の過熱度が大きくなるほど吸込み蒸気の比体積は大きくなり，**冷媒循環量は減少**します。

4 断熱効率

断熱効率とは，圧縮機が圧縮した蒸気を吐き出す際に生じる吸込み弁や吐出し弁の流れ抵抗や作動遅れが引き起こす**損失の割合**をいいます。**圧力比が大きくなると，断熱効率（η_c）は小さくなります。**

$$\text{断熱効率}(\eta_c) = \frac{\text{理論断熱圧縮動力}(P_{th})}{\text{蒸気の圧縮に必要な動力}(P_c)}$$

断熱効率は，圧縮機が冷媒蒸気を圧縮していく行程で生じる損失を考慮しない理論断熱圧縮動力（P_{th}）と，実際に蒸気の圧力に必要な動力（P_c）の比で表します。なお，断熱効率は，圧縮効率ともいいます。

補足

トップクリアランス（すきま容積）

シリンダ上部にあるすきまの容積を，トップクリアランスといいます。これが小さいほど優れた体積効率を実現できます。その理由は，吐出し行程ですきま容積に残った20～30%のガスが吸込み行程で再膨張するため，シリンダに新しいガスは70～80%程度しか吸い込まれないからです。すきま容積とピストン行程容積の比はすきま容積比といい，この値が大きいほど体積効率は小さくなります。

圧力比

圧力比とすきま容積比が大きくなるほど体積効率は小さくなります。ここでの圧縮比は，吐出しガスの絶対圧力（P_x）を吸込み蒸気の絶対圧力（P_0）で割った値となります。

5 機械効率

圧縮機の内部では，軸受やピストンとシリンダの間に生じた摩擦などによって損失が生じます。その結果，圧縮機の駆動に必要となる軸動力（P）は，実際に**蒸気の圧縮に必要な動力（Pc）よりも大きく**なります。この損失割合を**機械効率（η_m）**といい，**圧力比が大きくなるとやや小さくなる特徴**があります。

$$機械効率(\eta_m)=\frac{蒸気の圧縮に必要な動力(P_c)}{圧縮機の駆動軸動力(P)}$$

6 圧縮機の能力対応

空調や冷凍装置の運転は，負荷が一定ではなく，熱負荷の変化に応じて制御していく必要があります。実際には，**循環している冷媒量を圧縮機によって変化**させます。このことを**容量制御**といいます。

●往復式圧縮機

容量制御装置（アンローダ）によって吸込み弁を開放し，作動気筒数を減らして容量を変更します。

●スクリュー圧縮機

スライド弁によって容量を変更します。

●遠心式圧縮機

吸込み側のベーンで容量を変更しますが，低流量になるとサージング（振動や騒音）が発生します。

●回転速度による制御

小型圧縮機はインバータによって電動機の回転速度を変更し，容量を制御します。

チャレンジ問題

問1

難 中 **易**

以下の記述のうち，正しいものはどれか。

(1) 往復圧縮機の冷凍能力は，圧縮機のピストン押しのけ量に左右される。このピストン押しのけ量は1分間あたりに圧縮機が理論的に押しのける量をいう。

(2) ピストン押しのけ量は，シリンダ容積を回転速度で割った数値である。

(3) 圧縮機による実際の吸込み蒸気量は，ピストン押しのけ量よりも小さくなる。

(4) 機械効率は，圧力比に比例する。

解説

圧縮機による実際の吸込み蒸気量がピストン押しのけ量よりも小さいのは，ピストンとシリンダのすきまや吸込み弁，吐出し弁などから漏れたり，すきま容積で圧縮ガスが再膨張し，吸込み量が減少するためです。

解答 (3)

問2

難 **中** 易

以下の記述のうち，正しいものはどれか。

(1) 冷媒循環量は，圧縮機の吸込み蒸気圧力が低くなるほど減少する。

(2) 断熱効率は圧縮機が圧縮した蒸気を吐き出す際に生じる吸込み弁や吐出し弁の流れ抵抗や作動遅れが引き起こす損失の割合をいい，理論断熱圧縮動力に蒸気の圧縮に必要な動力を乗じた数値となる。

(3) 断熱効率は，圧力比に比例する。

(4) シリンダ上部にあるすきまの容積とピストン行程容積の比をすきま容積比といい，この値が大きいほど体積効率は大きくなる。

解説

吸込み蒸気圧力が低くなるほど，そして吸込み蒸気の過熱度が大きくなるほど吸込み蒸気の比体積は大きくなり，冷媒循環量は減少します。

解答 (1)

第3章　保安管理技術：圧縮機と凝縮器

3 圧縮機の構造と保守

まとめ&丸暗記　この節の学習内容とまとめ

□ 圧縮機の容量制御装置	冷凍機（空調機）に生じる不具合を防ぐため，中～大型の圧縮機には容量制御装置（アンローダ）が設置されている 空調や冷凍装置の運転…負荷が一定ではない →熱負荷の変化に応じて制御 冷媒量を圧縮機によって変化させる…容量制御 容量制御装置（アンローダ）により段階的に制御
□ 往復圧縮機	ピストンの往復運動によって蒸発器からの冷媒蒸気を吸込み圧縮した高圧ガスを吐出し弁から凝縮器に送り出す構造。気筒数が４つ以上の多気筒圧縮機は容量制御機構を持つが，気筒数が１～２つの小型のものは容量制御機構を持っていない
□ スクリュー式圧縮機	スライド弁で無段階に容量を制御
□ インバータ制御	電源の周波数を変えて圧縮機の回転をコントロールし，無段階に制御
□ 遠心式圧縮機	吸込み側のベーンを利用して容量を制御
□ 弁板・弁ばねの破損	ガス漏れの原因となる。弁座の傷,異物の付着なども同様
□ 吸込み弁からの漏れ	圧縮機の体積効率および冷凍能力が低下
□ 吐出し弁からの漏れ	吐出しガスが戻り，再圧縮されることで高温化し，潤滑油が劣化する
□ ピストンリングからの漏れ	体積効率，冷凍能力の低下，油上がりの増加で凝縮器や蒸発器に油がたまって性能が低下する
□ オイルフォーミング	圧縮機のクランクケース内にある潤滑油が泡立った状態をいい，泡立ちとも呼ばれる。運転不能や潤滑不良を引き起こすことがある

圧縮機の容量制御

1 圧縮機の容量制御装置

圧縮機を100%の状態で運転していた際，冷凍負荷が大きく減少すると過冷却や不経済な運転となり，吸込み圧力が低下して吐出しガスの高温下による装置への不具合なども生じます。こうしたことから，中～大型の圧縮機には**容量制御装置（アンローダ）**が設置されています。容量制御装置は，圧縮機の構造によって異なります。

往復式・多気筒圧縮機（4，6，8，10，12気筒数などの2気筒以上の圧縮機）は，作動にあたり2気筒を1セットにしています。吸込み板弁を閉めずに圧縮しない状態をつくることで，8気筒なら8→6→4→2という形で**段階的に制御が可能**となります。

容量制御装置は一般に給油ポンプ（強制給油式）による油圧で作動させますが，圧縮機の始動時の**負荷軽減装置**（起動電流を軽減するための装置）としての役割も果たします。

補足

容量制御装置（アンローダ）

多気筒圧縮機を全気筒（定格）で起動すると，モータに大きな負荷がかかります。一般的に，容量制御装置は給油ポンプによる油圧で作動するため，正常な油圧になるまでは最小容量の2気筒のみ圧縮されます。このとき，モータへの負荷が全気筒（定格）で起動するよりもはるかに小さくてすむため，容量制御装置は起動時に起動電流を軽減する負荷軽減装置としての役割も果たしています。

2 往復圧縮機

往復圧縮機（往復動式圧縮機）は，蒸発器からの冷媒蒸気をピストンの往復運動により吸い込んで圧縮し，高圧ガスとして吐出し弁から凝縮器に送り出します。一般的に，気筒数が4つ以上の多気筒圧縮機は，容量制御機構を持っていますが，気筒数が1～2つの小型のものは，容量制御機構を持っていません。

3 スクリュー式圧縮機

スクリュー式圧縮機にはロータ下部に設置された**スライド弁**が動作することで，圧縮機内のガスを圧縮途中で吸込み側に逃がすことができます。このスライド弁により**一定の範囲内で無段階に容量を制御**できるため，熱負荷変動量に対応しやすい特徴を持っています。

4 インバータ制御

圧縮機の容量は，**回転速度（回転数）**によって大きく変化します。この回転速度は，モータの**インバータ制御**を利用して変更することができます。電源の周波数を変えることで圧縮機の回転をコントロールするもので，**無段階（約 10 ～ 100%）に調整が可能**です。インバータを使用するメリットはさまざまありますが，特に省エネと冷凍機の庫内温度（空調の場合は室内温度）の変動が小さくなることがあげられます。

しかし，回転速度が大きく低下すると**体積効率が低下**するため，約 50％程度と一定の範囲内で使用しなければなりません。

5 遠心式圧縮機

遠心式圧縮機（ターボ圧縮機）の場合は，**吸込み側のベーン**を利用して容量を制御できます。ただし，低流量時には運転が不安定になって振動や騒音といった**サージングが発生**します。

なお，遠心式圧縮機には，以下の３つの制御方式があります。

①吸込み量制御方式

吸込み量を調整する方式で，吸込み口のサクションベーンの絞りによって行います。

②回転数制御方式

中型圧縮機ではスクリュー式圧縮機などと同様，インバータ制御による回転数制御方式となっています。

③ホットガス方式

蒸発器に圧縮機の吐出しガスを吹き込み，熱負荷を与える方式です。

チャレンジ問題

問1

難 中 易

以下の記述のうち，正しいものはどれか。

(1) 往復式圧縮機は，吸込み側のベーンで容量制御が可能である。
(2) スクリュー式圧縮機は，インバータ制御で容量を制御する。
(3) 遠心式圧縮機は低流量時でも振動や騒音は発生しない。
(4) インバータ制御は，無段階に容量調整が可能である。

解説

インバータ制御は容量調整に関して無段階に可能ですが，回転速度が大きく低下すると体積効率が低下するため，一定の範囲内で使用します。

解答 (4)

問2

難 中 易

以下の記述のうち，正しいものはどれか。

(1) 圧縮機は，常に100%の状態で運転する方が経済的である。
(2) 往復式，多気筒圧縮機は容量を無段階に制御することが可能である。
(3) スクリュー式圧縮機はスライド弁によって容量を制御する。
(4) インバータ制御では，圧縮機の回転を10～20%に制御しても支障はない。

解説

スクリュー式圧縮機では，ロータ下部に設置されたスライド弁を用いて圧縮機内のガスを圧縮途中で吸込み側に逃がします。これによって，熱負荷変動量に対応しやすくなっています。

解答 (3)

ガス漏れの影響

1 吸込み弁と吐出し弁からの漏れ

往復圧縮機の吸込み弁と吐出し弁は，1 秒間に 20 ～ 30 回程度動作するため，弁板には丈夫な**ステンレス鋼**などが用いられています。しかし，**弁板の変形や割れ**，**弁座の傷**，**異物の付着**，**弁ばねの破損**などが発生すると，ガス漏れの原因になることがあります。

吸込み弁からガスが漏れた場合には，圧縮機の**体積効率が低下**し，**冷凍能力が低下**します。吐出し弁からのガス漏れでは，圧縮された高圧ガスが戻り再圧縮されることで**吐出しガスが高温**となり，これが**潤滑油を劣化**させます。また，**吐出し高温ガスと吸込みガスが混合**することで吸込み蒸気の過熱度が上昇します。こうした不具合が発生したときには，**分解修理が必要**です。

●シリンダヘッド

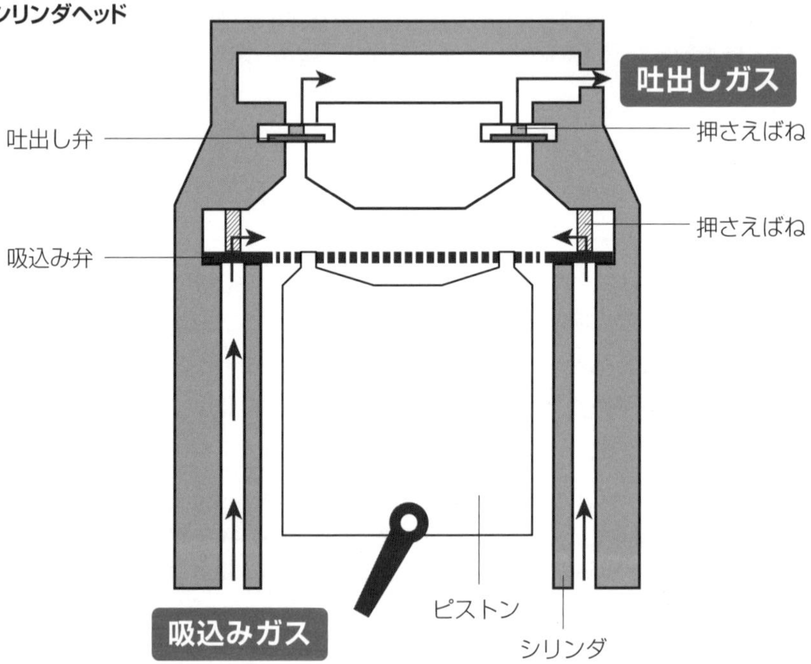

2 ピストンリングからの漏れ

中～大型の往復圧縮機は，一般的にシリンダとピストンとのすきまからのガス漏れと油上がりを抑えるため，ピストンに**コンプレッションリング**と**オイルリング**の**2種類のピストンリング**が装着されています。

コンプレッションリングはピストン上部に2～3本取り付けられ，シリンダとピストンのすきまからガスが漏れないしくみとなっています。シリンダの内面とリング外周は接触しているため，リングの外周が摩耗すると漏れによって**体積効率や冷凍能力が低下**します。

オイルリングは，シリンダとピストンとのすきまにある潤滑油が油上がりしないように，ピストンの下部に1～2本取り付けられるもので，シリンダ内面の潤滑油を下方へ落とす役割を果たします。このリングが摩耗すると，油上がりが増えて凝縮器や蒸発器に油がたまり，**性能や冷凍能力の低下**を招きます。

●ピストンリング（コンプレッションリングが2本の例）

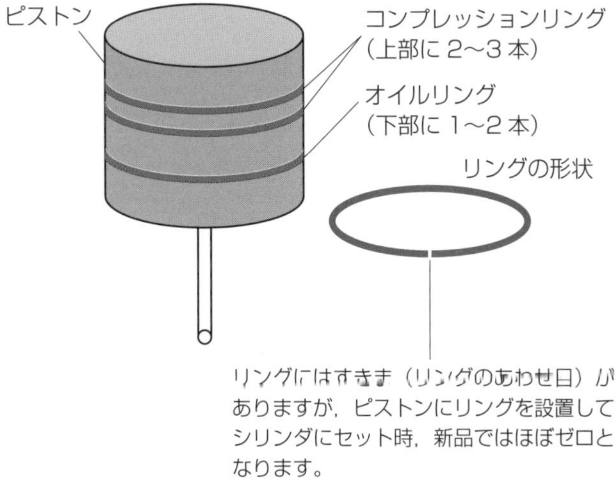
ピストン
コンプレッションリング
（上部に 2～3 本）
オイルリング
（下部に 1～2 本）
リングの形状
リングにはすきま（リングのあわせ目）がありますが，ピストンにリングを設置してシリンダにセット時，新品ではほぼゼロとなります。

補足

頻繁な始動と停止
圧縮機は，始動と停止を頻繁に繰り返すと，モータ巻線の温度上昇が異常をきたし，焼損することがあります。これは，始動時に駆動用電動機に対して大きな電流が流れるためで，一定時間連続して運転を行わないと冷却ができなくなるからです。

弁座
弁が閉まるときの弁受け台を弁座といいます。

油上がり
オイルが，吐出しガスと一緒に出ていってしまう現象を油上がりといいます。

3 オイルフォーミング（泡立ち）

オイルフォーミング（泡立ち）とは，圧縮機のクランクケース内にある**潤滑油が泡立った状態**を指します。クランクケース内の冷媒ガスは，油温が低いほど油に多く溶ける性質があるため，この状態で再起動すると油中にある冷媒が急激に蒸発し，沸騰したように激しい泡立ちが発生します。これは，液戻りの際に運転したときにも発生します。

オイルフォーミング（泡立ち）が発生すると，吸込み蒸気とともに泡立った油が吸い込まれ，吐出しガスとともに吐き出されるため，油上がりが目立つようになります。給油ポンプは油中に溶け込んだ冷媒ガスを吸い込むため，ポンプの羽根部分で気泡が発生する**キャビテーション**を引き起こし，給油圧力不足となります。これにより，**運転不能や潤滑不良になる**ことがあります。

4 給油圧力

往復式圧縮機では，軸メタルやピストン部などが焼き付かないよう，さまざまな方法でクランクケースから油を給油しています。一般的にはクランクケースの油だめから油をくみ上げて加圧し，各部の摺動部に給油する**強制給油式**を用います。潤滑不良を防ぐには，適切な油圧が確保されている必要があります。

この油圧は**油圧計**，油量はクランクケースの**油量計**で確認する形となっており，給油圧力は油圧計指示圧力からクランクケース圧力を差し引いて求めることができます。給油圧力は，圧縮機の取扱説明書を参考に油圧調整弁を用いて調整します。往復圧縮機では 0.15 ～ 0.4MPa 程度が適正とされています。ただし，機種・メーカーによって詳細は異なる場合があるので注意しましょう。

給油圧力=油圧計指示圧力−クランクケース圧力

チャレンジ問題

問1

難 **中** 易

以下の記述のうち，正しいものはどれか。

(1) 往復圧縮機の吸込み弁と吐出し弁は，1分間に1200〜1800回動作するので弁板にはステンレス鋼などが用いられる。

(2) 吸込み弁からのガス漏れでは圧縮機の体積効率が上昇し，冷凍能力が低下する。

(3) 吐出し弁からのガス漏れでは吐出しガスが低温になって潤滑油は劣化する。

(4) 中〜大型の往復圧縮機には，インプレッションリングとオイルリングが装着されている。

解説

往復圧縮機の吸込み弁と吐出し弁は1秒間に20〜30回程度動作しますので，1分間では20×60＝1200，30×60＝1800回転となります。

解答 (1)

問2

難 中 **易**

以下の記述のうち，正しいものはどれか。

(1) クランクケース内の冷媒ガスは，油温が高いほど油に多く溶ける。

(2) 給油ポンプ内で気泡が発生することをオイルフォーミングという。

(3) キャビテーションが発生すると給油圧力不足の原因となる。

(4) 給油圧力は，油圧計指示圧力とクランクケース圧力を足して求める。

解説

キャビテーションはポンプの羽根部分で気泡が発生することで，給油圧力不足となり運転不能や潤滑不良の一因になります。

解答 (3)

第3章 保安管理技術：圧縮機と凝縮器

4 凝縮器（コンデンサー）

まとめ＆丸暗記　この節の学習内容とまとめ

□ 凝縮器	高温・高圧の冷媒蒸気を凝縮し，高温・高圧の冷媒液に変化させる装置
□ 凝縮負荷	冷媒蒸気が熱を放出し，冷媒液になる際の放熱量 凝縮負荷＝冷凍能力ϕ_o＋理論圧縮動力P_{th} 凝縮負荷ϕ_kと冷凍能力ϕ_oとの比は，凝縮温度が高いほど，蒸発温度が低いほど大きくなる 凝縮器の交換熱量ϕ_k＝熱透過率K［kW/（m^2・K）］・伝熱面積A［m^2］・算術平均温度差Δtm［K］［kW］
□ 凝縮器の冷却方法	水冷式…水の顕熱 空冷式…空気の顕熱 蒸発式…微細な水を伝熱管に散布，その水の蒸発潜熱で冷却管を冷やす
□ 冷却塔（クーリングタワー）	水冷式凝縮器において冷却水を冷却し，再び凝縮器へ送るための装置 →循環量の約2％を新しい水で補給 日本冷凍空調工業会の水質管理基準がある
□ 不凝縮ガス	冷却しても凝縮されないガスのこと →ほとんどが空気で液化しないため，凝縮器内にとどまる
□ 冷媒過充てん	決められた量を超えて冷媒を充てんすること →凝縮用伝熱面積が減少して性能が低下し，凝縮圧力が上昇するが過冷却度は大きくなる

凝縮器の役割

1 凝縮器とは

圧縮機によって圧縮され，高温・高圧になった冷媒蒸気は，凝縮器で空気や水によって凝縮され，**高温・高圧の冷媒液に変化**します。ここからは，凝縮器の役割について詳しく見ていきます。

2 凝縮負荷

高温・高圧の**冷媒蒸気**は，凝縮器によって熱を周囲に放出し，**冷媒液**になります。その際の放熱量を**凝縮負荷**といいます。凝縮負荷は，**冷凍能力 ϕ_0 に理論圧縮動力 P_{th} を加えた熱量**となります。凝縮負荷 ϕ_k と冷凍能力 ϕ_0 との比は，下図に表すことができます。この比は凝縮温度が高いほど，蒸発温度が低いほど大きくなりますが，一般的に空調用では 1.1 ～ 1.2 程度です。

●凝縮負荷

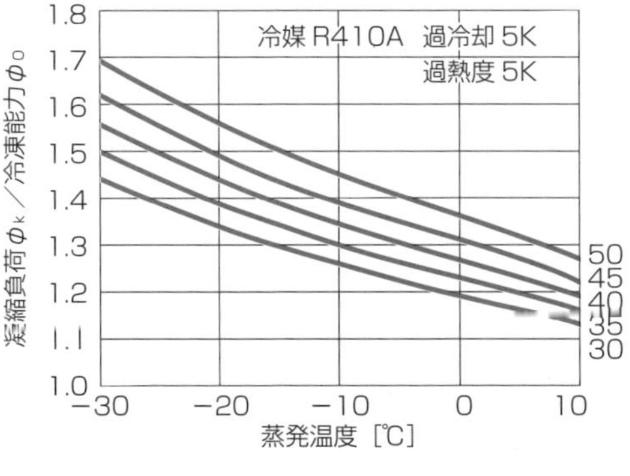

補足

凝縮負荷

凝縮器によって冷媒蒸気は熱を周囲に放出し，冷媒液になる際の放熱量が凝縮負荷です。逆に考えると，凝縮負荷は冷媒から取り出さなければならない冷却熱量といえます。

なお，凝縮負荷は以下の式で求めることができます。

$$\phi_k=\phi_o+P=\phi_o+\frac{P_{th}}{\eta_c\cdot\eta_m}=\phi_o+\frac{P_{th}}{\eta_{tad}}\ [kW]$$

理論冷凍サイクルの場合は$P=P_{th}$なので$\phi_k=\phi_o+P_{th}$

P_{th}：理論圧縮動力[kW]　η_c：断熱効率　η_m：機械効率　η_{tad}：全断熱効率

3 凝縮器の伝熱作用

凝縮器内では，冷媒蒸気は過熱蒸気→乾き飽和蒸気→湿り蒸気→飽和液→過冷却液へと変化していきます。凝縮器の**交換熱量（凝縮負荷）**は，熱が高温から低温へ動く際，冷媒と空気（水）の温度差が異なるため，**平均温度差を用いて計算**を行います。

凝縮器の交換熱量ϕ_k＝ 熱透過率K[kW/(m²・K)]・伝熱面積A[m²]・算術平均温度差$\varDelta t_m$[K][kW]

チャレンジ問題

問1　難　中　易

以下の記述のうち，正しいものはどれか。

(1) 凝縮器は，冷媒蒸気を凝縮して低温・高圧の冷媒液に変化させる。
(2) 凝縮負荷は，冷凍能力ϕ_o＋理論圧縮動力P_{th}で求めることができる。
(3) 凝縮負荷ϕ_kと冷凍能力ϕ_oとの比は，凝縮温度が低いほど大きくなる。
(4) 凝縮負荷ϕ_kと冷凍能力ϕ_oとの比は，蒸発温度が高いほど大きくなる。

解説

冷媒蒸気は凝縮器によって熱を周囲に放出し冷媒液になり，このときの放熱量が凝縮負荷です。凝縮負荷は，冷凍能力ϕ_oに理論圧縮動力P_{th}を加えた熱量です。

解答 (2)

凝縮器の種類

1 凝縮器の形式

凝縮器の冷却方法は**水冷式**，**空冷式**，**蒸発式**の３種類に分類でき，用途や大きさなどに応じて使い分けられています。水冷式は**水の顕熱で冷却**し，空冷式は**空気の顕熱で冷却**します。蒸発式は，微細な水を伝熱管に散布し，その水の**蒸発潜熱**で冷却管を冷やします。

①水冷式…水の顕熱で冷却する方式
→ 冷却塔水，工業用水，河川水，海水など

②空冷式…空気の顕熱で冷却する方式
→ 空気（大気）

③蒸発式…蒸発潜熱で冷却する方式
→伝熱管に散布した微細な水の蒸発潜熱で冷却する方式

●凝縮器の種類

種類	構造・形式	おもな冷媒	おもな用途
水冷式	シェルアンドチューブ凝縮器	フルオロカーボン，アンモニア	冷凍・冷蔵，空調
	二重管（ダブルチューブ）凝縮器	フルオロカーボン	エアコン，液体冷却（水／ブライン冷却）
	ブレージングプレート凝縮器	フルオロカーボン，アンモニア	冷凍・冷蔵，空調
空冷式	プレートフィンコイル（チューブ）凝縮器	フルオロカーボン	冷凍・冷蔵，空調，液体冷却（水／ブライン冷却）
蒸発式	プレートフィンチューブ凝縮器	アンモニア	冷凍・冷蔵

補足

凝縮器の冷却熱源
凝縮器の冷却熱源は，種類によって異なります。水冷式はおもに冷却塔水，河川水，海水，工業用水などで，空冷式は空気，蒸発式は散布水の蒸発潜熱です。

2 水冷式凝縮器の特徴と種類

水冷式凝縮器は，**水の顕熱で冷却**を行うもので，水はおもに冷却塔（クーリングタワー）水，工業用水，河川水，海水，地下水，井戸水などが用いられます。**シェルアンドチューブ凝縮器**，**二重管（ダブルチューブ）凝縮器**，**ブレージングプレート凝縮器**の３種類があります。

●シェルアンドチューブ凝縮器

円筒胴（シェル）と管板（チューブプレート）に固定された冷却管（チューブ），水室カバーでできています。圧縮機吐出しガスが円筒胴内の冷却管外を流れて，冷却水は冷却管の中を通ります。管板と冷却管は溶接かチューブエキスパンダで拡管によって固定され，気密を保ちます。冷媒にフルオロカーボンを使用する場合には，冷却管に銅製の高さが低いローフィンを取り付けて伝熱面積を大きくしています。水冷式横型コンデンサーともいいます。

●シェルアンドチューブ凝縮器

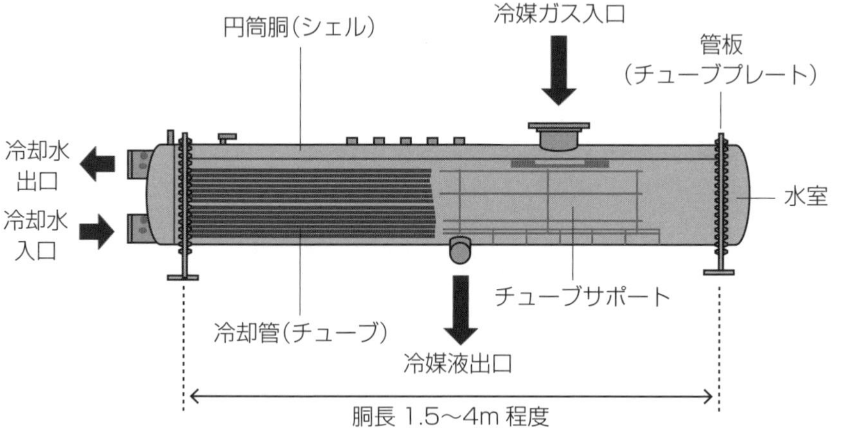

ローフィンチューブとは，導管の外側に浅い溝（フィンの高さは１～２ mm 程度）を取り付けた冷却管で，伝熱面積が大きくできることやコスト低減，コンパクト化が可能というメリットを持っています。

●ローフィンチューブの例

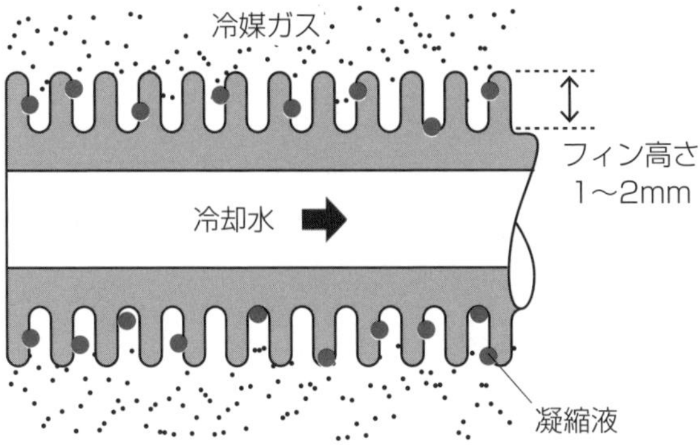

以下は，シェルアンドチューブ凝縮器の特徴です。

①おもに中～大型用に使用され，チューブのブラシ洗浄ができる
②表面積を基準に冷却管の伝熱面積を計算し，チューブ内の冷却水の適正水速は約1～3m/sとする
③フルオロカーボン冷媒に使用される銅チューブは，冷媒側に高さが低いローフィンを付け，伝熱面積を大きくして伝熱性能を上げる
④冷凍装置内に侵入したおもに空気などの不凝縮ガスは，水冷式シェルアンドチューブ凝縮器のシェル内にたまりやすくなる
⑤冷却水の水量が減少したり，水温が上昇すると，凝縮性能が低下して凝縮圧力が上がり，圧縮動力が大きくなる

冷却水は冷却管内を1～2回往復する方法があり，その往復回数はパス数として2パス式，4パス式と呼びます。パス数は，適切な水速になるように決めら

補足

伝熱面積

冷媒に接している冷却管全体の外表面を，伝熱面積といいます。冷却管の伝熱面積は，ローフィンがある表面積が基準となっています。

平滑管

シェルアンドチューブ凝縮器の冷媒はフルオロカーボンが用いられますが，アンモニアの場合には鋼製の鉄管が用いられます。この鉄管は，裸管もしくは平滑管と呼ばれています。

れています。冷却管の熱交換を行う部分の長さは，冷却管の有効長さといいます。

一般的にシェルアンドチューブ凝縮器の伝熱面積は，冷媒に接している冷却管全体の外表面積を合計した値です。

また，小型の凝縮器で冷媒液をためる受液器の役割を兼ねているものもあります。冷媒液を一定量，底部にためたあとに冷却管群最下部の数本をこの液に浸して冷媒液を過冷却します。

こうした凝縮器は，**受液器兼用水冷凝縮器（コンデンサー・レシーバ）**といいます。

このほか，冷媒と冷却水の出入口以外に，必要に応じて**液面計**，**空気抜き弁**，**水室の排水コック**，**空気抜きコック**，**溶栓**などを取り付けることがあります。

●二重管（ダブルチューブ）凝縮器

細い銅製の内管と，それよりもひとまわり太い銅製の外管の二重管を用いた構造になっており，内管には冷却水を，外管と内管の環状部には冷媒ガスを流して凝縮を行います。

二重管凝縮器はおもに小型用のエアコンや冷凍装置などに用いられ，内管にはフィンなどが取り付けられています。これにより冷媒側の伝熱面積を大きくして熱伝達抵抗を小さくし，伝熱性能を向上させています。ただし，冷却水管側の清掃が困難なのが欠点です。以下は，二重管凝縮器の特徴です。

①おもに小型用としてパッケージエアコンなどに使用される
②冷媒側の伝熱面積を大きく，熱伝達抵抗を小さくして伝熱性能を上げるために，内管の外側にフィンなどを付けた伝熱管もある

●二重管（ダブルチューブ）凝縮器

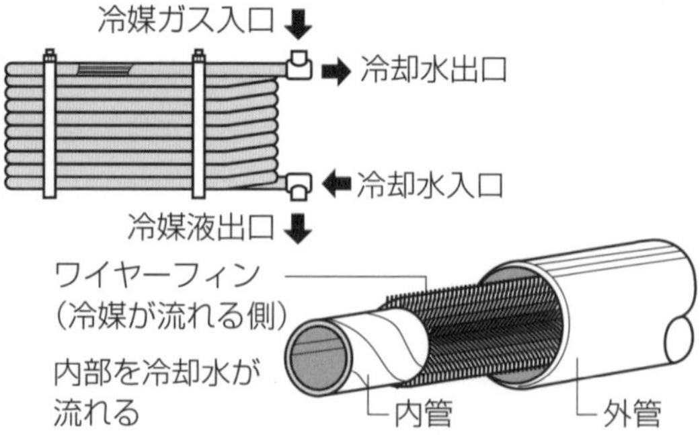

●ブレージングプレート凝縮器

板状のステンレス製伝熱プレートを数ミリ間隔で積層し，プレートの周囲をブレージング（ろう付け）した構造をしています。

これにより冷媒の耐圧，気密を確保しており，高性能かつ小型化を実現しています。また，プレートのすきまが狭いため，冷媒の充てん量が少なくてすむのも特徴のひとつです。なお，伝熱プレートは凹凸のあるプレス加工を施すことでその性能を向上させています。

以下は，ブレージングプレート凝縮器の特徴です。

①おもに小型用として小型冷水チラーなどに使用される
②プレート間のすきまが少ないため，冷媒量を抑えることができる
③伝熱面積がプレート状で大きくとれるため，小型化できる

●ブレージングプレート凝縮器

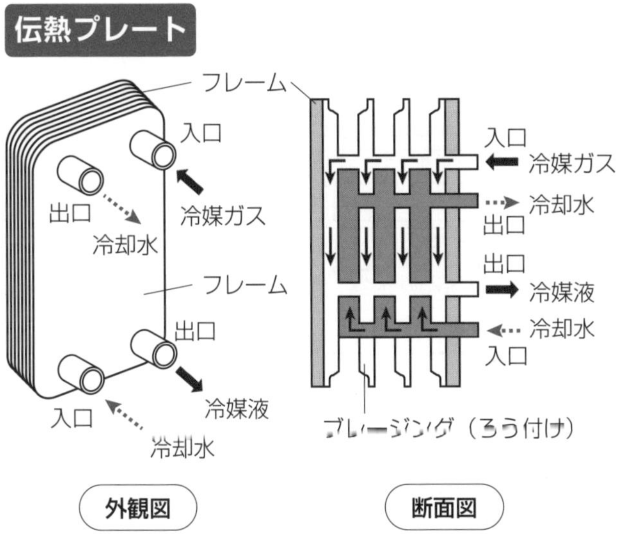

補足

冷却管の水速

冷却水の水速は，速くなるほど熱通過率は大きくなりますが，水の抵抗が大きくなって冷却水ポンプの動力が大きくなったり，冷却管が腐食したりします。そのため，水速は1～3 m/s程度が適切とされています。

水あか

冷却水の汚れや不純物は，水あかとなって冷却管の内面に付着し，伝熱を妨げます。それにより，圧縮機の軸動力の増加，凝縮温度の上昇といった悪影響をおよぼします。

汚れ係数

水あかによる熱伝導抵抗は汚れ係数と呼ばれ，f[m^2·K/kW]で表します。ローフィンチューブの場合には，f = 0.17m^2·K/kW以上になった場合に水あかをブラシや薬品で取り除く必要があります。

3 空冷式凝縮器

空冷式凝縮器は，**空気の顕熱を用いて冷媒を凝縮**します。ファンを使用して銅チューブの外側の空気を送風し，チューブ内の冷媒ガスを冷却します。

冷却管外面にアルミニウム製のフィン（熱抵抗を小さくするための板状のひれ）を2mm程度の間隔（フィンピッチ）で取り付けた**プレートフィンチューブ**を用いています。

フィンとチューブを接触させ，薄いアルミフィンにチューブを通したあと，銅管を拡管して管とフィンとを圧着します。空気が通る方向の冷却管の本数を**列数**，縦方向の本数を**段数**，冷却管の長さを**有効長さ**と呼びます。

空冷式凝縮器は冷却水とチューブ洗浄が不要で構造もシンプルですが，凝縮性能は外気の乾球温度に影響を受けます。

なお，フィンの形状を改良した**ルーバフィン**と**波型フィン**に関しては，熱通過率が大幅に大きくなっています。

●**空冷式凝縮器**

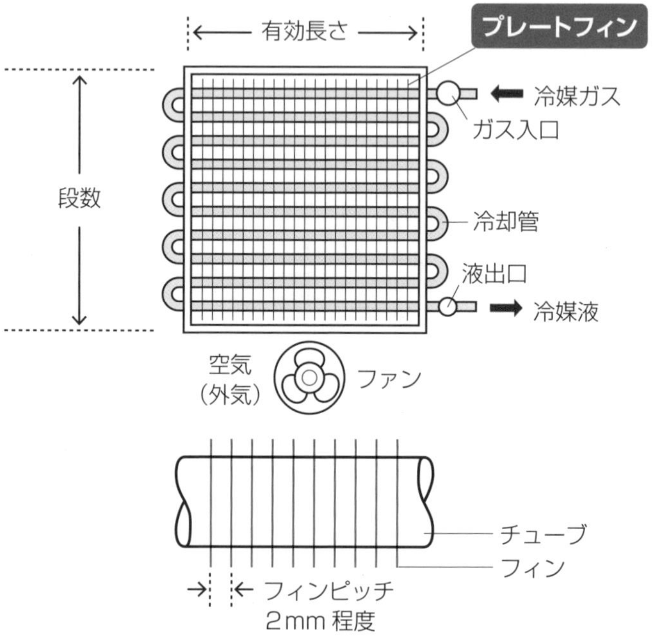

4 蒸発式凝縮器

蒸発式凝縮器は冷却水槽の水をポンプでくみ上げて冷媒蒸気に散水，下から送風機（ブロア）で送風することで散水された水が管内の冷媒から熱を奪って蒸発し，**冷媒を液化**させます。

アンモニア冷凍装置に多く使われ，**水の蒸発潜熱を利用**するため吸込み空気の**湿球温度**に影響を受けます。

●蒸発式凝縮器

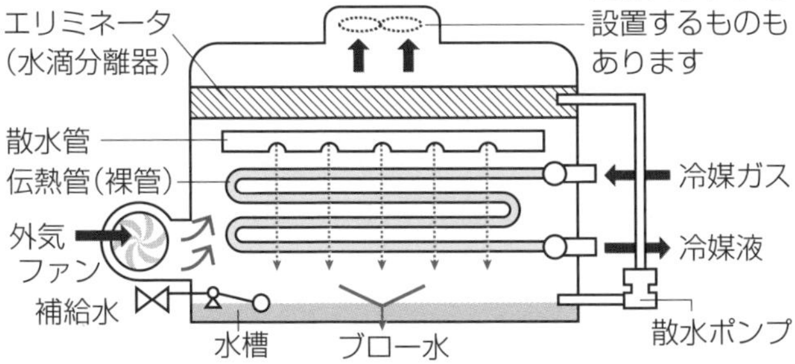

補足

前面風速

空冷式凝縮器のフィンの通過速度を前面風速といい，1.5～2.5m/s程度に設定します。風速が大きすぎると騒音やファン動力が大きくなり，小さすぎると冷却性能が低下して凝縮温度が上昇するからです。

チャレンジ問題

問1　難　中　易

以下の記述のうち，正しいものはどれか。

(1) 水冷式凝縮器と空冷式凝縮器は冷却に潜熱を利用する。
(2) ローフィンチューブは，伝熱面積を小さくすることが可能である。
(3) 二重管凝縮器は内管には冷却水，外管と内管の環状部には冷媒ガスを流して凝縮する。
(4) 蒸発式凝縮機はアンモニア冷凍装置には使用されない。

解説

二重管凝縮器は内外管の二重管構造になっています。

解答 (3)

冷却塔（クーリングタワー）

1 冷却塔の原理

冷却塔は，水冷式凝縮器で温度が高くなった冷却水を冷却し，再び凝縮器へ送るための**冷却装置**です。冷却塔の上部から冷却水を散水し，水の蒸発潜熱を利用して蒸発させて温度を下げます。そして蒸発した水蒸気は，空気と一緒にファンで吸い込まれて冷却塔外へ放出されます。したがって，蒸発分や水滴として飛散する分を含めて，**循環量の約2%を新しい水で補給**しなければなりません。

多量の空気を吸い込むことで冷却水には不純物が溶け込み冷却管に水あかがたまる原因になるため，水質管理が重要となります。水素イオン濃度［pH］が7程度の中性であることや，**日本冷凍空調工業会**の冷却水の適正な**水質管理基準**をクリアする必要があります。

冷却塔の性能は水量，水温，風量，湿球温度などによって決まります。冷却塔の出口水温（標準32℃）と空気の湿球湿度（標準27℃）との温度差を**アプローチ**といい，標準では**5K（5℃）程度**です。冷却塔の出入口の冷却水の温度差は**クーリングレンジ**といい，こちらも標準では**5K（5℃）程度**となります。

●冷却塔（丸型の例）

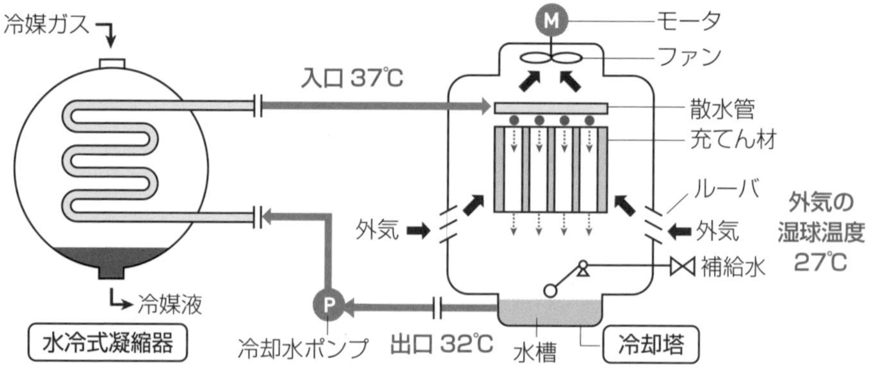

2 冷却塔の種類と特性

冷却塔は，おもに**向流式（カウンターフロー式）**，**直交流式（クロスフロー式）**，**密閉式**の３種類に分かれます。向流式は冷却水は上から，空気は垂直上向きに流れ，直交流式は冷却水は上から，空気は水平方向に流れます。どちらも設備費が安価で効率がよい一方で，水質管理が必要となります。

密閉式はフィン付きの伝熱管内に冷却水を通し，その外面に散水ポンプを利用して散水した水の蒸発潜熱によって伝熱管内の冷却水を冷やします。外気に触れないため水質管理がしやすい反面，運転費や設備費が高くなります。

補足

湿球温度

湿球温度計は感部を湿らせた布などで包み，直射日光を避けて空気中に露出させて測定します。湿球は水分が蒸発する際，潜熱が奪われて温度が下がりますが，周囲の空気からは湿球に熱が補給されます。湿球温度は，奪われた熱量と補給された熱量が等しくなるときの温度です。

チャレンジ問題

問１ 難 中 **易**

以下の記述のうち，正しいものはどれか。

(1) 冷却塔は，水の顕熱を利用して冷却水の温度を下げる装置である。

(2) 冷却塔を使用すると，冷却管に水あかがたまりやすくなる。

(3) 冷却塔で使用する水は，循環量の5%を新しく補充する必要がある。

(4) 冷却塔の出口水温と空気の湿球湿度との温度差は，標準で8K程度となる。

解説

冷却塔は冷却塔の上部から冷却水を散水するしくみのため，冷却水には不純物が溶け込みやすくなります。そのため，水質管理をしっかりと行う必要があります。

解答 (2)

凝縮器の冷媒過充てんと不凝縮ガスの影響

1 不凝縮ガス

不凝縮ガスとは，冷却しても凝縮されないガスのことです。不凝縮ガスのほとんどは空気で，凝縮器では凝縮できず，液化しないため凝縮器内にとどまり続けます。冷媒充てんの際に空気抜きが不十分だったり，空気が侵入したりすることがおもな原因です。

2 不凝縮ガスの滞留がおよぼす影響

不凝縮ガスが凝縮器内に滞留し続けると，凝縮を妨げて冷媒側の熱伝達率が悪くなることで伝熱性能が低下，凝縮圧力が上昇します。これに加えて，不凝縮ガスの分圧相当分（冷媒以外のガス圧力）の圧力が上昇するため，凝縮圧力が上昇します。つまり，不凝縮ガスの存在は圧縮動力が大きくなり，成績係数と冷凍能力は低下します。

3 冷媒過充てんがおよぼす影響

決められた量を超えて冷媒を充てんすることを，冷媒過充てんといいます。シェルアンドチューブ凝縮器の受液器付凝縮器は受液器と凝縮器が別々なのである程度の過充てん分を受液器にためることができます。しかし，受液器兼用凝縮器や受液器を持たない凝縮器では，凝縮用伝熱面積が減少して性能が低下することで凝縮圧力が上昇しますが，過冷却度は大きくなります。空冷式凝縮器，二重管凝縮器，ブレージングプレート凝縮器などでも同様の影響が出ます。

チャレンジ問題

問1

難 中 **易**

以下の記述のうち，正しいものはどれか。

(1) 冷却しても凝縮できない不凝縮ガスの大半は二酸化炭素である。
(2) 不凝縮ガスは冷媒と一緒に凝縮器から排出される。
(3) 不凝縮ガスは液化しやすいため，凝縮器にはほとんど影響はない。
(4) 不凝縮ガスは，冷媒充てん時の不手際などで空気が抜かれなかったり，外部から空気が侵入することで発生する。

解説

不凝縮ガスの大半は空気で，冷媒充てん時の不手際や外部から空気が侵入することで凝縮器内にとどまり続けます。

解答 (4)

問2

難 中 **易**

以下の記述のうち，正しいものはどれか。

(1) 不凝縮ガスが凝縮器内に滞留し続けても，伝熱性能には影響しない。
(2) 不凝縮ガスが凝縮器内に滞留し続けると，圧縮動力は大きくなり，成績係数と冷凍能力は低下する。
(3) 冷媒過充てんは全種類の凝縮器で性能低下が見られる。
(4) 受液器兼用凝縮器や受液器を持たない凝縮器では，冷媒過充てんによって過冷却度は低下する。

解説

不凝縮ガスは凝縮器内で凝縮を妨げて冷媒側の熱伝達率が悪くなることで伝熱性能が低下，凝縮圧力が上昇します。さらに不凝縮ガスの分圧相当分の圧力が上昇します。

解答 (2)

チャレンジ問題

問3

難 **中** 易

以下の記述のうち，正しいものはどれか。

(1) シェルアンドチューブ凝縮器の伝熱面積は，冷却管内表面積の合計とするのが一般的である。

(2) シェルアンドチューブ凝縮器の冷却管の内面に水あかが付着すると，水あかは熱伝導率が小さいので，熱通過率の値は大きくなる。

(3) 空冷式凝縮器は，冷媒を冷却して凝縮させるのに，空気の顕熱を用いる凝縮器である。

(4) 水冷式凝縮器に付着する水あかは，熱伝導率が大きく，熱の流れを妨げる。

解説

空冷式凝縮器とは，冷媒を冷却して凝縮させるのに，空気の顕熱を用いる凝縮器をいいます。フルオロカーボン用凝縮器として多く使用されています。

解答 (3)

問4

難 **中** 易

以下の記述のうち，正しいものはどれか。

(1) 一般に空冷式凝縮器では，水冷式凝縮器より冷媒の凝縮温度が高くなる。

(2) 蒸発式凝縮器は空冷式凝縮器と比較して，凝縮温度を高く保つことができる凝縮器であり，おもにアンモニア冷凍装置に使われている。

(3) 蒸発式凝縮器では，空気の湿球温度が低くなると凝縮温度は高くなる。

(4) シェルアンドチューブ凝縮器では，冷却管内を冷媒が流れて冷媒が凝縮する。

解説

一般に空冷凝縮器の凝縮温度は45～50℃程度になり，水冷式凝縮器では冷却塔（クーリングタワー）を使用した場合の凝縮温度は43℃程度となります。

解答 (1)

保安管理技術

第4章
蒸発器と附属機器

第4章 保安管理技術：蒸発器と附属機器

1 蒸発器

まとめ＆丸暗記　この節の学習内容とまとめ

□ 蒸発器	乾式（冷却管内蒸発式）と満液式（冷却管外蒸発式と冷却管内蒸発式）の2つに分類される
□ 乾式蒸発器	温度膨張弁などにより低温低圧となった冷媒を冷却管内に流し，管外の液体や空気などの被冷却物を冷却 ＜代表的な蒸発器の種類＞ ●フィンコイル型 ●管棚型 ●シェルアンドチューブ型 ●ブレージングプレート型
□ 満液式蒸発器	冷媒が冷却管の外側で蒸発する冷却管外蒸発器と，内側で蒸発する冷却管内蒸発器とに大別。さらに冷却管内蒸発器には，強制循環式と自然循環式とがある ＜代表的な蒸発器の種類＞ 冷却管外蒸発器 ●シェルアンドチューブ型 冷却管内蒸発器 ●強制循環式…フィンコイル型 ●自然循環式…フィンコイル型，ヘリングボーン型
□ 着霜	冷却器（蒸発器）の表面に霜が付着し，その量が増えていくこと。霜付き，フロストともいう
□ 除霜	冷却器（蒸発器）から霜を取り除くことで，デフロストともいう。冷凍装置の形式や使い方などにより以下のような方式がある ホットガス方式・散水方式・電気ヒータ方式・オフサイクル方式・不凍液（ブライン）散布方式

蒸発器の形式とおもな用途および伝熱

1 蒸発器とは

蒸発器は，低温・低圧の冷媒液を蒸発させることで熱を周囲から奪って，**空気や水などを冷却する装置**です。**冷却器**ともいい，冷媒の供給方法によって**乾式**と**満液式**に分類され，満液式は**冷却管外蒸発式（シェルアンドチューブ型）**と**冷却管内蒸発式（自然循環式と冷媒液強制循環式）**に分かれます。

2 蒸発器の形式

蒸発器のおもな種類と用途は，以下の通りです。

●**蒸発器の形式**

方式	形式		構造	おもな用途	蒸発器に必要な付属機器
乾式	冷却管内蒸発式		フィンコイル型	空調，冷凍・冷蔵，液体冷却	―
			管棚形		
			シェルアンドチューブ型		
			ブレージングプレート型		
満液式	冷却管外蒸発式		シェルアンドチューブ型	液体冷却	油戻し装置
	冷却管内蒸発式	自然循環式	フィンコイル型	液体冷却，冷凍・冷蔵	液集中器 油戻し装置
			ヘリングボーン型		
		強制循環式	フィンコイル型	液体冷却，冷凍・冷蔵	低圧受液器 油戻し装置 冷媒液ポンプ

補足

冷却管内蒸発式
冷媒出口手前のチューブ内，あるいは蒸発プレート内で完全に蒸発して過熱蒸気となり，蒸発器から出ていく方式です。

冷却管外蒸発式
チューブ外が冷媒液で満たされた状態で蒸発する方式です。

自然循環式
チューブ内に満たされた冷媒が自然循環しながら蒸発する方式です。

強制循環式
チューブ内の冷媒液を，強制的に液ポンプで循環して蒸発させる方式です。

3 蒸発器の伝熱

蒸発器が受け取る熱量（冷凍能力）は，以下の式で求めることができます。

蒸発器が受け取る熱量（冷凍能力）ϕ_o［kW］
＝熱透過率K［kW/（m^2・K）］・伝熱面積A［m^2］・算術平均温度差Δt_m［K］

算術平均温度差は，冷蔵用の空気冷却器では5～10K程度，空調用では15～20K程度にします。この温度差は大きくなりすぎると**蒸発温度**を下げなければならず，圧縮機の冷凍能力や装置の成績係数が低下するからです。

チャレンジ問題

問1 難 中 易

以下の記述のうち，正しいものはどれか。

(1) 蒸発器は冷媒の供給方法によって乾式と満液式に分類される。
(2) 乾式蒸発器は，冷却管内蒸発式と冷却管外蒸発式に分かれている。
(3) 自然循環式と冷媒液強制循環式を採用しているのは，乾式蒸発器である。
(4) 蒸発温度が低くなっても比体積は変わらず，冷媒循環量も変わらない。

解説

蒸発器は乾式と満液式に分類され，満液式は冷却管外蒸発式（シェルアンドチューブ型）と，冷却管内蒸発式（自然循環式と冷媒液強制循環式）に分かれています。

解答 (1)

蒸発器の種類

1 乾式蒸発器

乾式蒸発器では，膨張弁から出た飽和蒸気の**湿り蒸気**（飽和液と乾き飽和蒸気が混合している状態で，乾き度 x は約 0.2 ～ 0.3）の状態で管入口に入り，一定の温度で蒸発しながら出口の手前ですべて蒸発し，**乾き飽和蒸気**となります。さらに，多少過熱した**過熱蒸気**となって管出口から出ていきます。乾式蒸発器には，**フィンコイル型，シェルアンドチューブ型，ブレージングプレート型**などがあります。

2 乾式フィンコイル蒸発器

乾式フィンコイル蒸発器は，**平行した複数本のチューブ内を冷媒が往復しつつ蒸発しながら流れていく方式**です。コイルとは，何本もチューブが集まっている状態のものを指します。空気はフィンコイルの外側をファンで強制的に流すことで冷却されます。

●乾式フィンコイル蒸発器

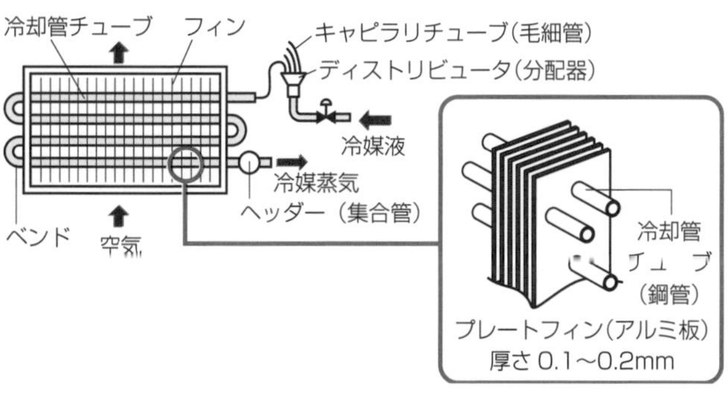

補足

算術平均温度差

以下の式で求めます。

$$\Delta t_m\ [K] = \frac{\Delta t_2 + \Delta t_2}{2}\ [K]$$

蒸発温度

蒸発温度は，低くなることで比体積が大きくなり冷媒循環量が減少します。圧縮機起動の軸動力よりも冷凍能力が大きく減少するため，成績係数は小さくなります。

乾式蒸発器の特徴

- 温度調整弁により，蒸発出口で蒸気が若干過熱するよう冷媒送液量を調整します。
- 冷媒蒸気とともに油も流れ出るため，油戻し装置は不要です。
- 冷媒充てん量は他方式と比較して最も少ないです。

3 ディストリビュータ

ディストリビュータ（分配器）は，乾式フィンコイル蒸発器の複数（6本以上が一般的）の冷却管（チューブ）に冷媒を均等に分配，流していくための装置です。特に**大容量の乾式蒸発器や多数の冷却管に分配する**際に必要となり，膨張弁から出た冷媒液は**ディストリビュータ，キャピラリチューブ**（毛細管）を通過して蒸発器入口の各チューブに接続します。

なお，ディストリビュータの分配性能が悪いと冷媒が一部に偏って流れることになり，たくさん流れてしまった管内では冷媒が蒸発せず，液が出ることで湿り圧縮になります。そのため，**分配性能はディストリビュータの性能を決める重要な要素**となります。

●ディストリビュータとキャピラリチューブ

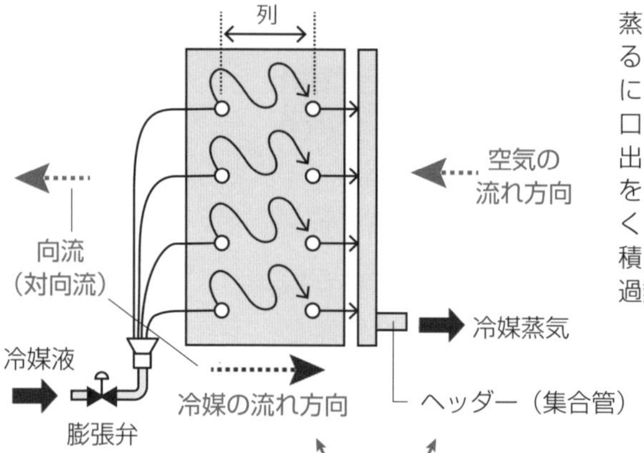

蒸発管内の空気と冷媒が流れる方向は必ず向流（対向流）にします。これは，蒸発器出口で過熱蒸気にするために，出口冷媒と高温の入口空気とを熱交換すると温度差が大きく取れるため，少ない伝熱面積（短いチューブ長さ）ですみ，過熱度を取りやすいためです。

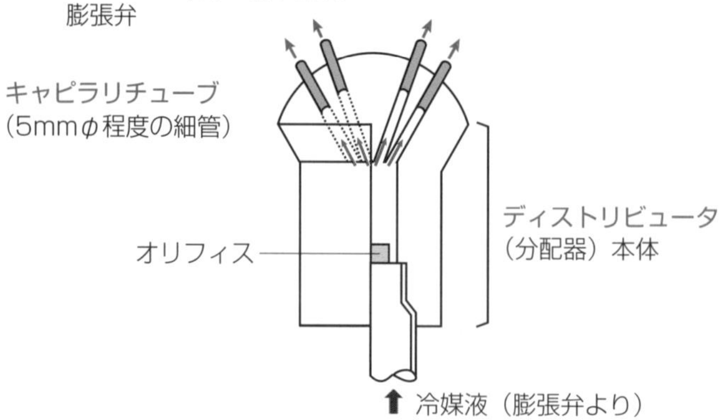

ディストリビュータ内部では，冷媒がオリフィスの作用で渦巻状に流れます。これにより，蒸発器の冷却管に均等に冷媒を流します。

4 乾式シェルアンドチューブ蒸発器

乾式シェルアンドチューブ蒸発器では，**冷媒が複数の冷却管内を１～２回往復**する形で流れ，出口の前ですべて蒸発して飽和蒸気となり，若干過熱された**過熱蒸気**となります。一方，水やブラインなどの冷却流体はシェルと冷却管の間を流れて冷却されていきます。円筒胴（シェル）内には**バッフルプレート（じゃま板）**が多数，冷却管に垂直な形で設置されていて，すべての冷却管に冷却流体が接触するようにすることと，水速を上げながらチューブに直角に流れるようにすることで伝熱性能を向上させるねらいがあります。

また，冷媒側は冷却流体よりも熱伝達率が小さいため，冷却管の内部には内面溝付管やインナーフィンチューブを使用します。

●乾式シェルアンドチューブ蒸発器

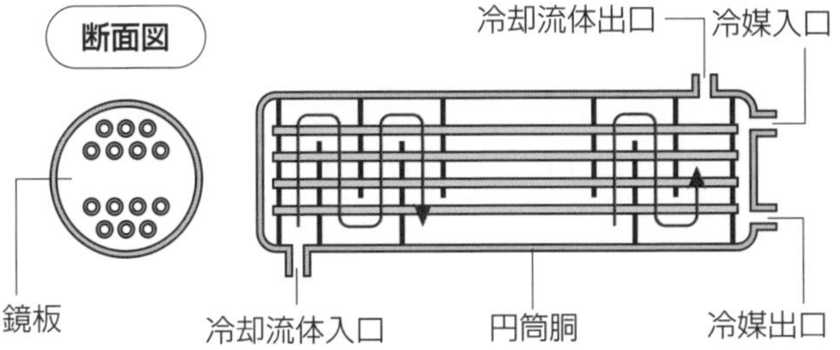

●バッフルプレートとインナーフィンチューブ

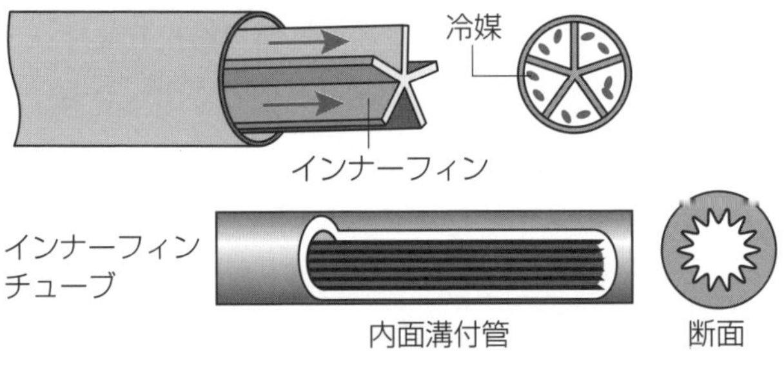

補足

内面溝付管とインナーフィンチューブ

乾式シェルアンドチューブ蒸発器の冷却管には，伝熱性能を上げるため内側に工夫が施されています。内側に溝があるものを内面溝付管，フィンがあるものをインナーフィンチューブといいます。

バッフルプレート

流体の流れの中に，冷却管に垂直な形で設置されたじゃま板のことをバッフルプレートといいます。

オリフィス

配管径よりもかなり小さい孔のこと。この部分で冷媒の水速が加速され，乱流が発生することで冷媒液と冷媒蒸気の混合が均一に行われます。

5 ブレージングプレート蒸発器

ブレージングプレート蒸発器は，板状のステンレス製プレートを多数積層し，その周囲をブレージング（ろう付け）して冷媒漏れを防止する装置です。なお，構造と特徴はブレージングプレート凝縮器とほぼ同じです。

6 満液式蒸発器

蒸発器（円筒胴）内が冷媒液で満たされていて，冷媒が蒸発するしくみとなっているものを満液式蒸発器といいます。おもにシェルアンドチューブ型，自然循環式，冷媒液強制循環式の３種類に分けられます。

①満液式シェルアンドチューブ蒸発器

冷却管の外側に満たされている冷媒が冷却管表面で蒸発し，水やブラインなどはチューブ内を流れて冷却されます。乾式シェルアンドチューブ蒸発器と比較すると冷却管表面で激しい核沸騰が発生することで冷媒側熱伝達率，熱通過率が乾式より３～４倍程度大きくなります。

冷媒は冷却管表面や液表面で蒸発し，乾式よりも平均熱通過率が大きくなります。ただし，冷媒と一緒に流れ込んだ潤滑油は蒸発しないため油戻し装置が必要です。蒸発されない油は，次第に濃縮されます。油の濃縮が進むと冷媒の熱伝達が阻害され，圧縮機内の油不足を招きます。

フルオロカーボン冷凍装置では，油と冷媒液を油の濃度が高い液面近くから少量ずつ抜き出し，油回収器などで加熱して冷媒液を蒸発させて油を分離，圧縮機に戻して再使用します。

アンモニア冷凍装置では，分離した油を抜き取って外部に排出します。また，蒸発器内の液面を一定に保つための液面制御装置が必要です。なお，冷媒充てん量は多くなります。

●満液式シェルアンドチューブ蒸発器

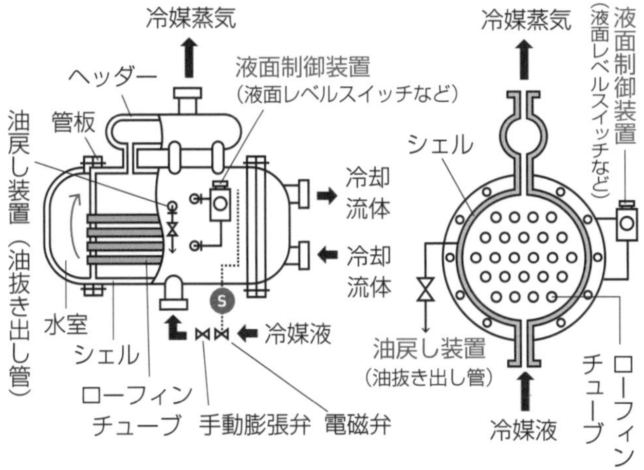

②自然循環式蒸発器

冷媒が液集中器の液面と同じところまで冷却管内が液で満たされている状態で管内蒸発を起こし，周囲の空気などを冷却します。液集中器は，ドラムを使って蒸気を分離することで冷媒液面位置を一定に保持します。このほかのおもな特徴は，満液式シェルアンドチューブ蒸発器とほぼ同様です。

●自然循環式蒸発器

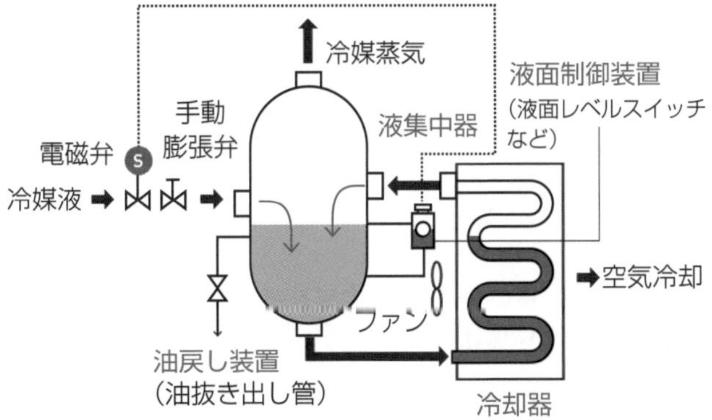

補足

核沸騰

冷媒液中の冷却管の表面で気泡が激しく発生する現象を核沸騰といいます。液冷媒がかき混ぜられることで，熱伝達率が大きくなります。

液面制御

低圧受液器内の冷媒液は飽和状態であるため，液ポンプ位置と液面の高低差が小さいとポンプの吸込み口までの液が流路抵抗によって減圧し，フラッシュガスが発生（気化）して液ポンプが働きが阻害されることがあります。そこで，液ポンプは液面よりも十分低い位置に置く，通常液面は液ポンプから約2m程高い位置に設定し，高圧受液器からの冷媒流入量を液面レベルスイッチ（フロートスイッチ等），電磁弁および流量調整弁（または手動弁）で制御します。

③冷媒液強制循環式蒸発器

膨張弁から出た低温の冷媒液を**低圧受液器**にため，**冷媒液ポンプ**で蒸発量の３～５倍の冷媒液を強制的に蒸発器に送ります。未蒸発の冷媒液は蒸気とともに低圧受液器に戻し，冷媒液は下部にたまって蒸気のみが圧縮機に戻ります。冷媒液が強制的に循環するため，熱伝達率は大きくなり，冷媒充てん量も乾式蒸発器や満液式蒸発器よりも多くなります。なお，この方式の冷凍装置を**液ポンプ式**ともいいます。

●冷媒液強制循環式蒸発器

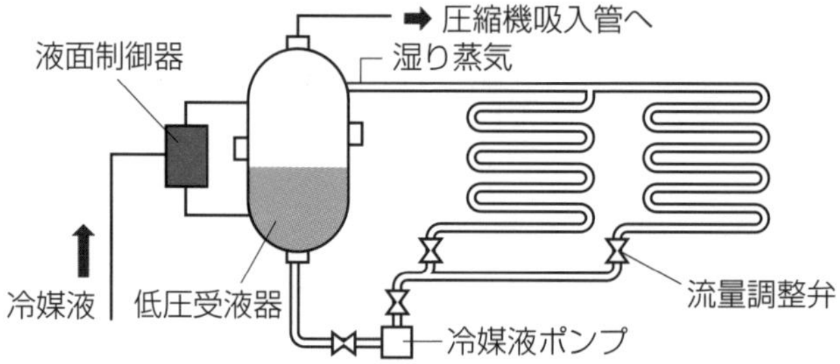

チャレンジ問題

問1 難 中 易

以下の記述のうち，正しいものはどれか。

(1) 乾式蒸発器では湿り蒸気が一定の温度で蒸発するが，そのうちの半分は蒸発しない状態で管出口から出ていく。

(2) 乾式シェルアンドチューブ蒸発器では，冷媒が冷却管外を流れる。

(3) 満液式シェルアンドチューブ蒸発器に油戻し装置は不要。

(4) 冷媒液強制循環式蒸発器は，低圧受液器にためた低温の冷媒液を冷媒液ポンプで強制的に送る。

解説

冷媒液強制循環式蒸発器では蒸発量の3～5倍の冷媒を強制的に送りますが，蒸発しなかった冷媒液は，蒸気と一緒に低圧受液器に戻します。

解答 (4)

蒸発器の着霜と除霜（デフロスト）の方式

1　着霜の冷却器への影響と除霜

冷却管やフィンなど，冷却器（蒸発器）の表面に霜が付着して，時間の経過とともにその量が増えていくことを**着霜（霜付き, フロスト）**といいます。霜によって空気の通路が狭まり風量が減少し，霜は熱伝導率が小さいため**伝熱性能が低下**します。これによって**蒸発量が減少**，**蒸発圧力が低下**します。また，**圧縮機の吸込み圧力が低下**し，比体積が大きくなることで圧縮機の**冷凍能力も低下**し,**冷却不良となる危険**があります。

さらに，**圧縮機の駆動動力が小さく**なって冷媒循環量が大幅に低下して**冷凍サイクルの成績係数も低下**します。このように，着霜は冷凍装置に悪影響をおよぼすため，冷却器から霜を取り除く必要があります。これを**除霜**（デフロスト）といいます。その方法は，冷凍装置の形式などによって異なります。

2　ホットガス方式

圧縮機から吐き出された高温冷媒の**ホットガス**を蒸発器に送り込み，その凝縮潜熱と顕熱によって霜を融解させる方式です。**霜が厚くなる前に行う**ことがポイントで，厚くなってしまうと霜がとけにくくなり，除霜時間も長くなってしまいます。

このほかにも凝縮熱の一部を蓄熱槽に蓄え，デフロスト後の冷媒液を蒸発させる際の熱源とする方法があり，これを**蓄熱槽式ホットガス方式**といいます。

補足

受液器
受液器はレシーバともいい，冷媒液をためておくための装置です。

ホットガス方式デフロスト
デフロストのホットガス方式で，圧縮機の高温の吐出しガス（ホットガス）の熱を利用します。この際利用されるのは「顕熱」と「凝縮潜熱」ですが，凝縮潜熱とは蒸発器内で冷媒が凝縮するときの熱を指します。

●ホットガス方式のしくみ

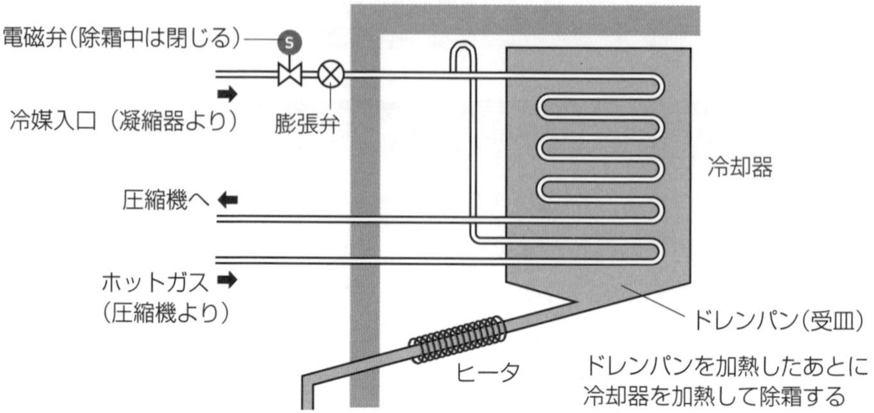

●ホットガス方式デフロスト(蒸発器1台の場合)

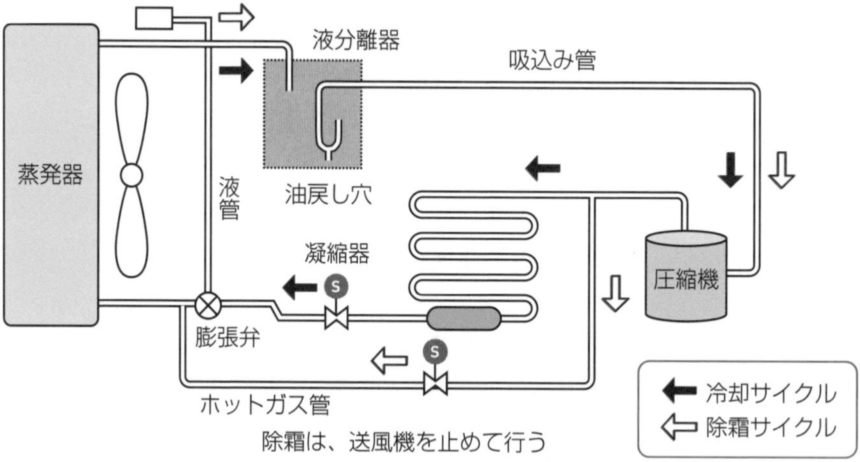

●ホットガス方式デフロストの手順

①電磁弁などで冷却器への冷媒の流れを停止し，冷却器内の冷媒回収後ファンを停止する

②電磁弁などのホットガス弁を開く

③デフロスト後にホットガス弁を閉め，水切りを行う

④冷却運転を再開する

3 散水方式

着霜した冷却器の上部から散水して霜を融解する方式で，散布した水と融解した水は下部のドレンパン（水槽）から庫外に排出されます。排出水は水槽にためておき，ポンプで再度冷却器に送水し，循環利用します。

散水温度は10～15℃程度で，低すぎると霜がとけにくく，高すぎると散水時に霧となり冷却器の壁や天井などに付着して氷となり，障害の原因となります。庫外への配水管には，管からの外気侵入を防ぐため水封トラップを設置します。ドレンパンや配水管にはヒータを設置して凍結を防止します。

●散水方式

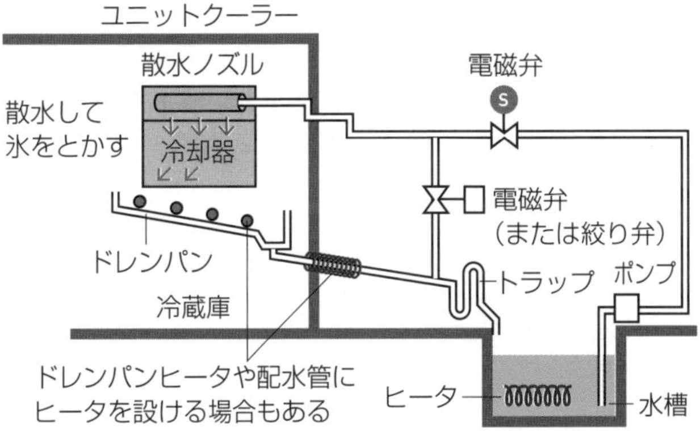

●散水方式デフロストの手順

①電磁弁などで冷却器への冷媒の流れを停止し，冷却器内の冷媒回収後ファンを停止する

②散水配管の電磁弁などを開き，ポンプをONにして散水を開始する

③デフロスト後，散水ポンプを停止し水切りを行う

④冷却運転を再開する

補足

ホットガス方式デフロストの特徴

①凝縮熱利用で電気が不要で省エネルギー②デフロスト装置が複雑で，高度なシステム技術が必要③高温ガス熱の放散を防止するため，冷却器前後にダンパが必要④高温ガス熱量が少ないときは，着霜量が少ない状態でデフロストを実施⑤ドレンパン，排水管などの凍結防止ヒータ，保温などが必要

散水方式デフロストの特徴

①デフロスト時間が短い②構造が簡単で安価③確実なデフロストが可能④散水ノズルの飛散水がファンやケーシングなどで再凍結しやすい⑤ドレンパン，排水管などの凍結防止ヒータ，保温などが必要

4 電気ヒータ方式

冷却器の周囲などに**電気ヒータ（シーズヒータ）**を組み込んである方式です。霜が厚くなったら冷却運転を停止し，電気ヒータに電源を入れて加熱することで霜をとかします。

●電気ヒータ方式デフロストの手順

①電磁弁などで冷却器への冷媒の流れを停止する（圧縮機，ファンは運転）

②冷却器内の冷媒を回収し，ファンを停止してダンパを閉じる

③ 30 ～ 40 分程度ヒータを通電し，除霜する

④ 5 ～ 10 分程度水切りを行い，冷却運転を再開する

5 オフサイクル方式

冷媒の流れを一度止めて，**約 5℃の庫内空気を送風することで霜を融解する方式**です。**運転を停止したままなので**，オフサイクルという名称がついています。**庫内温度が約 5℃程度の冷蔵庫**で用いられています。

●オフサイクル方式

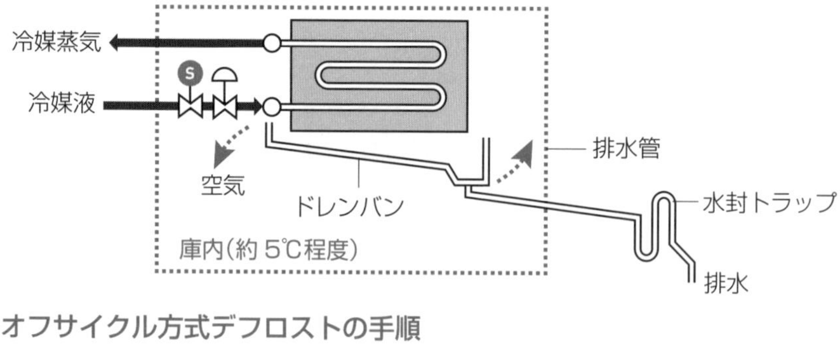

●オフサイクル方式デフロストの手順

①電磁弁などで冷却器への冷媒の流れを停止する（圧縮機，ファンは運転）

②冷却器内の冷媒を回収し，ファンを停止してダンパを閉じる

③ファンを停止させたまま 30 ～ 60 分程度運転し，除霜する

④冷媒送液を開始して，冷却運転を再開する

6 不凍液（ブライン）散布方式

散水ではなく，**不凍液（ブライン）**を散布する方式です。不凍液は除霜した水を吸収して濃度が下がるため，回収後に濃縮器を用いて加熱して**濃度を上げる再生処理**が必要です。

●不凍液（ブライン）散布方式

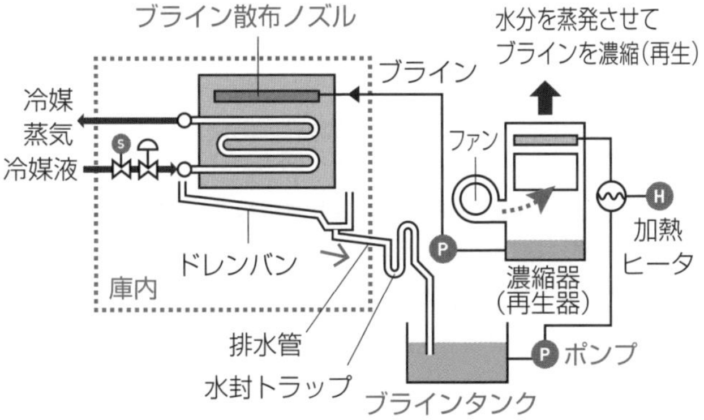

補足

凍結防止

水やブラインなどの凍結による凍結事故防止には，以下の２つの方式があります。
①サーモスタット方式
冷却器出口の水などの温度をセンサーで検知し，設定値より温度が低下するとサーモスタットが作動して送液や冷凍装置を停止する方式です。
②蒸発圧力調整弁方式
蒸発器の出口圧力が低下して設定値以下になると蒸発圧力調整弁が閉まり始め，設定温度以下の圧力にならないようにして凍結を防止する方法です。

チャレンジ問題

問１ 難　中　易

以下の記述のうち，正しいものはどれか。

(1) 冷却器（蒸発器）の表面に霜が付着することを着氷という。
(2) 冷却器にたくさんの霜がつくと，冷凍能力が大幅に低下する。
(3) 冷却器から霜を取り除くことを，除氷という。
(4) ホットガス方式では，ガスの燃焼によって霜をとかす。

解説

着霜によって空気の通路が狭まり風量が減少，伝熱性能が低下，蒸発量が減少，蒸発圧力が低下します。さらに圧縮機の吸込み圧力が低下し，その比体積が大きくなることで圧縮機の冷凍能力が低下します。

解答（2）

2 附属機器

まとめ&丸暗記 この節の学習内容とまとめ

□ 附属機器	油分離器（オイルセパレータ），受液器（レシーバ），液分離器（アキュムレータ）
□ 油分離器	吐出しガス中に混入した潤滑油を分離する。デミスタ形（金網で分離），バッフル形（容器内のじゃま板を利用），遠心分離形（内部の螺旋板を使用），重力分離形（重力で油滴を落下させる）など
□ 高圧受液器	凝縮器で凝縮された液を一時的にためておく（蒸発器内の冷媒量を一時的に吸収）
□ 低圧受液器	蒸発器から戻ってきた冷媒液を蒸気と液に分離，蒸発器に液を送り込むための液だめの役割
□ ドライヤ（乾燥器）	冷媒中の水分を除去する
□ フィルタドライヤ（ろ過乾燥機）	ドライヤ＋液配管内のゴミ除去用フィルタ
□ 液ガス熱交換器	高温の冷媒液（約30～50℃）と低温の蒸発器出口蒸気（約10℃以下）との熱交換器
□ 液分離器	吸込み蒸気中に混在している冷媒液を分離する

さまざまな附属機器

1 附属機器とは

冷凍装置は圧縮機，凝縮器，蒸発器などのほかにも下図のように**受液器（レシーバ）**，**油分離器（オイルセパレータ）**，**液分離器（アキュムレータ）**などがあります。これらを**附属機器**といいます。

ここからは，各附属機器が持つ役割や構造などを解説していきます。

●冷凍装置の附属機器の例

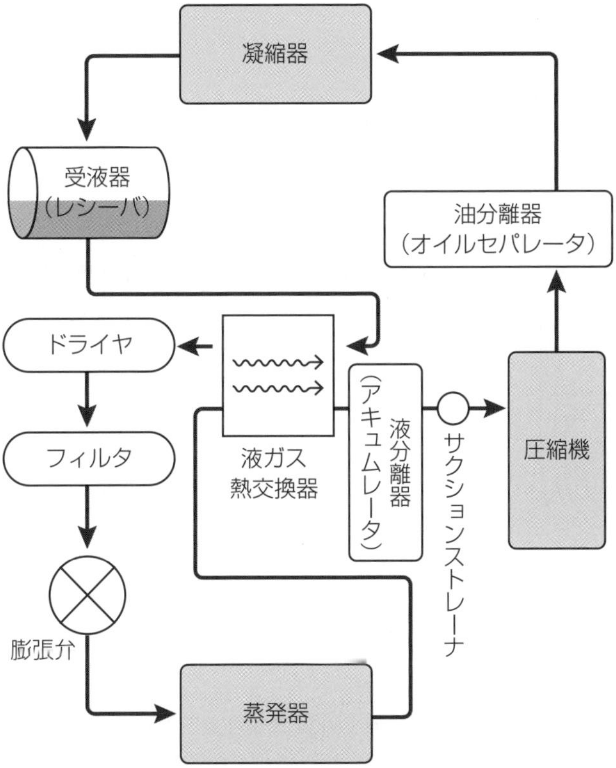

2 油分離器（オイルセパレータ）

圧縮機から吐き出された冷媒蒸気には，潤滑油が少量含まれています。潤滑油の量が多くなると，圧縮機内では油量が減少し焼き付けの原因となります。ほかにも蒸発器や凝縮器に油が侵入すると伝熱作用に悪影響をおよぼすことから，**圧縮機の吐出し管側に油分離器（オイルセパレータ）を設置**して吐出しガス中に混入した**潤滑油を分離**します。

大型のフルオロカーボン冷凍装置などは，油がある程度たまったら圧縮機に戻します。アンモニア冷凍装置の場合には圧縮機には戻さずに油抜きをします。

油分離器は，**金網（デミスタ）で分離するデミスタ形，容器内のじゃま板を利用するバッフル形，内部の螺旋板を使用する遠心分離形，重力で油滴を落下させて分離する重力分離形**などの種類（方式）があります。

●油分離器の種類

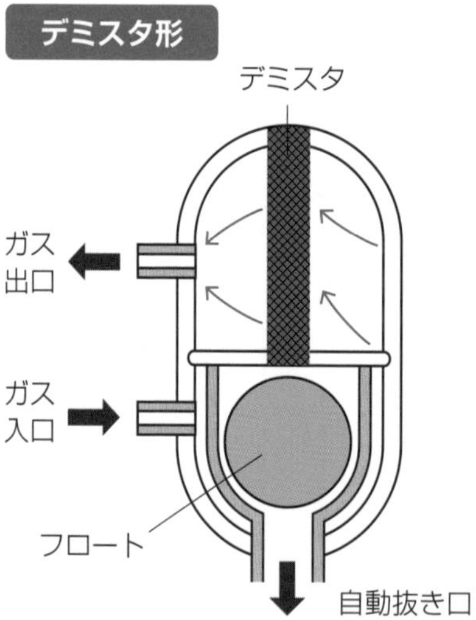

細かい金網（デミスタ）に
油を付着させて分離する

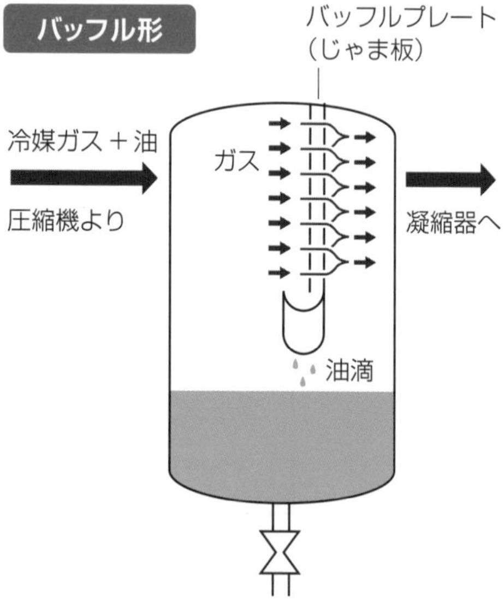

吐出しガスをバッフルプレート
（じゃま板）に衝突させて油滴を分離する

遠心分離形

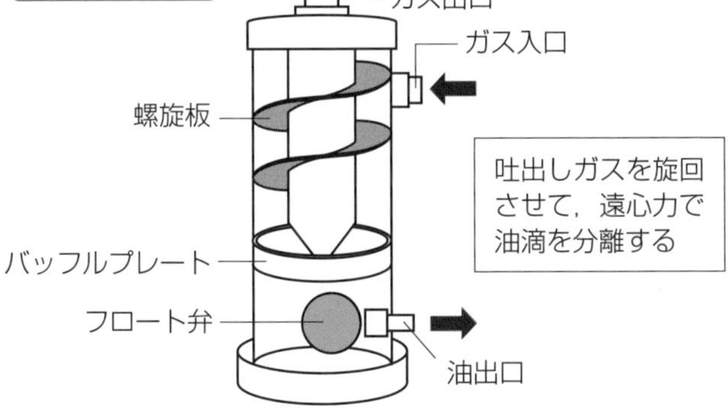

重力分離形

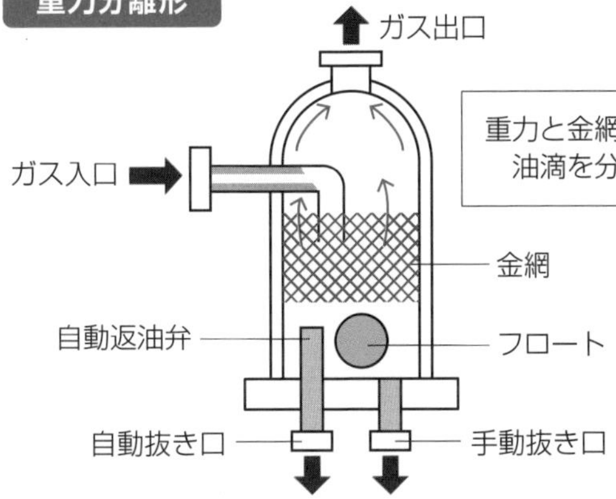

3 高圧受液器

冷媒液をためる装置のことを**受液器（レシーバ）**といいます。凝縮器の出口配管に取り付けられているものが高圧受液器で，**凝縮器で凝縮された液を一時的にためておきます**。こうすることで，運転負荷などによって変化する**蒸発器内の冷媒量を一時的に吸収**します。

受液器出口では蒸気が液と一緒に流出しないようになっています。なお，冷凍装置を容易に修理できるよう，修理の際には**冷媒を回収**しておく必要があります。

補足

アンモニア冷凍装置の油抜き

アンモニアは油と混ざらないことと，アンモニア冷凍装置では吐出しガスが高温になり劣化しやすいことから再利用はせず，油抜きを行います。

●**高圧受液器（横型）**

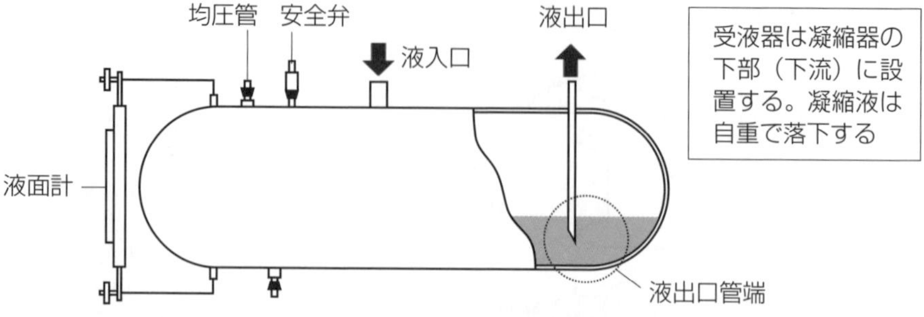

4 低圧受液器

低圧受液器は，**冷媒液強制循環式冷凍装置**で用いられています。蒸発器から戻ってきた**冷媒液を蒸気と液に分離**するのと，蒸発器に液を送り込むための**液だめの役割**を持っています。

●**低圧受液器**

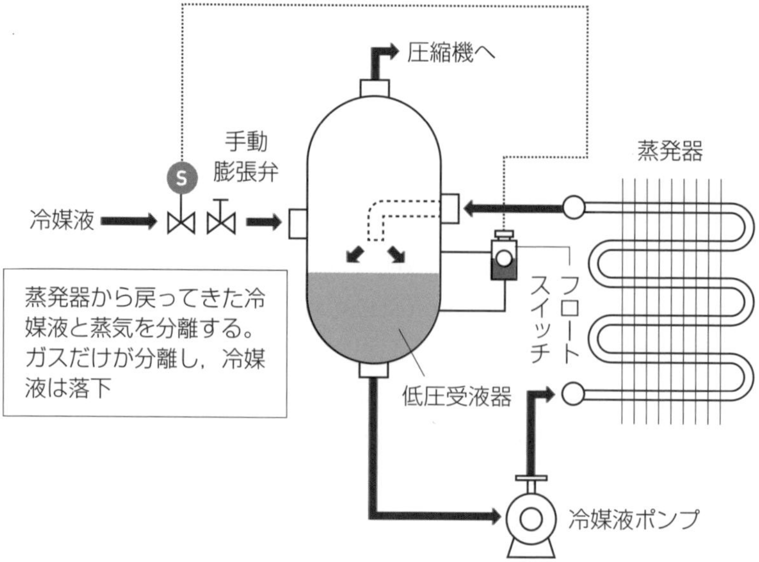

5 ドライヤ(乾燥器)およびフィルタドライヤ(ろ過乾燥機)

水分の溶解度が小さいフルオロカーボン冷媒では，水分が冷凍サイクル内に混入すると，高温により冷媒が加水分解して酸性の物質を生成し，**金属腐食**や膨張弁内で**水分が氷結**したりするので，膨張弁前の液配管に**ドライヤ**や**フィルタドライヤ**を取り付けます。これらにより，冷媒中の水分を除去することができます。

吸着材には**乾燥剤（シリカゲルやゼオライトのような粒状のもの）**を使用します。水分を吸着しても**化学変化しないものや砕けにくいもの**が用いられますが，性能低下や目詰まりが発生したら交換します。

フィルタドライヤはドライヤに加えて，**液配管内のゴミなどを除去するフィルタが一体化**されたもので，機器の大きさを小型化できる特徴があります。

●ドライヤ（ゼオライト形）

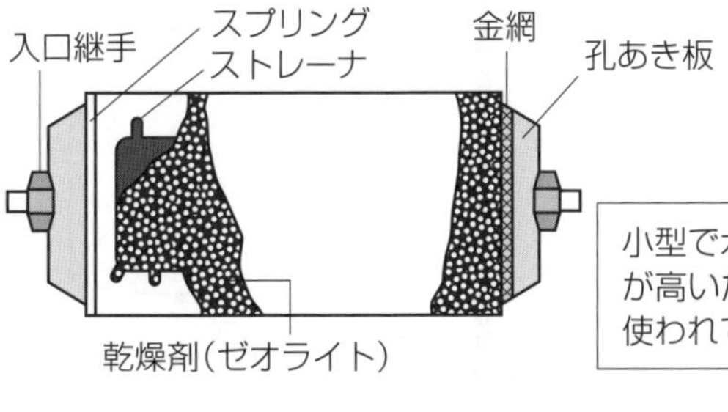

小型で水分補修率が高いため，多く使われている

●フィルタドライヤ

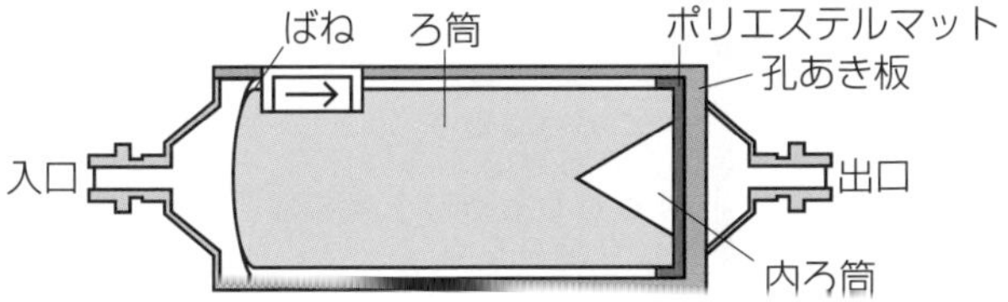

ドライヤからの乾燥材の流出防止のため，フィルタとドライヤが一体となったコンパクトな構造が特徴

補足

受液器の液面計

受液器（高圧受液器，低圧受液器）には一般的に液面計（丸ガラス）を取り付けます。これは，液面を目視で確認できるようにするためです。液面計に気泡が発生することがありますが，外部からの熱で冷媒の一部が蒸発することがおもな理由です。

6 液ガス熱交換器

フルオロカーボン冷凍装置において，**吸込み蒸気を適度に過熱させること**と，**凝縮液をより過冷却させてフラッシュガスの発生を防ぐために液ガス熱交換器**を設置することがあります。これは**高温の冷媒液（約 30 ～ 50℃）と低温の蒸発器出口蒸気（約 10℃以下）との熱交換器**です。

アンモニア冷凍装置では，圧縮機の吸込み蒸気の過熱度が増大すると吐出しガス温度の上昇が著しくなるため，使用しません。

●液ガス熱交換器

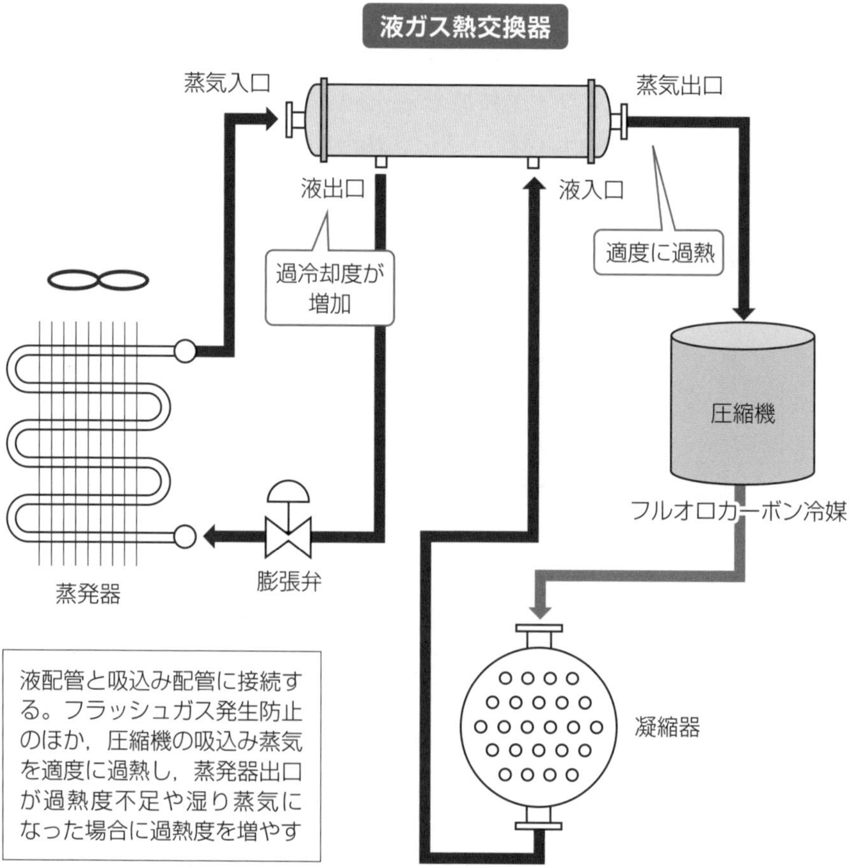

7 液分離器（アキュムレータ）

液分離器（アキュムレータ）は，吸込み蒸気中に混在している冷媒液を分離する機器で，蒸発器と圧縮機の間にある**吸込み配管**に取り付けます。これにより，**圧縮機の液圧縮を防止**することができます。

冷媒液を分離するには，ガスを**1m/s以下の速度**にして液滴の重力で分離して液を下部にためて蒸発器や高圧受液器に戻す方法（大型・重力分離形）や，U字管の下部の**メタリングオリフィス（小さな孔）**から液状の冷媒を少しずつ，吸込み蒸気とともに液を圧縮機に戻していく方法（小型・重力分離形）などがあります。

●液分離器（アキュムレータ）

<ガス速度を1m/s以下に落とす場合>

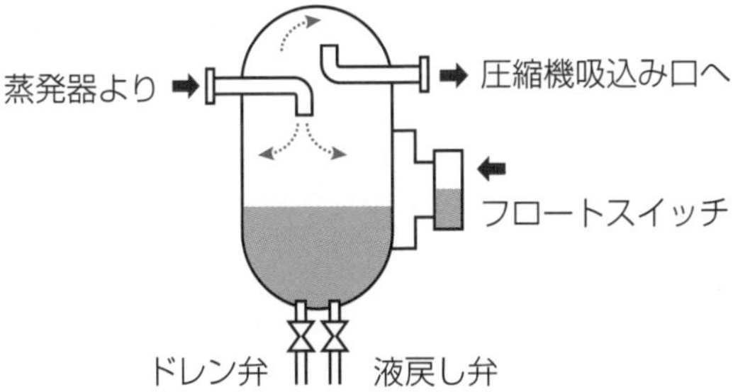

<U字管を内部に設置する場合>

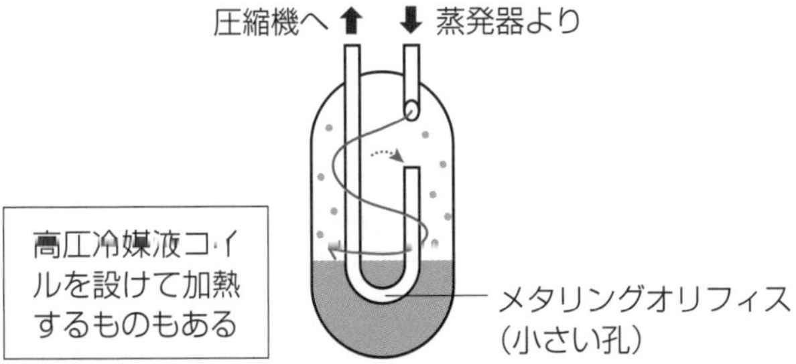

補足

リキッドフィルタ

液配管内の金属粉やゴミ，錆材などを除去する機器をリキッドフィルタといいます。細かな金属網で除去することで，膨張弁や各種弁の動作問題を未然に防ぎます。

サクションストレーナ

圧縮機の吸込み配管中に設置し，金属粉やゴミ，錆材などを除去する機器のことで，圧縮機内に発生する問題を未然に防ぎます。また，密閉圧縮機では電動機における巻線の焼き付けや絶縁不良を防ぎます。

フラッシュガス

圧力降下や温度上昇などにより，冷媒液が蒸気になる現象をフラッシュガスといいます。

チャレンジ問題

問1

難 中 **易**

以下の記述のうち，正しいものはどれか。

(1) 圧縮機，凝縮器，蒸発器，受液器，油分離器，液分離器はまとめて冷凍装置の附属機器という。

(2) 油分離器は，吐出しガス中に混入した潤滑油を分離する機器である。

(3) 蒸発器の出口配管に取り付けられた冷媒液をためる装置を高圧受液器という。

(4) 低圧受液器は，冷媒液をためる役割のみを果たす。

解説

圧縮機から吐き出された冷媒蒸気には，潤滑油が少量含まれています。この量が多くなると圧縮機内で油量が減少するため，焼き付けの原因となります。

解答 (2)

問2

難 中 **易**

以下の記述のうち，正しいものはどれか。

(1) フルオロカーボン冷媒では，水分が冷凍サイクル内に混入すると高温で冷媒が加水分解して酸性の物質を生成し，金属を腐食させたり，水分が膨張弁内で氷結したりするので，膨張弁前の液配管にドライヤやフィルタドライヤを取り付ける。

(2) 液ガス熱交換器は，高温の冷媒液（約60～70℃）と低温の蒸発器出口蒸気（約20℃以下）との熱交換器である。

(3) 液ガス熱交換器は，フルオロカーボン冷凍装置，アンモニア冷凍装置ともに設置する必要がある。

(4) 液分離器は，冷媒液と潤滑油を分離する機器である。

解説

水分の除去には，乾燥剤（シリカゲルやゼオライトのような粒状のもの）を使用します。性能低下や目詰まりが発生したら交換が必要です。

解答 (1)

保安管理技術

第5章

膨張弁と自動制御機器

1 膨張弁

まとめ&丸暗記 この節の学習内容とまとめ

□ 膨張弁	冷媒流量を調整する機器（温度自動膨張弁，電子膨張弁，定圧自動膨張弁，キャピラリチューブなど）。冷媒流量を自動調整する機能，高温・高圧の冷媒液を低温・定圧にする絞り膨張機能の役割を持つ
□ 温度自動膨張弁	蒸発器の熱負荷に応じて弁が開閉して冷媒流量を調整し，蒸発器出口の過熱度を一定（約3～8℃）に保持する自動膨張弁
□ 内部均圧形温度自動膨張弁	弁が「感温筒内圧力＝蒸発器入口圧力＋ばね圧力（一定）」となるように動き，蒸発器入口圧力が変化
□ 外部均圧形温度自動膨張弁	弁が「感温筒内圧力＝蒸発器出口圧力＋ばね圧力（一定）」となるように動き，蒸発器出口圧力が変化
□ 感温筒	蒸発器出口の冷媒温度（冷媒の過熱度）を検出する機器 吸込み管径が20mm以下の場合には管の上面に，逆に吸込み管径が20mmを超える場合には管の斜め下に取り付ける
□ 感温筒の冷媒チャージ	液チャージ方式，ガスチャージ方式，クロスチャージ方式
□ 定圧自動膨張弁	蒸発圧力が常に一定になるように冷媒流量を調整する自動膨張弁
□ 手動膨張弁	ニードル弁を用いて冷媒の絞り作用を手動で調整する弁
□ キャピラリチューブ	家庭用電気冷蔵庫や小型ルームエアコンのような小容量の冷凍・空調装置において膨張弁の役割を果たす
□ 電子膨張弁	温度センサで蒸発器出口と入口の温度を計測し，電子制御装置で過熱度を正確に調整する

膨張弁の機能

1 膨張弁とは

冷凍装置の熱負荷は，季節や時間といった周囲の温度変化などにより常に変化しています。冷凍装置を効率よく運転するためには多様な**自動制御機器**が用いられ，その中で冷媒流量を調整する機器が**膨張弁**です。

膨張弁には**温度自動膨張弁**，**電子膨張弁**，**定圧自動膨張弁**，**キャピラリチューブ**などがあります。

2 膨張弁が果たす機能

膨張弁には，熱負荷の変化に応じて**自動的に冷媒流量を調整する機能**と，高温・高圧の冷媒液を蒸発器で蒸発しやすくなるよう低温・定圧にする**絞り膨張機能**の役割があります。

冷凍装置の熱負荷に対して弁開度が過大な場合には，蒸発器内の冷媒液が多くなりすぎて蒸発しきれず，圧縮機に戻って**湿り圧縮**（湿り蒸気を吸い込んで圧縮する）や**液圧縮**（非圧縮性の液体が圧縮される）の状態になることがあります。逆に弁開度が過小の場合には，蒸発器内の冷媒液が少なくなりすぎて圧縮機の**吸込み圧力の低下**や**過熱度の過大**などの問題が発生します。

どちらも**冷凍装置への悪影響**が発生するため，自動膨張弁で冷媒流量を自動制御することで，熱負荷が変化した場合でも**蒸発器出口の冷媒過熱度を一定**にすることが可能となります。

補足

膨張弁の2つの役割

①高温･高圧の冷媒液を低温･低圧にする絞り膨張機能。
②冷凍負荷に応じて冷媒流量を自動調節する機能。

チャレンジ問題

問1 難 中 易

以下の記述のうち，正しいものはどれか。

(1) 冷凍装置の熱負荷は，周囲の温度変化に関係なく一定に保たれている。

(2) 膨張弁の役割のひとつは，冷媒の流れる速度を調整することである。

(3) 膨張弁の役割のひとつは，冷媒液を低温・定圧にすることである。

(4) 膨張弁には温度自動膨張弁，電磁膨張弁，非常時膨張弁，キャピラリチューブなどがある。

解説

冷媒を低温・定圧にするのは，蒸発器で蒸発しやすくなるようにするためです。

解答 (3)

問2 難 中 易

以下の記述のうち，正しいものはどれか。

(1) 冷凍装置の熱負荷に対して弁開度が過大な場合は，湿り圧縮や液圧縮の原因となる。

(2) 冷凍装置の熱負荷に対して弁開度が過小の場合は，蒸発器内の冷媒液は過多の状態である。

(3) 蒸発器内の冷媒液が少なくなりすぎると，圧縮機の吸込み圧力が上昇する。

(4) 膨張弁の絞り膨張機能とは，冷媒が蒸発器で蒸発しやすくなるよう高温・高圧の状態にすることである。

解説

冷凍装置の熱負荷に対して弁開度が過大になると，蒸発器内の冷媒液が多くなりすぎて湿り圧縮や液圧縮の原因となります。

解答 (1)

自動膨張弁の種類,使用と取り扱い

1 温度自動膨張弁

蒸発器の熱負荷に応じて弁が開閉して，冷媒流量を調整することで**蒸発器出口の過熱度を一定（約３～8℃）に保持する**自動膨張弁を**温度自動膨張弁**といいます。乾式蒸発器入口に取り付け，蒸発器出口の過熱度を感温筒で感知します。液やガスが入っている**感温筒**（P117参照）は，そのチャージ方式により**液チャージ方式**，**ガスチャージ方式**，**クロスチャージ方式**があります。ほかにも**ダイアフラム**，**キャピラリチューブ**，**ばね**などによって構成されています。

温度自動膨張弁は，膨張弁出口（蒸発器入口）の圧力で蒸発圧力を直に制御する**内部均圧形**と，蒸発器出口の圧縮機吸込み管から外部均圧管を通して伝えられる**外部均圧形**に分かれています。

●**温度自動膨張弁**

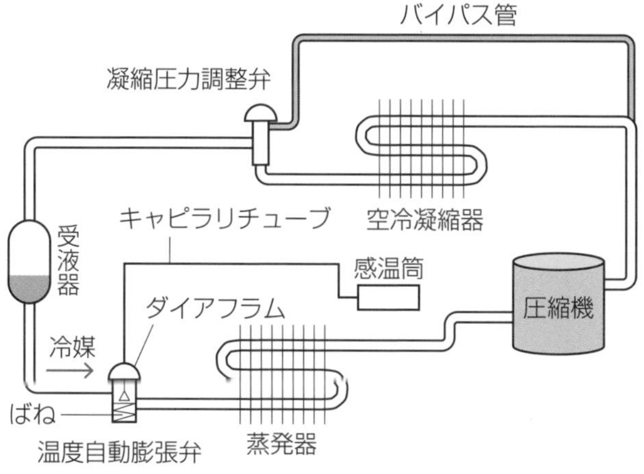

補足

ダイアフラム

圧力の差で動作する調整弁を，ダイアフラムといいます。おもに液面，流量，圧力などを自動制御するために用いられています。

温度自動膨張弁の「温度」とは

「過熱温度」のことを指し，温度自動膨張弁とは，過熱温度を自動的に一定に保つように作動する膨張弁ということになります。

ダイアフラム下面には，**蒸発器入口（内部均圧管）あるいは出口（外部均圧管）の冷媒圧力 P_2 による力 F_1 とばねの力 F_3** がかかって**弁を閉じる方向**に作用し，一方の上面には，蒸発器出口温度を**感温筒が感知**してその温度における**感温筒チャージ冷媒の飽和圧力 P_1 による力 F_1** がかかり**弁を開く方向**に作用します。これらダイアフラム上下面に作用する冷媒圧力による力 F_1，F_2 と過熱度設定用ばねのばね力 F_3 がつり合うように，弁開度が制御されます。

感温筒内圧力による力 F_1 は，蒸発器入口あるいは出口の圧力による力 F_2 とばねの力 F_3 の合計でつり合います。このダイアフラム上下面に作用する力 F_1, F_2 とばねの力 F_3 とのつり合いは「$F_1 - F_2 = F_3$」の式で表されます。

2 内部均圧形温度自動膨張弁

内部均圧形温度自動膨張弁は，おもに**蒸発器の入口から出口までの圧力降下が小さな小型冷凍装置**に用いられています。感温筒内のガス圧力が温度自動膨張弁頭部の**ダイアフラム**に伝わることで，ダイアフラムを押し下げる働きがあります。蒸発器の負荷が増加した場合には，蒸発器出口の過熱度が促進されるので，感温筒内の冷媒圧力が上昇し，冷媒流量が増加します。

●内部均圧形温度自動膨張弁

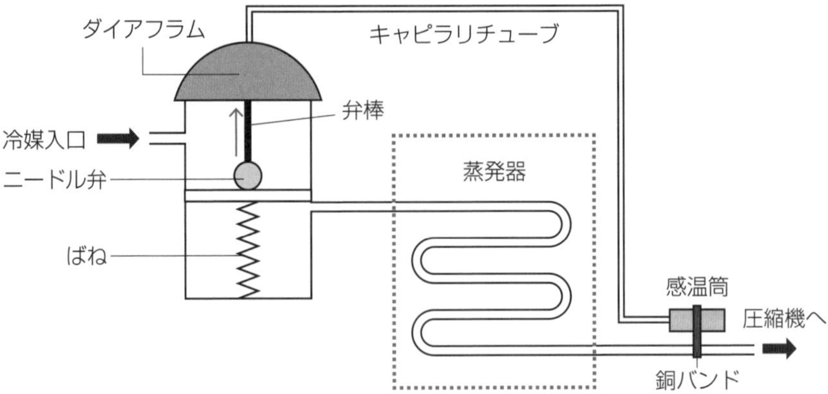

内部均圧形温度自動膨張弁では，**弁が「感温筒内圧力＝蒸発器入口圧力＋ばね圧力（一定）」となるように上下に動くため，蒸発器入口圧力**が変化します。ただし，蒸発器内の圧力降下が大きい場合には，その分に相当する過熱度が大きくならないと，感温筒内圧力は上昇しません。したがって，蒸発器内の圧力降下が大きい場合は過熱度を一定に制御できないということになります。

3　外部均圧形温度自動膨張弁

外部均圧形温度自動膨張弁は，おもに**蒸発器の入口から出口までの圧力降下が大きい（ディストリビュータ付きを含む）大型冷凍装置**に用いられています。

外部均圧形温度自動膨張弁では，**弁が「感温筒内圧力＝蒸発器出口圧力＋ばね圧力（一定）」となるように上下に動くため，蒸発器出口圧力**が変化します。負荷が増大し，蒸発器出口の過熱度が増加すると感温筒内部圧力が上昇します。そこで弁が開いて冷媒流量が増加すると，蒸発器出口圧力が上昇，蒸発器能力が大きくなるため過熱度は低下します。

●外部均圧形温度自動膨張弁

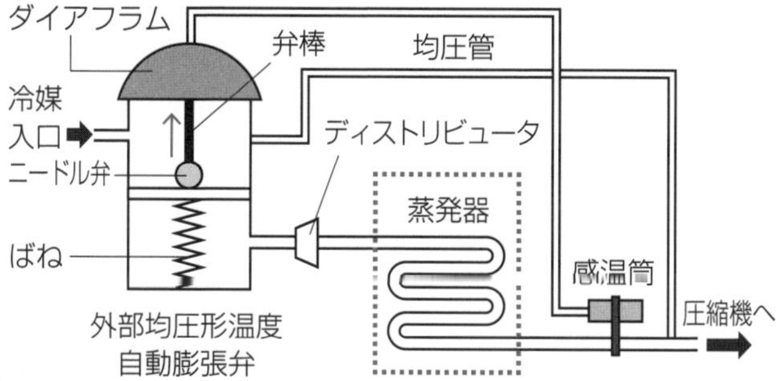

補足

均圧形式
ダイアフラムの下面に作用する蒸発圧力には，「内部均圧形」と「外部均圧形」の2つの形式があります。

内部均圧形
蒸発圧力を膨張弁出口（蒸発器入口）で直接制御します。弁本体内部（内部均圧管）の圧力P_2（膨張弁出口圧力＝蒸発器入口圧力）がかかる形式です。

外部均圧形
蒸発器出口の圧縮機吸込み管から外部均圧管を通して伝えられます。蒸発器出口の配管（外部均圧管）で取り出した圧力P_2がかかる形式です。

4 膨張弁の選定と取り付け

膨張弁の冷凍能力（容量）は，弁（オリフィス口径）前後の圧力差（凝縮温度と蒸発温度との差）や弁と弁開度などによって変わります。蒸発器の容量よりも過大な膨張弁を選ぶと**ハンチング**が生じ，その逆だとハンチングは生じにくくなるものの，熱負荷が大きいと冷媒流量が不足し，過熱度が増加します。

膨張弁は，**ダイアフラム側を上にして蒸発器の近くに取り付けます**。なお，ガスチャージ方式では，弁本体の温度を感温筒よりも低くしないようにすることがポイントとなります。

チャレンジ問題

問1　難　中　易

以下の記述のうち，正しいものはどれか。

(1) 温度自動膨張弁は，蒸発器の冷媒速度に応じて弁が開閉し，冷媒流量を調整して蒸発器出口の過熱度を一定（約3～8℃）に保持する。

(2) 内部均圧形温度自動膨張弁は，弁が「感温筒内圧力＝蒸発器出口圧力＋ばね圧力（一定）」となるように上下に動くため，蒸発器出口圧力が変化する。

(3) 外部均圧形温度自動膨張弁は，弁が「感温筒内圧力＝蒸発器入口圧力＋ばね圧力（一定）」となるように上下に動くため，蒸発器入口圧力が変化する。

(4) 膨張弁の冷凍能力（容量）は，弁と弁開度，弁前後の圧力差などによって変化する。

解説

膨張弁の冷凍能力（容量）は，弁前後の圧力差，すなわち凝縮温度と蒸発温度との差などの影響を受けます。

解答（4）

感温筒の取り付けと3つの冷媒チャージ方式

1　感温筒とは

蒸発器出口の**冷媒温度（冷媒の過熱度）**を検出する機器を，**感温筒**といいます。感温筒の中の冷媒が膨張や収縮してダイアフラムに伝達することにより，**冷媒流量を調整**します。感温筒内の冷媒が漏えいすると**膨張弁が閉じて**冷凍装置が冷えなくなり，また感温筒が吸込み管から外れてしまうと膨張弁が大きく開いて**液戻り**の原因になります。

2　感温筒の取り付け

蒸発器出口冷媒の温度は感温筒によって検出され，過熱度を制御します。したがって，**感温筒の取り付けは非常に重要**となります。

吸込み管径が**20mm以下の場合には管の上面**に，**それ以上の場合には管の斜め下**に取り付けます。いずれも**銅バンド**でしっかりと締め付けて脱落を防止します。感温筒は油や**冷媒液がたまりやすい場所**や，**冷却コイルなどの近く**に設置するのは避けます。低温装置では周囲の温度や風の影響にさらされないよう，吸湿性のないもので**防熱**します。

●感温筒の取り付け

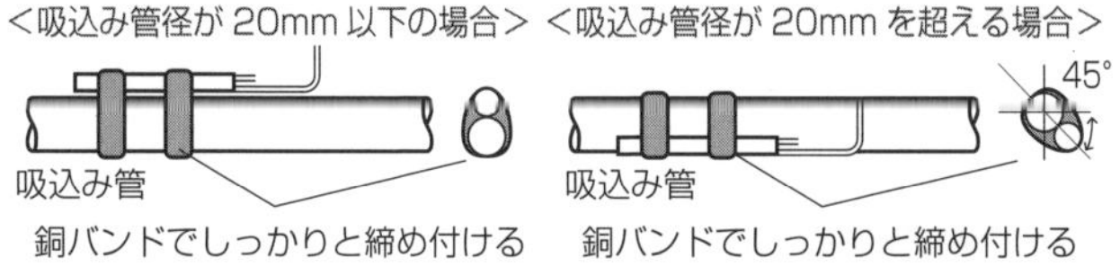

補足

ハンチング
周期的に過熱度と冷媒流量が変動することをハンチングといいます。

膨張弁の冷凍能力（容量）
メーカーなどのカタログには，一定の凝縮温度と蒸発温度での約80%ほどの弁開度時の値が定格容量として書かれています。

3 感温筒の冷媒チャージ

感温筒内の冷媒チャージには，液チャージ方式，ガスチャージ方式，クロスチャージ方式の3種類があります。

4 液チャージ方式

液チャージ方式では，感温筒内は常に飽和圧力に保たれています。その理由は，感温筒内の封入冷媒は蒸気と一部液体で常時存在するのに必要な量が充てんされているからです。したがって，感温筒温度よりも弁本体の温度が低くなったとしても動作するため，蒸発温度範囲を広くすることができます。

ただし，冷凍装置の始動時には弁が大きく開いているため，冷媒流量が多くなりすぎることで圧縮機用電動機に大きな負荷がかかります。封入冷媒圧力が大きく上昇するくらいに感温筒温度が過度に上昇するとダイアフラムが破損するため，感温筒の許容上限温度は40～60℃程度とされています。

●液チャージ方式

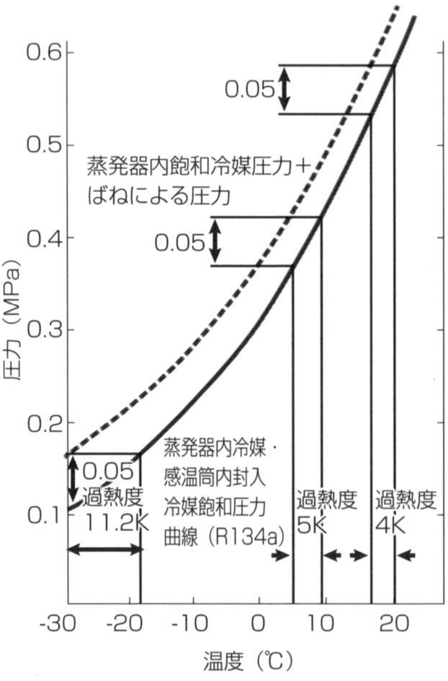

●液ガス熱交換器併用の場合

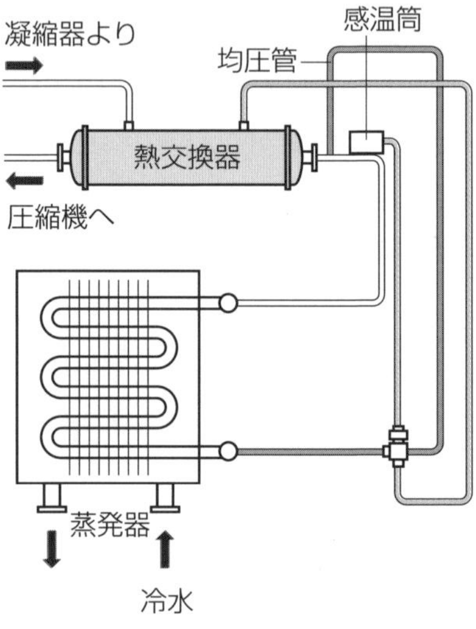

5 ガスチャージ方式

ガスチャージ方式では，冷媒液の封入量は少なく設定してあります。感温筒の温度が限界を超えて上昇すると，感温筒内の冷媒がすべて蒸発するので，圧力はほとんど上がらなくなります。温度が上昇しても圧力がほとんど上昇しない限界の圧力を**最高作動圧力**（MOP）といい，こうした方式を採用した膨張弁のことを**MOP付温度自動膨張弁**と呼びます。

圧縮機用電動機の過負荷や始動時の液戻りを防止することができ，ヒートポンプ装置のように感温筒温度が高温になっても**ダイアフラムが破損しない**メリットがあります。

ただし，ダイアフラムの受圧部（弁本体）の温度を**常に感温筒温度よりも高く**しておかないと感温筒内が飽和圧力を保持できず，**膨張弁が正常に作動しなくなる欠点**もあります。

●ガスチャージ方式

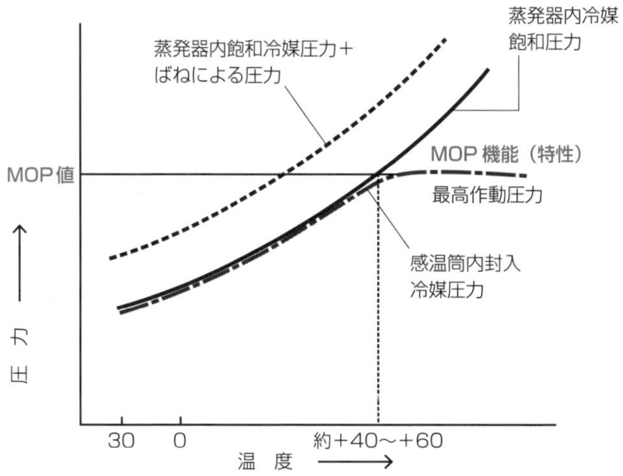

補足

液ガス熱交換器併用の場合

フルオロカーボン冷凍装置では，吸込み管に液ガス熱交換器を用いる際には，圧縮機側には外部均圧管を，蒸発器出口管部には感温筒を取り付けるようにします。

MOP

Maximum（最高）
Operating（作動）
Pressurs（圧縮）
の略で，最高作動圧力のことです。温度が上昇しても圧力がほとんど上昇しない限界の圧力を意味します。

6 クロスチャージ方式

クロスチャージ方式で特徴的なのは，冷凍装置で用いられている冷媒とは異なる**飽和圧力特性を持つ媒体**が感温筒内にチャージされていることです。感温筒圧力が冷凍装置の冷媒曲線よりも緩やかになっており，一般的な傾向として蒸発温度が**高温の場合には過熱度が大きく，低温の場合には過熱度が小さく**なります。すなわち，感温筒内の媒体は温度と圧力の管径が**低温から高温までほぼ比例するような媒体を封入**しているのです。

温度帯域によって過熱度が大きく変わることがないので，低温から比較的高温まで同じような**過熱度設定値を保持**できます。また，高温時には冷媒流量の制限によって**液戻りや圧縮機用電動機の過負荷を防止**することができます。

クロスチャージ方式は低温用冷凍装置に向いています。広範囲の蒸発温度で運転される冷凍装置に対しても設定した**過熱度の変化が少ない**ためです。

●クロスチャージ方式

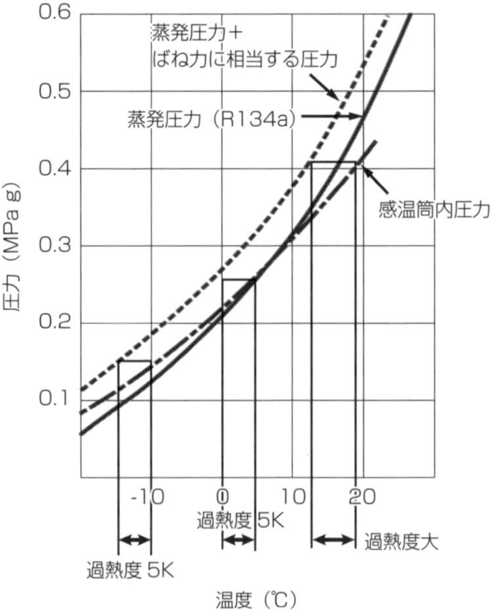

チャレンジ問題

問1

難　中　易

以下の記述のうち，正しいものはどれか。

(1) 蒸発器出口の冷媒速度を計測する機器を，感速筒という。

(2) 感温筒が正しく機能しないと，液戻りや冷凍装置が冷えないといったトラブルの原因となる。

(3) 吸込み管径が20mm以下の場合に，感温筒は管の斜め下に取り付ける。

(4) 感温筒は冷却コイルなどの近くでも設置することができる。

解説

感温筒内の冷媒が漏えいした場合には膨張弁が閉じて冷凍装置が冷えなくなり，感温筒が吸込み管から外れてしまうと膨張弁が開きすぎて液戻りの原因になります。

解答 (2)

問2

難　中　易

以下の記述のうち，正しいものはどれか。

(1) 液チャージ方式における感温筒の許容上限温度は，70～90℃程度である。

(2) ガスチャージ方式では冷媒液が多く封入されている。

(3) クロスチャージ方式では，冷凍装置用冷媒と同じものが感温筒内にチャージされている。

(4) MOP付温度自動膨張弁は，最高作動圧力を利用している。

解説

MOP付温度自動膨張弁は，温度が上昇しても圧力がほとんど上昇しない限界の圧力（最高作動圧力）を利用しています。

解答 (4)

定圧自動膨張弁と手動膨張弁

1 定圧自動膨張弁

蒸発圧力が常に一定になるように**冷媒流量を調整する**自動膨張弁を，**定圧自動膨張弁**といいます。蒸発圧力が設定値を**下回ると開き，上回ると閉じて蒸発圧力を一定に**します。ただし，蒸発器出口冷媒の過熱度は定圧自動膨張弁では制御できないため，**小型・小容量で冷凍負荷の変動が少ない冷凍装置**に用いられています。

●定圧自動膨張弁

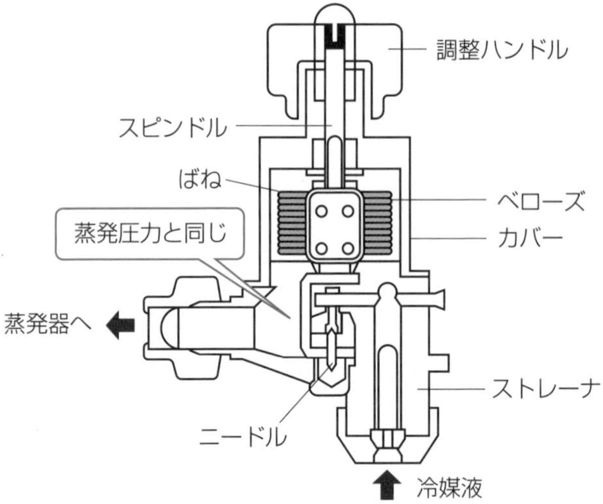

始動時は蒸発圧が高いため，弁は全閉となり低くなろうとする。また，温度の高い蒸発器で停止後に始動する際，弁は全閉から始動する

2 手動膨張弁

手動膨張弁は**ニードル弁**（弁体を針状にして流量を微量調整できる弁）を用いて**冷媒の絞り作用を手動で調整**するもので，過熱度や蒸発圧力は制御できません。また，外形が定圧自動膨張弁と同じなので間違えないよう注意する必要があります。

チャレンジ問題

問1

難 中 **易**

以下の記述のうち，正しいものはどれか。

(1) 定圧自動膨張弁は，冷媒速度が常に一定になるよう自動調整する弁である。
(2) 定圧自動膨張弁は，蒸発圧力が設定値を下回ると閉じる。
(3) 定圧自動膨張弁は，蒸発圧力が設定値を上回ると開く。
(4) 冷凍負荷変動が少ない冷凍装置に向いているのは定圧自動膨張弁である。

解説

定圧自動膨張弁は蒸発器出口冷媒の過熱度を制御できないため，小型・小容量，冷凍負荷の変動が少ない冷凍装置に用いられます。

解答 (4)

問2

難 中 **易**

以下の記述のうち，正しいものはどれか。

(1) 定圧自動膨張弁は，調整ハンドル，フロート弁，スピンドルなどから構成されている。
(2) 手動膨張弁と定圧自動膨張弁とでは，外形が大きく異なる。
(3) 手動膨張弁は過熱度や蒸発圧力を調整できない。
(4) 冷媒速度を手動で調整する弁を，手動膨張弁という。

解説

手動膨張弁には，過熱度や蒸発圧力を制御できる機能はないので注意が必要です。

解答 (3)

キャピラリチューブと電子膨張弁

1 キャピラリチューブ

キャピラリチューブ（毛細管）は内径約0.6～2 mm，長さは約0.3～1 mの細い銅管で冷媒の流れ抵抗による圧力降下を利用し，絞り膨張を行います。家庭用電気冷蔵庫やエアコンなど小型の冷凍装置において膨張弁の役割を果たします。絞りは固定ですが，自己制御の現象により冷媒量はほぼ一定となります。

冷媒流量はチューブの長さと口径，チューブ入口の過冷却度と冷媒圧力によって決まるため，過熱度は制御できません。

●キャピラリチューブ

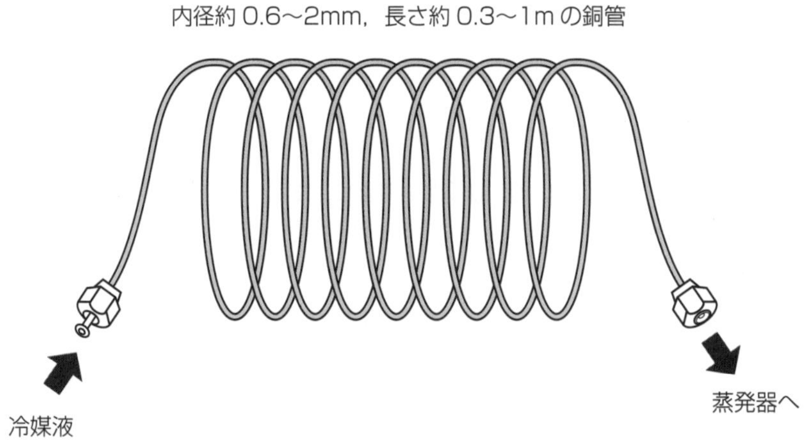

冷媒流量は高圧（凝縮圧）と低圧（蒸発圧）との差で変化します。しかし，たとえば高圧が高くなり，差圧が大きくなって流量が増加しようとすると抵抗が大きくなり，流量が制限されます。逆に差圧が小さくなり流量が減少しようとすると抵抗が小さくなり，流量が増加します。

2 電子膨張弁

電子膨張弁は温度センサによって蒸発器出口と入口の温度を計測し，その値を電子制御装置で演算処理して過熱度を正確に調整する自動膨張弁です。温度センサは，温度自動膨張弁の感温筒の代わりとなるものです。

圧縮機の回転速度によって能力変化や庫内温度の変化が生じた場合でも，過熱度は正確に制御できます。蒸発範囲が低温から高温まで，広い範囲で使用可能です。

また，弁の駆動方式にはステッピングモータ方式や電磁ソレノイド方式，バイメタル方式などがあります。電子膨張弁には専用の電子式制御装置が必要で，メーカーによって独自機能が搭載されているため，注意が必要です。

補足

キャピラリチューブの流量

装置の冷媒充てん量によってキャピラリチューブの流量は大きく影響されます。現状，試験出題においては,「冷媒液（高圧液）に影響される」と表現されています。

チャレンジ問題

問1 難 中 易

以下の記述のうち，正しいものはどれか。

(1) キャピラリチューブでは過熱度は制御できない。

(2) キャピラリチューブは大型冷凍装置に用いられ，膨張弁の役割を果たす。

(3) キャピラリチューブは約0.6～2mmの内径，約0.3～1mの長さの鉄管である。

(4) キャピラリチューブの絞りは固定されていない。

解説

冷媒流量はチューブの長さと口径，チューブ入口の過冷却度と冷媒圧力によって決まるため，キャピラリチューブでは制御できません。

解答 (1)

第5章 保安管理技術：膨張弁と自動制御機器

2 自動制御機器

まとめ＆丸暗記　この節の学習内容とまとめ

□ 圧力調整弁	冷凍装置の低圧部や高圧部の圧力を適正に制御する弁のことで，以下の４つの種類がある 凝縮圧力調整弁 凝縮圧力が設定圧力以下にならないよう作動する 冷却水調整弁 凝縮圧力が一定になるよう冷却水量を調整する 蒸発圧力調整弁 蒸発器の蒸発圧力が設定圧力以下にならぬよう調整 吸入圧力調整弁 圧縮機の吸込み圧力が設定よりも上がらぬよう調整
□ 圧力スイッチ	流体圧力を検知し電気回路の接点を開閉することで電磁弁や圧縮機駆動用電動機などを調整し，冷凍装置を保護する役割を持つスイッチ。低圧圧力スイッチ，高圧圧力スイッチ，高低圧圧力スイッチ，油圧保護圧力スイッチなどがある
□ 四方切換弁	冷媒の流れを切り換えるための弁（暖房運転時の霜取り運転など）
□ 電磁弁	電気信号によって配管中の冷媒，水，油，ブラインなどの流れを開閉して自動運転を行う
□ 断水リレー	断水や減水時に電気回路を遮断して圧縮機を停止させたり，警報を出したりして過冷却や凍結事故を防ぐスイッチ
□ フロート液面レベル制御	満液式蒸発器や冷媒液強制循環式蒸発器などで用られるフロート弁やフロートスイッチ

圧力調整弁

1 圧力調整弁の役割

冷凍装置の低圧部や高圧部の**圧力を適正に制御**する弁のことを，**圧力調整弁**といいます。

冷凍装置の運転や温度調整には，温度検知よりも圧力検知の方が応答性が速く制御しやすいため，広く利用されています。圧力調整弁には，以下の４つの種類があります。

2 凝縮圧力調整弁

凝縮器の**出口液配管**に取り付け，凝縮圧力が設定圧力以下にならないよう作動する**自動調整弁**のことを**凝縮圧力調整弁**といいます。

空冷凝縮器は，冬季運転中に外気温度低下の影響を受けて**凝縮圧力が異常な値まで低下**することがあります。そうなると，膨張弁前後の圧力差が小さくなって冷媒供給量が不足し，冷凍能力が低下します。この**凝縮圧力の低下を防ぐ**ため，凝縮圧力調整弁が取り付けられるのです。

凝縮圧力が設定圧力以下になると，弁が凝縮器から流出する冷媒液を絞り，圧縮機からの吐出しガス（ホットガス）を受液器にバイパスして凝縮器に冷媒液が多くたまるようにします。この動作によって，凝縮に有効な伝熱面積を減少させることで所定の圧力よりも下がらないように維持します。

補足

CPR弁

凝縮圧力調整弁のことをCPR弁ともいいます。
Condensation（凝縮）
Pres-sure（圧縮）
Regulator（レギュレータ）の略。

凝縮圧力調整弁の使用目的

年間運転される冷凍装置や，寒冷地などで外気温が異常に低下する場合に使用されます。

●凝縮圧力調整弁

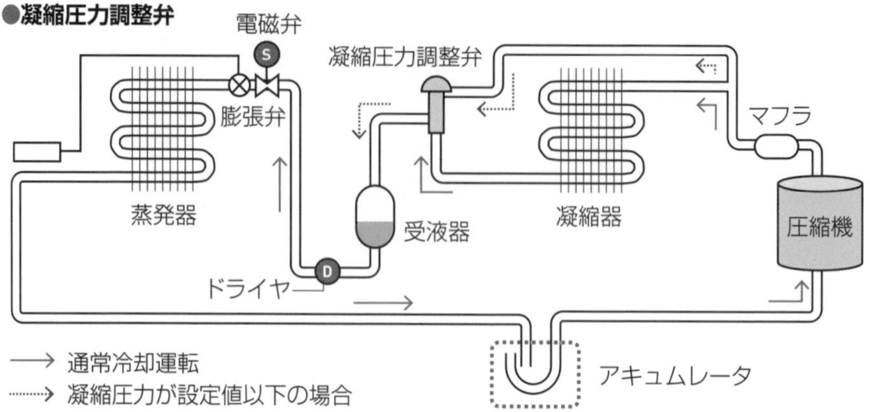

●凝縮圧力調整弁の構造

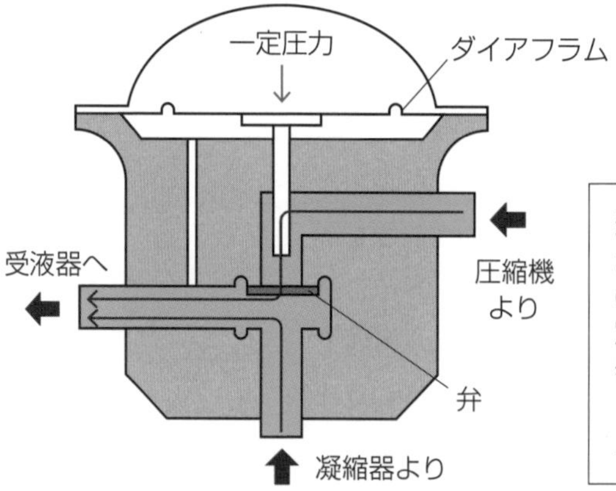

通常運転状態では，冷媒は凝縮器から受液器へ流れているが，気温の低い冬季などでは凝縮圧力が設定圧力以下にならないように凝縮器からの冷媒液を絞り，圧縮機からのホットガスを受液器にバイパスし，受液器内の高圧を維持する

3 冷却水調整弁

水冷凝縮器で冷却水温度の変動や負荷変動が発生したときに，**凝縮圧力が一定になるよう冷却水量を調整**する弁を，**冷却水調整弁**といいます。冷却水温が低い場合には圧力が異常に下がり，膨張弁を流れる冷媒量が減少するため，高圧が一定になるように調整します。

反対に，冷却水温が高い場合には弁がさらに開くことで高圧を一定に保ちます。この弁は，凝縮器の冷却水出口側に取り付けます。なお，冷却水調整弁には，**圧力作動形**と**温度作動形**の２つの形式があります。

4 蒸発圧力調整弁

蒸発器の**蒸発圧力が設定圧力以下にならないようにする自動制御弁**のことを**蒸発圧力調整弁**といいます。蒸発器の出口配管に取り付け，蒸発圧力が設定圧力よりも低下した際に**弁が閉じて蒸発量を抑制**します。

水やブライン冷却器などで，冷媒温度の低下を抑えて**流体が凍結することを防ぎ**ます。冷蔵倉庫などで蒸発圧力の異常低下を防止して冷却空気の温度低下を抑制し，野菜など庫内に保管してある保管品の**冷やしすぎも防止**します。

このほか，1台の圧縮機で複数の蒸発温度の蒸発器がある冷凍装置では，蒸発圧力調整弁を蒸発温度が高い蒸発器側の出口配管に取り付けることで，**各蒸発器を異なる蒸発温度に設定**することが可能となります。

●蒸発圧力調整弁

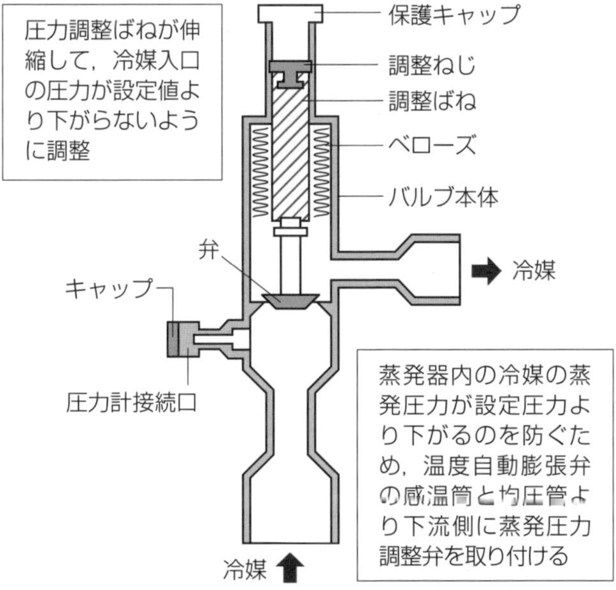

圧力調整ばねが伸縮して，冷媒入口の圧力が設定値より下がらないように調整
保護キャップ
調整ねじ
調整ばね
ベローズ
バルブ本体
弁
冷媒
キャップ
圧力計接続口
蒸発器内の冷媒の蒸発圧力が設定圧力より下がるのを防ぐため，温度自動膨張弁の感温筒と均圧管より下流側に蒸発圧力調整弁を取り付ける
冷媒

補足

制水弁／節水弁
冷却水量を調整する役割を持つ冷却水調整弁は，制水弁もしくは節水弁といわれています。

冷却水調整弁の圧力作動形
凝縮圧力を感知し，設定圧力より低下した際に冷却水量を絞って凝縮能力を減少させ，凝縮圧力を保持する方式を圧力作動形といいます。

冷却水調整弁の温度作動形
冷却水温度を感知し，設定水温より低下した際に冷却水量を絞って凝縮能力を減少させ，凝縮圧力を保持する方式を温度作動形といいます。

EPR弁
蒸発圧力調整弁のことをEPR弁ともいいます。
Evaporative（蒸発）
Pressure（圧縮）
Regulator（レギュレータ）の略。

この蒸発圧力調整弁を用いると，単一の蒸発器を持った冷凍装置だけでなく，**複数の蒸発器を持つ冷凍装置**で，かつ，それぞれに**設定蒸発温度が異なる蒸発器を 1 台の圧縮機**で運転することができます。

高温・中温蒸発器より冷媒が逆流しないよう，低温蒸発器の**蒸発器出口に逆止弁**を取り付けます。また，蒸発温度が必要以上に下がるとその蒸発器を取り付けてある室温が必要以上に下がってしまうため，一方の高温・中温蒸発器には蒸発温度が下がりすぎないよう，それぞれの**蒸発器出口に蒸発圧力調整弁**を取り付けます。

●蒸発圧力調整弁の使用例

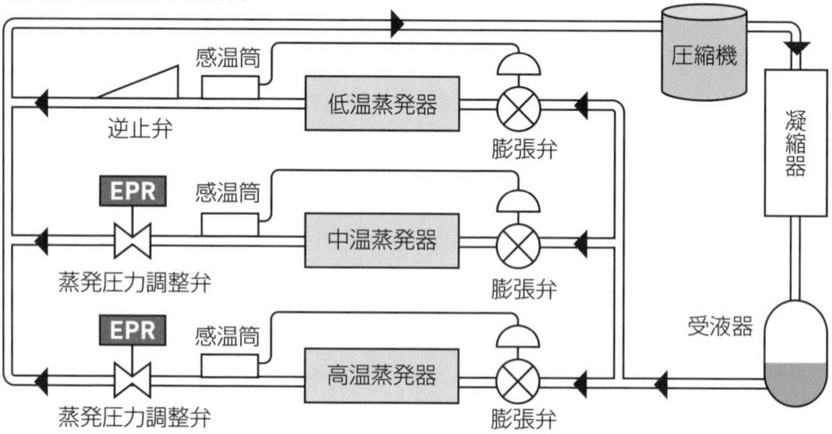

低温蒸発器…蒸発器出口に逆止弁を付け，高・中温蒸発器からの冷媒逆流を防止
高・中温蒸発器…蒸発器出口に蒸発圧力調整弁を付け，蒸発温度の低下を防止

5 吸入圧力調整弁

吸入圧力調整弁は圧縮機の**吸込み圧力が設定よりも上がらない**ようにする自動制御弁で，蒸発器の出口配管に取り付けます。

吸込み蒸気の比体積は，吸込み圧力が高いほど小さくなり，所要動力が上がってしまいます。このときに弁を閉じることで，吸込み圧力を下げるように作動します。吸込み圧力が設定よりも高くなった際に，**ばね力**によって弁を閉じることで，吸込み圧力が低下します。

●**吸入圧力調整弁**

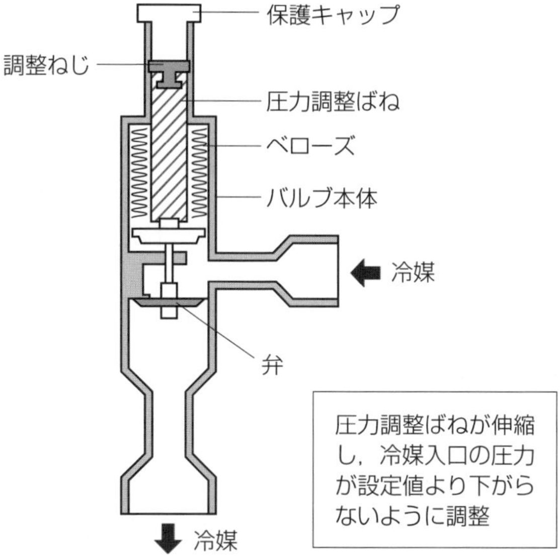

吸入圧力調整弁を圧縮機の吸込み配管に取り付けることによって，**圧縮機の容量抑制**および，**始動時**や蒸発器の**除霜時**の吸込み圧力の上昇を防ぎ，圧縮機駆動用電動機（電気モータ）の**過負荷運転**や**過熱**，**焼損**を防止します。

●**吸入圧力調整弁の使用例**

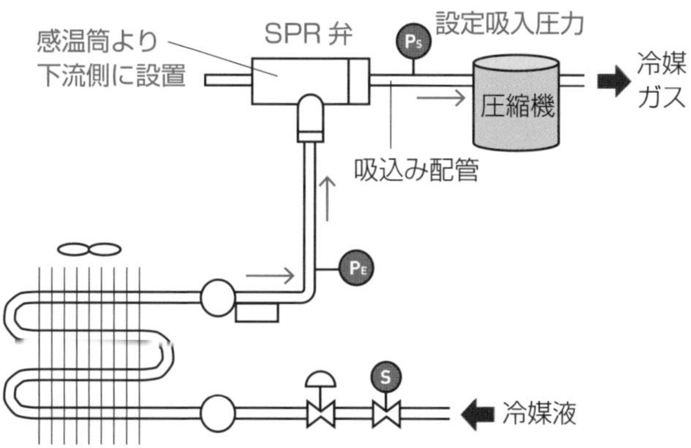

補足

SPR弁

吸入圧力調整弁のことをSPR弁ともいいます。
Suction（吸入）
Pressure（圧縮）
Regulator（レギュレータ）の略。

ばね力

吸込み圧力が高くなったときに，弁を閉じる方向へ働く力のことをばね力といいます。

チャレンジ問題

問1

難 中 **易**

以下の記述のうち，正しいものはどれか。

(1) 冷凍装置の運転や温度調整は，圧力検知より温度検知が多く用いられている。

(2) 凝縮圧力が低下すると膨張弁前後の圧力差が大きくなり冷媒供給量が不足し，冷凍能力が低下するため，凝縮圧力の低下を防ぐために凝縮圧力調整弁が取り付けられる。

(3) 凝縮圧力調整弁は，凝縮器の入口液配管に取り付ける。

(4) 冷却水調整弁は，凝縮圧力が一定になるよう冷却水量を調整する。

解説

冷却水温が低いと圧力が異常に下がって膨張弁を流れる冷媒量が減少するので，高圧が一定になるように調整します。冷却水温が高いと弁がさらに開くことで高圧を一定に保ちます。

解答 (4)

問2

難 **中** 易

以下の記述のうち，正しいものはどれか。

(1) 蒸発圧力調整弁は，蒸発圧力が設定圧力以下にならないように働く。

(2) 1台の圧縮機で複数の蒸発温度の蒸発器がある冷凍装置では，蒸発温度が低い蒸発器側の出口配管に取り付ける。

(3) 吸入圧力調整弁は，圧縮機の吸込み圧力を設定よりも高めに保つ自動制御弁である。

(4) 吸入圧力調整弁は蒸発器の入口配管に取り付ける。

解説

蒸発圧力調整弁は，設定圧力より蒸発圧力が低下したときに弁が閉じて蒸発量を抑制します。

解答 (1)

圧力スイッチ

1 圧力スイッチの役割

圧力スイッチは，冷媒，冷却水，冷水などの**流体圧力を検知して電気回路の接点を開閉**します。電磁弁や圧縮機駆動用電動機などをコントロールすることで，**冷凍装置を保護**します。

おもに，低圧側に使用する**低圧圧力スイッチ**，高圧側に使用する**高圧圧力スイッチ**，両者を一体化した**高低圧圧力スイッチ**，給油圧力を保護するための**油圧保護圧力スイッチ**などの種類があります。

使用目的から見ていくと，**保安用**と**制御用**の2種類があります。保安用は異常な圧力によって作動するもので，手動で運転を再開させる**手動復帰式（リセットボタン付き）**を用います。

制御用は送風機や圧縮機の運転台数を設定圧力によって制御し，能力調整するように作動します。作動後の復帰方法は，**自動復帰式**を用います。

圧力スイッチは，スイッチのオンとオフの作動間に**圧力差**があります。この差を**ディファレンシャル（開閉圧力差）**といいます。使用条件などにより，適正値に設定します。

この値が大きすぎた場合には温度変動や圧力変動が大きくなり，この値が小さすぎると**ハンチング**の原因となります。

いずれにしても，冷凍装置の運転における不具合となりますので，注意が必要です。

補足

冷凍装置における圧力スイッチの役割

圧縮機の吐出し圧力防止のほか，吸込み圧力低下や油圧低下への保護などに使用します。

手動復帰式

異常な圧力によって作動したあと，圧力が正常に戻ってもスイッチ接点は作動（=復帰）しない方式のものを手動復帰式といいます。

自動復帰式

異常な圧力によって作動したあと，圧力が正常に戻った際にスイッチ接点が元の状態に戻って作動（=復帰）する方式のものを自動復帰式といいます。

2 高圧圧力スイッチ

高圧圧力スイッチは，高圧遮断装置のひとつで，HP(High Pressure)スイッチ，あるいは高圧圧力開閉器ともいわれます。圧縮機吐出し圧力（高圧圧力）が設定値以上に上昇したときに作動し，圧縮機を停止させます。原則として，手動復帰式（リセットボタン付き）を用います。

●高圧圧力スイッチ

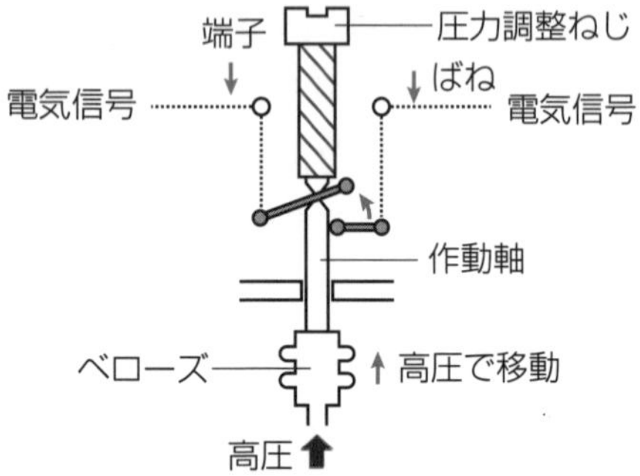

3 低圧圧力スイッチ

低圧圧力スイッチは，圧縮機吸込み圧力（低圧圧力）が設定値以下になると作動し，圧縮機を停止または発停させるもので，自動復帰式を用います。

高圧圧力スイッチ，低圧圧力スイッチともにスイッチのオンオフが頻繁に発生すると圧縮機が故障する原因になるため，ディファレンシャルを設けています。

●圧力スイッチのディファレンシャル（開閉圧力差）

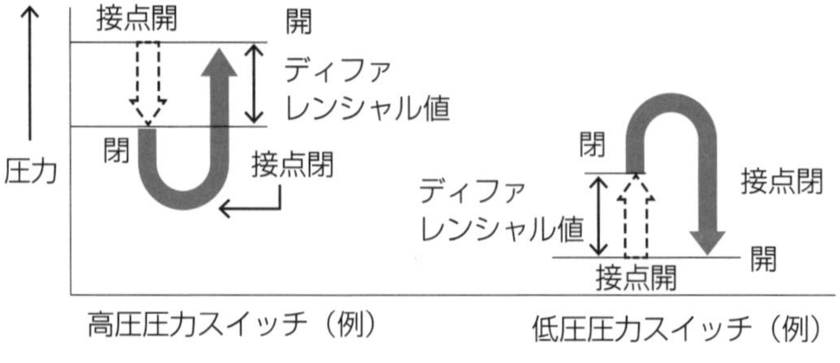

4 高低圧圧力スイッチ

高低圧圧力スイッチは，高圧圧力スイッチと低圧圧力スイッチを一体化したものです。各機能は同じで，高圧側は手動復帰式，低圧側は自動復帰式となっています。一体化のため装置を小型にすることが可能です。

5 油圧保護圧力スイッチ

給油ポンプ内蔵型の圧縮機の場合，給油圧力が設定値より低下すると，圧縮機の焼き付きが発生することがあります。給油圧力が設定値以下となり，一定時間持続したときに作動し，焼き付きを防止するのが油圧保護圧力スイッチです。作動後は，手動復帰式で復帰します。給油圧力は低圧と給油ポンプの吐出し圧力の差圧であり，この値は一般的に0.15～0.4MPaです。

この数値以下になってから90秒後にスイッチが作動して圧縮機を停止させます。

●油圧保護圧力スイッチの動作原理

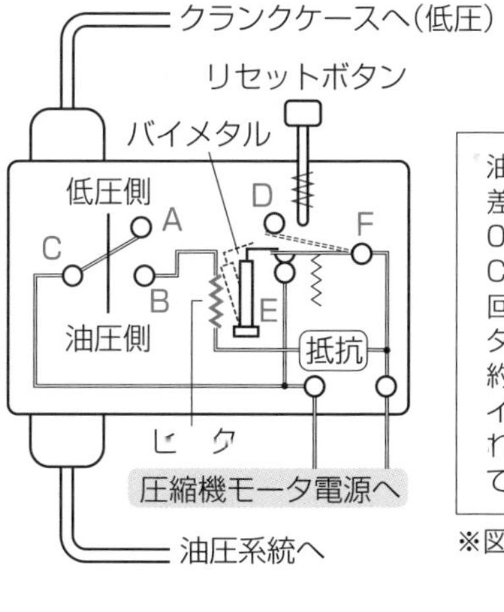

油圧と低圧圧力との圧力差が設定値の0.15～0.4MPa以下になると，C-B間が通電し，ヒータ回路に接続されてバイメタルが過熱されることで約90秒経過後にこのバイメタルが湾曲する。これによってE-F間が開いて圧縮機が停止する

※図は正常運転時

補足

冷凍保安規則における高圧圧力スイッチ

高圧圧力スイッチは，冷凍保安規則関係例示基準では，「冷凍装置を許容圧力以下に戻すことができる安全装置」のひとつとして取り付けることとなっている，安全装置としてもっとも重要なものです。

チャレンジ問題

問1

難 中 **易**

以下の記述のうち，正しいものはどれか。

(1) 圧力スイッチは，いずれも作動後に圧力が正常に戻ると自動的に復帰する。
(2) 使用目的から見た圧力スイッチは，制御用と保安用の2種類に分かれる。
(3) スイッチのディファレンシャル値が大きすぎると，ハンチングの原因となる。
(4) 高圧圧力スイッチは，圧縮機吸込み圧力が設定値以下になると作動する。

解説

制御用は送風機や圧縮機の運転台数を設定圧力によって制御し，能力調整するように作動，そして保安用は異常な圧力によって作動するものです。

解答 (2)

問2

難 中 **易**

以下の記述のうち，正しいものはどれか。

(1) 低圧圧力スイッチは，圧縮機吐出し圧力が設定値以上になると作動する。
(2) 高低圧圧力スイッチは，高圧圧力スイッチと低圧圧力スイッチを一体化したため装置は大きくなっている。
(3) 油圧保護圧力スイッチは，設定数値以下になってから1分15秒後にスイッチが作動して圧縮機を停止させる。
(4) 油圧保護圧力スイッチの給油圧力の差圧は，一般的には0.15～0.4MPaに設定されている。

解説

給油ポンプ内蔵型の圧縮機は，給油圧力の差圧を0.15～0.4MPa程度に設定し圧縮機の焼き付きを防止しています。

解答 (4)

四方切換弁および電磁弁と断水リレー

1　四方切換弁（四方弁）

冷凍サイクルにおける冷媒の流れを切り換えて，**凝縮器と蒸発器の役割を逆に**したり，**蒸発器にホットガスを送り込んだり**する弁のことを**四方切換弁**（**四方弁**）といいます。暖房運転時の霜取り運転，冷暖房兼ヒートポンプ装置やホットガスデフロスト装置などで用いられます。

四方切換弁は，内部に**スライド弁**が組み込まれた**主弁**と，この主弁を動かすための**電磁パイロット弁**で構成されています。電気信号によってパイロット弁に接続されている電磁部を切り換えると，装置内の吐出し側と吸込み側との圧力差によって主弁であるスライド弁が動作します。

四方切換弁には，4つの配管接続口がありますが，このうちの2つは圧縮機吐出し口接続口と圧縮機吸込み口接続口が決まっています。あとの残り2つは，**冷房時**（室内側熱交換器，すなわち蒸発器）と**暖房時**（室外側熱交換器，すなわち加熱器）で**配管の流れを切り換え**ます。

この動きによって**冷媒の流れを変更**することができますが，切換え時に主弁の内部でわずかに**冷媒の漏れ**が起こります。したがって，高圧と低圧の差圧が不十分だとうまく切り換わらないので注意が必要です。一般的に，**0.25MPa以上の圧力差**が必要です。

なお，冷房装置では，**ガスデフロスト装置**などで，四方切換弁（四方弁）を切り換えて**除霜**します。

補足

冷房と暖房の運転切換えの“かなめ”

四方切換弁（四方弁）を切り換えることで夏は冷房，冬は暖房に切り換えることができます。空調機の場合，夏は室内機が蒸発器になって冷房し，冬は凝縮器になって凝縮熱で暖房します。

●**四方切換弁（冷房時）**　冷媒の流れ…圧縮機→屋外機→キャピラリチューブ→屋内機→圧縮機

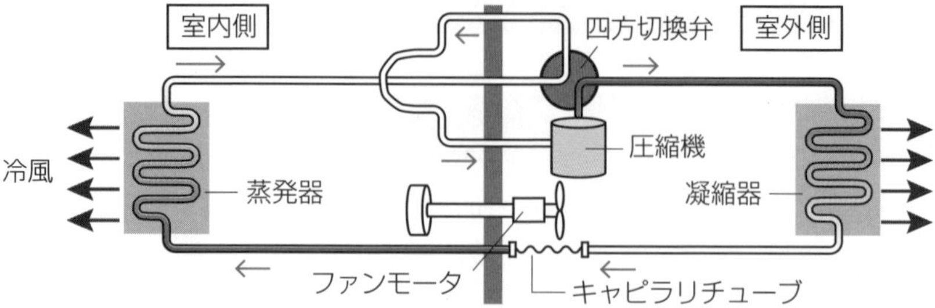

●**四方切換弁（暖房時）**　冷媒の流れ…圧縮機→屋内機→キャピラリチューブ→屋外機→圧縮機

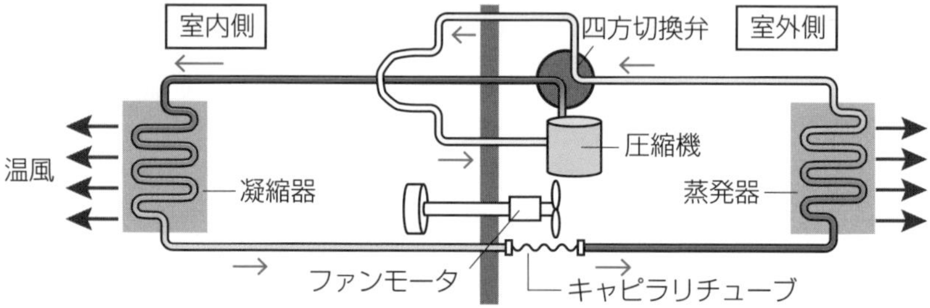

2　電磁弁

電磁弁はSV（ソレノイド）弁とも呼ばれる自動弁で，電気信号によって配管中の冷媒，水，油，ブラインなどの流れを**開閉（オン／オフ）**して自動運転を行います。冷媒管内に異物がある場合には，装置の運転中に移動してきた異物が電磁弁に詰まり，圧縮機の故障原因となります。電磁弁の手前に**ストレーナ**を取り付けることで詰まりを予防することができます。

電磁弁は，構造的に**直動式**と**パイロット式**に分かれています。直動式では，電磁コイルに通電すると**電磁石プランジャと一体型の主弁**が動いて弁が開きます。電気を切ると，反対にプランジャと弁が**自重で閉じる**ことで流れを止めます。小型電磁弁に使用され，弁前後の**圧力差は0でも動作**します。

主弁とプランジャが分離しているパイロット式では，電磁コイルがプランジャを動かしてから流体前後の圧力差で主弁が開きます。プランジャと主弁が重い**大型電磁弁に使用**され，作動に必要な差圧は**7～30KPa以上**です。

●直動式電磁弁

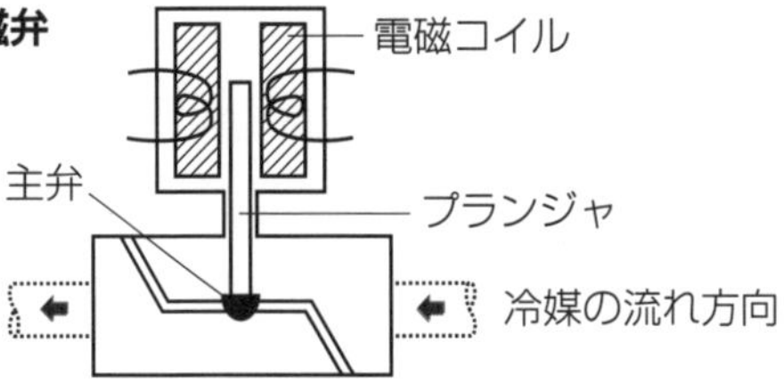

●パイロット式電磁弁

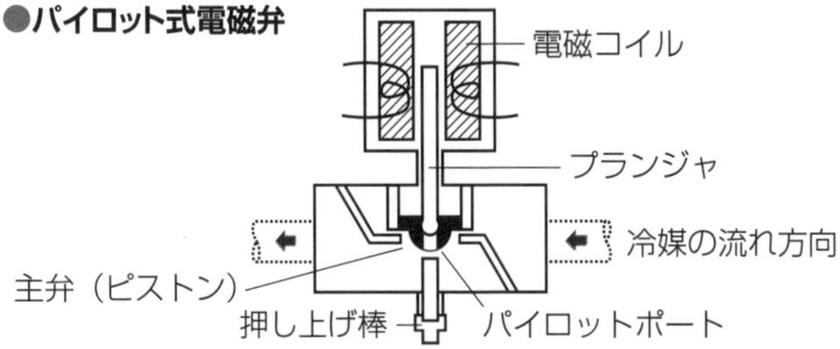

3 断水リレー

水冷式凝縮器で断水や減水時に電気回路を遮断して圧縮機を停止させたり，警報を出したりして過冷却や凍結事故を防ぐためのスイッチを**断水リレー**といいます。断水リレーには，**圧力式断水リレー**と**フロースイッチ**の2種類があります。

圧力式断水リレーは，冷却水や冷水の入口と出口との差圧を検知し，**差圧が低下した場合**に作動します。水冷式凝縮器では，冷却水量が低下すると圧縮機を停止させ，水やブライン冷却器では水量が減少すると圧縮機を停止させます。

フロースイッチは，冷却水や冷水の入口（または出口配管内）に**パドル（水かき）**を設置してパドルの動きに応じてスイッチを作動させる方式で，水量の減少や断水が発生すると作動します。水冷式凝縮器では冷却水量が低下すると圧縮機を停止させ，水やブライン冷却器では水量が減少すると圧縮機を停止させます。

補足

ストレーナ

配管内を流れる冷媒や水，油などには配管内の腐食ではがれたゴミなどが混入することがあります。流体に含まれるこうした異物やゴミをろ過する網状の器具を，ストレーナといいます。

チャレンジ問題

問1

難　中　易

以下の記述のうち，正しいものはどれか。

(1) 四方切換弁は「しほうきりかえべん」と読む。
(2) 四方切換弁は暖房運転時の霜取り運転，冷暖房兼ヒートポンプ装置やホットガスデフロスト装置などに用いられる。
(3) 装置の吐出し側と吸込み側の圧力差によって作動する四方切換弁には，一般的に0.75MPa以上の圧力差が必要である。
(4) 四方切換弁は，小さな圧力差でも作動可能である。

解説

四方切換弁は冷媒の流れを切り換えて蒸発器にホットガスを送り込んだり，凝縮器と蒸発器の役割を逆にしたりすることができるので，暖房運転時の霜取り運転などに活用されています。

解答 (2)

問2

難　中　易

以下の記述のうち，正しいものはどれか。

(1) 電気信号で配管中の冷媒，水，油，ブラインなどの流れを開閉して自動運転を行う自動弁のことを，電磁弁という。
(2) 電磁弁には，構造的に直接式と間接式の2種類がある。
(3) フロースイッチは，冷却水や冷水の入口のみにパドル（水かき）を設置する。
(4) 断水リレーには，フロースイッチとストックスイッチの2種類がある。

解説

電磁弁は電磁石と弁を組み合わせて空気や水などの流体を流したり，止めたり，流れの方向を切り換えます。

解答 (1)

フロート液面レベル制御

1 フロート液面レベル制御とは

液面を一定に保つ必要がある満液式蒸発器や冷媒液強制循環蒸発器などでは，**フロート液面レベル制御**として**フロートスイッチ**や**フロート弁**などがあります。

2 フロート弁

フロート弁は，冷媒液面上に浮いている状態のフ**ロート（液面レベルの変動を検出する球状の金属密閉された浮子）の位置変化**によって液面レベルの変動を検出し，弁の開度を変えて液面の高さを一定に保つ自動弁です。フロートの上下変動に対応して弁の開度を調整し送液されるので，**フロートスイッチ**よりも液面の変動が小さくなります。これは，液分離器や油分離器でも液面の一定保持や液を容器から排出する場合にも用いられています。

なお，フロート弁には，高圧側に取り付ける**高圧フロート弁**と，低圧側に取り付ける**低圧フロート弁**の2種類があります。

3 高圧フロート弁

高圧フロート弁はおもに遠心式冷凍装置の自動膨張弁に使用されているもので，高圧受液器や凝縮器の液面レベルを一定に保ちつつ，蒸発器に対する送液量を絞り膨張させます。**液面が上昇すると弁を開きます。**

補足

フロート
球状の金属密閉された浮子で，冷媒液面上に浮いていて液面レベルの変動を検出する装置をフロートといいます。

フロートスイッチ
→P143参照

高圧フロート弁の構成
フロートと，機械的なリンク機構に連結された弁とで構成されます。蒸発器への送液量を絞り膨張させる自力式自動弁です。

●高圧フロート弁

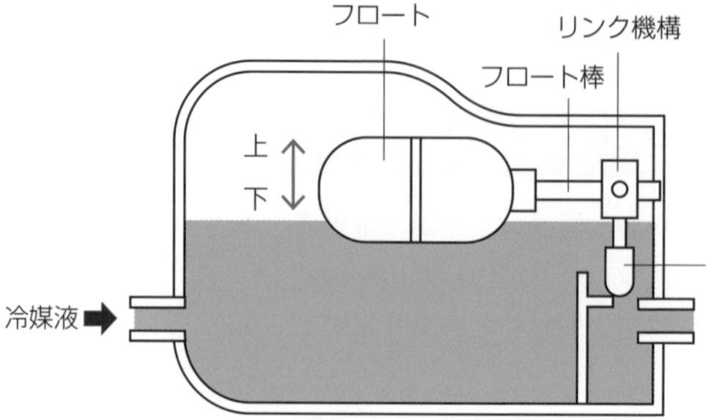

おもに遠心式冷凍装置の自動膨張弁として使用されている

4 低圧フロート弁

低圧フロート弁は蒸発器内の液面レベルを一定に保ちつつ，蒸発器に絞り膨張させます。満液式シェルアンドチューブ蒸発器や低圧受液器などに使用され，**満液式の蒸発器近くに設置**されます。

●低圧フロート弁

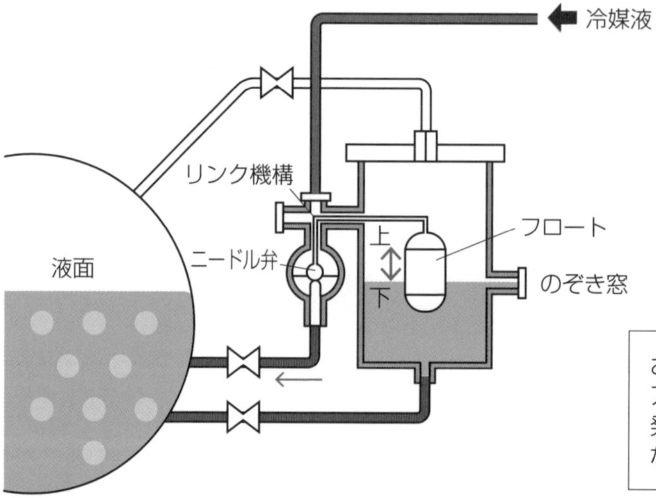

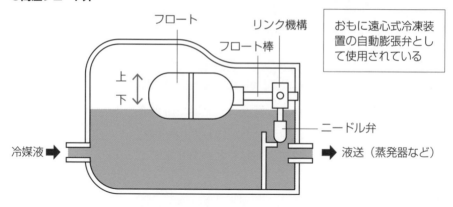

おもに満液シェルアンドチューブ蒸発器，低圧受液器などに使用する

5 フロートスイッチ

低圧受液器や満液式蒸発器などで液面の高さが上下した際，フロート（浮子）の動きを電気信号に変換して電磁弁を作動させ，**液面調整や警報信号の発信**などを行うスイッチを**フロートスイッチ**といいます。

マグネットの磁力を用いて作動させる**磁力式直接作動形**，鉄心が上下した際の電圧変化によって作動させる**電子遠隔作動形**の２種類があります。

●**フロートスイッチ（磁力式直接作動形）**

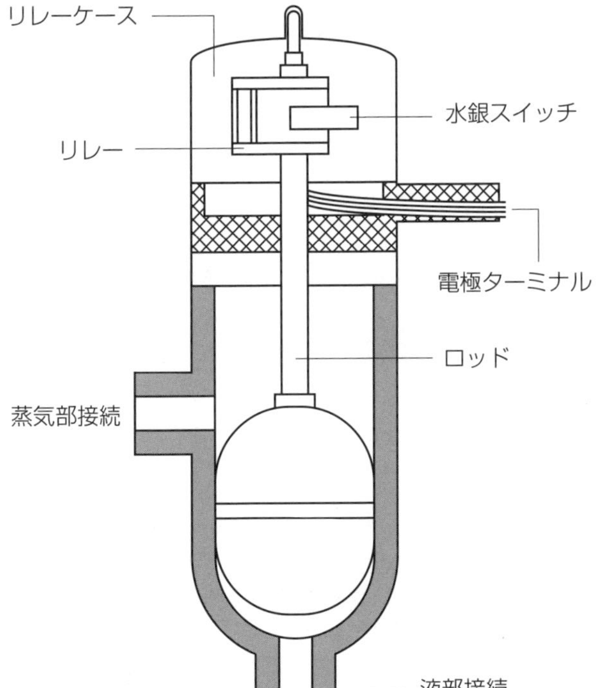

磁力式直接作動形は，フロートの上部の電気接点を永久磁石の磁力により作動させる

補足

フロート弁の構成

フロートと，機械的なリンク機構に連結された弁とで構成されます。高圧では凝縮器や高圧受液器，低圧では蒸発器内の液面レベルを保持しながら，蒸発器への送液量を絞り膨張させる自力式自動弁です。

フロートスイッチの構造

フロートスイッチ内部のフロートに連結されたロッドおよびマグネット，鉄心の上下動作による信号を電気信号として外部に発信します。

チャレンジ問題

問1

難　中　易

以下の記述のうち，正しいものはどれか。

(1) フロート弁は，フロートを利用して液面レベルの変動を検出し，液面の高さを一定に保つ。

(2) 高圧フロート弁は，液面が上昇すると弁を閉じる。

(3) 低圧フロート弁は，満液式の凝縮器の近くに設置する。

(4) フロートスイッチは，フロートが上下に動く際の圧力により弁を作動させる。

解説

フロート弁は，冷媒液面上に浮いている状態のフロートの位置変化で液面レベルの変動を検出し，弁の開度を変えることで液面の高さを一定に保ちます。

解答 (1)

問2

難　中　易

以下の記述のうち，正しいものはどれか。

(1) フロート液面レベル制御としてフロートスイッチやフロート弁などが用いられるのは，乾式蒸発器である。

(2) 高圧フロート弁は，おもに往復式冷凍装置の自動膨張弁に使用されている。

(3) 低圧フロート弁は，自然循環式蒸発器や高圧受液器などに使用される。

(4) 液面調整や警報信号の発信などを行うスイッチをフロートスイッチという。

解説

低圧受液器や満液式蒸発器などで液面の高さが上下した際，フロートの動きを電気信号に変換して電磁弁を作動させ，液面調整や警報信号の発信などを行います。磁力式直接作動形と電子遠隔作動形の2種類があります。

解答 (4)

保安管理技術

第6章

安全装置・圧力容器・冷媒配管

第6章 保安管理技術：安全装置・圧力容器・冷媒配管

1 安全装置

まとめ&丸暗記　この節の学習内容とまとめ

□ 安全装置	「冷凍装置を許容圧力以下に戻すための機器や装置」として，法規に定められる
□ 高圧遮断装置（高圧圧力スイッチ）	圧縮機吐出し圧力（高圧圧力）の異常高圧を検知して作動し，圧縮機を停止する
□ 安全弁	高圧遮断装置が作動しなかった場合に作動する圧縮機用と圧力容器用の安全弁があり，設置基準や口径などが異なる
□ 破裂板	規定の圧力で薄い金属板が破れて内部のガスを放出させて，容器などの破壊を防止する
□ 溶栓	圧力容器などが一定の温度以上になったとき，融点の低い部分が溶解して冷媒を放出して，破損などを防止する
□ 液封事故防止装置	安全弁，破裂板，圧力逃がし装置などで，配管や弁が破壊する事故（液封事故）を防止するもの
□ ガス漏えい検知警報	電気的機構で検知し警報を自動で出す設備。冷凍保安装置 関係例示基準の13項および冷凍空調装置の施設基準で構造，設置箇所，設置個数などの詳細規定がある
□ 限界濃度	空気中に冷媒ガスが漏えいした際，人間が失神や重大な障害を受けずに緊急処理をとったうえで自らも避難可能な濃度

安全装置の種類

1 安全装置とは

冷凍装置が異常状態に陥ったとき，許容圧力以下に戻すための機器や装置のことを安全装置といい，法規では許容圧力以下に戻すことができる装置を指します。

冷凍設備の運転では高圧ガスを発生させるので，事故が大きなものとなる可能性が高くなります。こうした事故を未然に防ぐのが，高圧遮断装置，安全弁，溶栓，破裂板，圧力逃がし装置といった安全装置です。

これらは非常に重要なので，高圧ガス保安法や冷凍保安規則などで詳しく定められています。

補足

安全装置の圧力

安全装置の圧力は，許容圧力を基準にして規定されています。

2 高圧遮断装置

一般的に高圧遮断装置は高圧圧力スイッチを指します。圧縮機吐出し圧力（高圧圧力）の異常高圧を検知して作動し，圧縮機の駆動電動機などを停止します。作動圧力は高圧部の許容圧力以下，かつ，安全弁の吹始め圧力以下の圧力と定められています。

手動復帰式が原則ですが，法定冷凍能力 10t 未満のフルオロカーボン冷媒（可燃性ガスおよび毒性ガス以外）で，自動的に運転と停止を自動的に行っても危険性がない構造のユニット形冷凍装置では，自動復帰式でもよいとされています。

また，圧力スイッチの設定圧の精度は，設定圧力ごとに決められています。

3 安全弁

冷凍装置の圧縮機などの圧力が設定値以上に上昇した際に，まず高圧遮断装置が作動し，圧縮機を停止させます。しかし，この高圧遮断装置が作動しなかった場合に作動するのが**安全弁**です。

安全弁は**圧縮機用**のものと**圧力容器用**のものがあり，口径や設置基準などが異なっています。**圧縮機用安全弁**は，冷凍保安規則関係例示基準によると**法定冷凍能力が20t以上の圧縮機**（遠心式圧縮機は除外）に取り付けることが義務付けられています（ただし20t未満の圧縮機では省略可能）。

圧力容器用安全弁は，冷凍保安規則関係例示基準によると**内容積が500ℓ以上の圧力容器**（シェル型凝縮器および受液器）に取り付けることが義務付けられています（ただし500ℓ未満の圧力容器の場合には溶栓でも可能）。

安全弁の各部ガス通路面積は安全弁の**口径以上**にしたうえで，作動圧力設定後に**封印**できる構造にしなければなりません。作動圧力試験後に，このときの吹始め圧力を消えにくい方法で**本体に表示する**必要があります。

保守管理に関しては，危害予防規程などで冷凍施設の保安上の検査基準では**1年以内ごと**に作動検査を行ったうえで，その**検査記録**を残しておくように規定されています。

また，安全弁には，修理や検査をするときのための**止め弁（元弁）**を取り付けます。止め弁は修理や検査などを行っているとき以外には**常時開**にしておき，**「常時開」の表示**をしておくようにします。

●安全弁の設置基準（冷凍保安規則関係例示基準）

圧縮機用安全弁	法定冷凍能力が20t以上の圧縮機（遠心式圧縮機を除く）には，安全弁（および高圧遮断装置）を取り付けることが義務付けられている	安全弁は，20t未満の圧縮機は省略できる
圧力容器用安全弁	内容積が500ℓ以上の圧力容器（シェル型凝縮器および受液器）には，安全弁を取り付けることが義務付けられている	500ℓ未満の圧力容器は，溶栓でもよいとされている

●安全弁

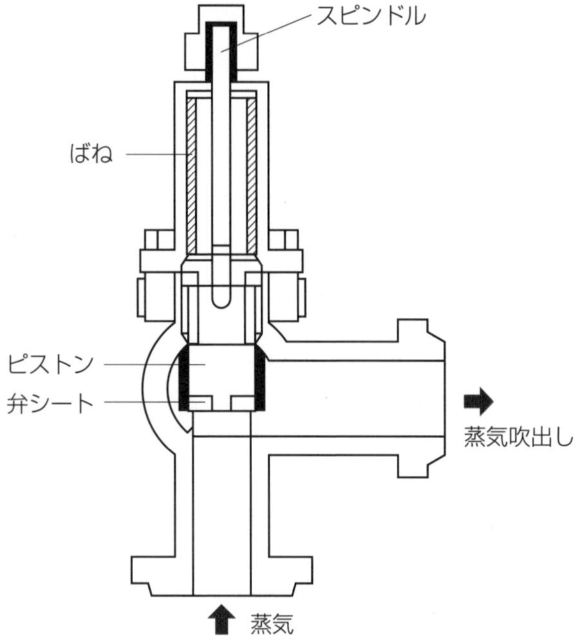

安全弁には，一般的にばね式安全弁が用いられる

4 安全弁の構造と取り付け

安全弁の構造と取り付けに対する必要事項には，以下のようなものがあります。

①取り付ける安全弁の各部のガス通路面積は，安全弁の口径以上であること
②作動圧力を設定後，封印できる構造にすること
③作動圧力を試験し，そこで確認した吹始め圧力を消えにくい方法で本体に表示すること
④500 ℓ 以上の圧力容器のシェル型凝縮器と受液器には安全弁を取り付けること

補足

ばね式安全弁

ばね式安全弁は，作動圧力をばね調整ねじで調整し，動作確認はテストレバーで行います。

5 安全弁の作動圧力

安全弁の作動圧力には**吹始め圧力**と**吹出し圧力**があります。吹始め圧力は内部圧力の上昇によって設定された圧力となり，**微量のガスが吹き出し始めるときの圧力**を意味します。吹出し圧力は吹始め圧力から圧力上昇して安全弁が全開し，**激しくガスが吹き出すときの圧力**を意味します。

冷凍保安規則関係例示基準では，吹始め圧力と吹出し圧力，容器の安全弁の吹出し圧力は以下のようになります。

圧縮機の安全弁の吹出し圧力≦圧縮機の吐出し側の許容圧力×1.2
圧縮機の安全弁の吹出し圧力≦圧縮機の吐出し側の容器の吐出し側の許容圧力×1.2

圧縮機の安全弁の吹出し圧力は，これらのうち低い方の吹出し圧力以下とします。このとき，圧縮機の安全弁の吹始め圧力は以下のようになります。

吹出し圧力≦吹始め圧力×1.15

容器の安全弁の吹出し圧力は，以下のようになります。

高圧部容器の吹出し圧力≦高圧部の許容圧力×1.15
低圧部容器の吹出し圧力≦低圧部の許容圧力×1.10

6 安全弁の最小口径

圧縮機の安全弁は，20t 以上の圧縮機の吐出し部の圧力を**検知**できる場所に取り付けます。安全弁の**口径**は，圧縮機の**ピストン押しのけ量に応じて規定**されています。たとえば，圧縮機の吐出し側が閉止（吐出し側の止め弁の閉止など）されても，**圧縮機吐出しガスの全量**を噴出させることができるように定められています。

また，内容積 500 ℓ 以上の圧力容器に取り付けが義務付けられた安全弁の口径は，容器が表面から加熱（たとえば火災など）されても，内部の冷媒液温の上昇によって**冷媒の飽和圧力が設計圧力より上昇することを防ぐ**ことができるように定められています。

圧縮機に取り付ける安全弁の最小口径は，以下の式で求めることができますが，その口径は**式で得られた値以上**でなければなりません。

$$d_1 = C_1\sqrt{V_1}$$

d_1 ： 安全弁の最小口径［mm］
V_1 ： 標準回転速度における1時間あたりのピストン押しのけ量［m^3/h］
C_1 ： 冷媒の種類による定数

この式から，圧縮機の安全弁の最小口径は，**ピストン押しのけ量の平方根に比例**し，**冷媒の種類に応じて定まる**ということが分かります。

ただし，蒸発温度が－30℃以下になったときは，この口径を定める C_1 についての計算式が定められています。法規上，容器に取り付けることが規定されている安全弁または破裂板の最小口径は，以下のようにして求めます。

$$d_3 = C_3\sqrt{D \cdot L}$$

d_3 ： 安全弁または破裂板の最小口径［mm］
D ： 容器の外径［m］　　L：容器の長さ［m］
C_3 ： 冷媒の種類ごとに高圧部，低圧部に分けて定められた定数

なお，容器を2個以上連結して共通の安全弁を設置するときは，それぞれのD，Lの値を合計したものを式のD・Lとします。

この式から，安全弁または破裂板の最小口径は，容器の**外形と長さの積の平方根**に**正比例**し，高圧部と低圧部の**区別**，**冷媒の種類**によって決まります。

参考として，安全弁の定数一覧表を以下に掲載しておきます。

補足

高圧部と低圧部の口径

高圧部と低圧部で比較すると，口径は多くの冷媒において低圧部の方が大きくなります。

●安全弁口径算出用の定数 C_1 と C_3 の値

冷媒の種類	C_1						C_3							備考
	高圧部						低圧部	高圧部						
	43℃	50℃	55℃	60℃	65℃	70℃		43℃	50℃	55℃	60℃	65℃	70℃	
R22	1.6						11	8						冷凍保安規則関係例示基準8.6項および8.8項に基づく
R114	1.4						19	19						
R500	1.5						11	9						
R502	1.9						11	8						
アンモニア	0.9						11	8						
R32	1.68	1.55	1.46	1.38	1.31	1.24	5.72	5.51	5.30	5.20	5.15	5.20	5.41	関係団体による冷媒定数の標準値
R134a	1.80	1.63	1.52	1.43	1.35	1.27	9.43	8.94	8.30	7.91	7.60	7.35	7.13	
R404A	1.98	1.82	1.72	1.62	1.54	−	8.02	7.78	7.54	7.49	7.58	7.97	−	
R407C	1.65	1.52	1.43	1.35	1.28	1.21	7.28	6.97	6.64	6.45	6.32	6.25	6.27	
R410A	1.85	1.70	1.60	1.51	1.43	−	6.46	6.27	6.10	6.05	6.13	6.45	−	
R507A	2.01	1.85	1.75	1.65	1.56	−	8.03	7.81	7.59	7.56	7.70	8.26	−	
R1234yf	1.97	1.79	1.68	1.58	1.49	1.41	10.18	9.67	9.05	8.71	8.41	8.18	8.01	
R1234ze(E)	1.84	1.66	1.55	1.45	1.36	1.28	11.07	10.43	9.60	9.13	8.70	8.33	8.04	

7 安全弁の放出管

安全弁には**放出管**が設けられており，この放出管は**安全弁の口径以上の内径**とすること，放出管からの**噴出ガスが第三者に直接危害を与えないこと**と，**酸欠のおそれが生じないこと**が必要です。アンモニア冷媒の場合には，**除害設備**を設置し，**無毒化**してから放出します。

●放出管の放出処置

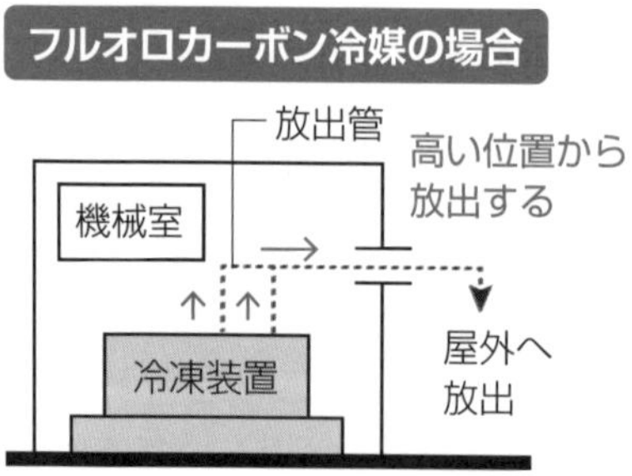

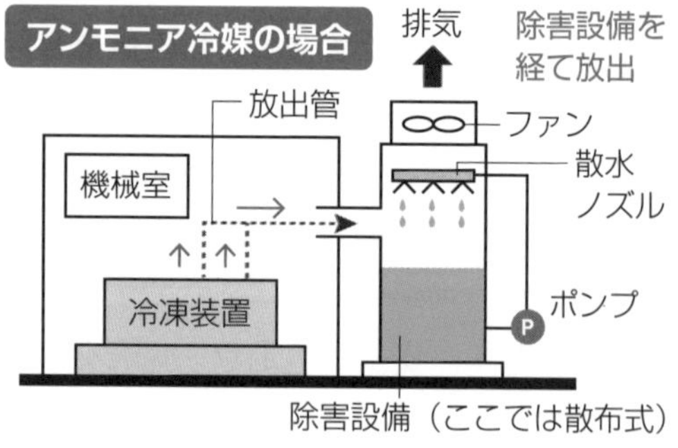

8 破裂板

破裂板は安全弁の一種で，規定の圧力で**薄い金属板**が破れて内部のガスが放出されるしくみになっています。これにより，容器などの破損を防止します。おもに遠心冷凍機や吸収冷凍機に使用されていますが，毒性のあるガスや可燃性ガスには使用できません。**破裂圧力**は**耐圧試験圧力以下**，**安全弁の作動圧力以上**と定められています。破裂板は経年劣化によって，破裂圧力が低下する傾向にあります。

●破裂板

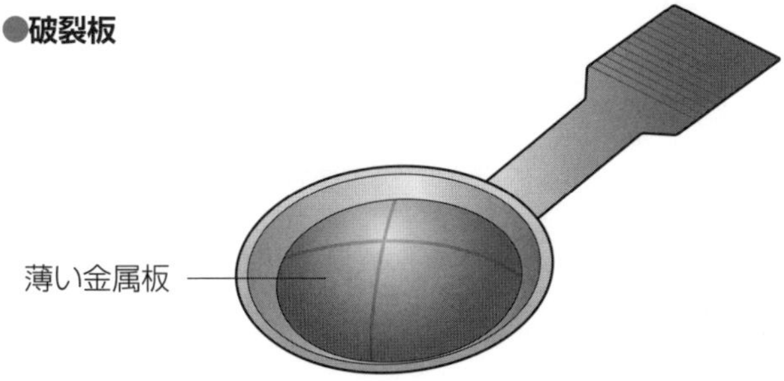

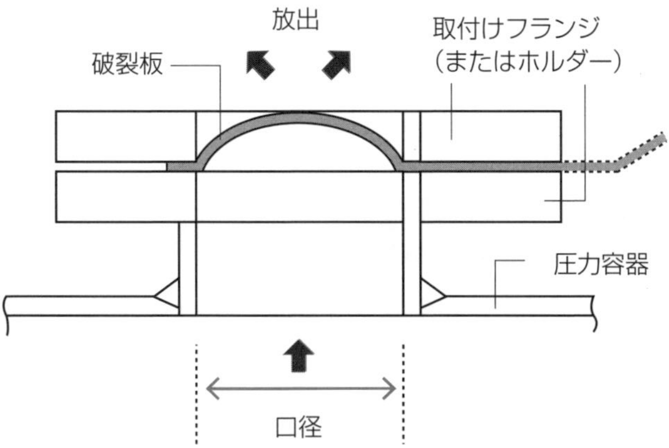

圧力容器の圧力が異常に上昇したとき，破裂板の薄い板が破れることで容器内のガスが放出される

補足

除害設備

毒性のあるアンモニアガスを散布水で吸収する（散布式），もしくは除害剤で無害化する（スクラバー式）設備のことを除害設備といいます。

9 溶栓

圧力容器などが**一定の温度以上**になった際，**融点の低い部分が溶解**して穴が空くことで冷媒を放出して圧力の異常上昇や内部破損を防ぐものを溶栓といいます。一般的に**可溶合金**を使用しており，圧縮容器などが何らかの理由で加熱されると溶栓が融解して容器が異常高圧になることを防止します。

内容積が**500ℓ未満のフルオロカーボン冷媒**の凝縮器や受液器などに安全弁の代用として使用できます。一度作動すると冷媒が放出されるため，**毒性のあるアンモニア**や**可燃性ガス**には使用することができません。

なお，**溶栓の口径**は圧力容器に取り付けるべき**安全弁の最小口径の 1/2 以上**とされています。**溶栓の放出管**の内径は，**溶栓の口径の 1.5 倍以上**にしなければなりません。

●**溶栓（断面図）**

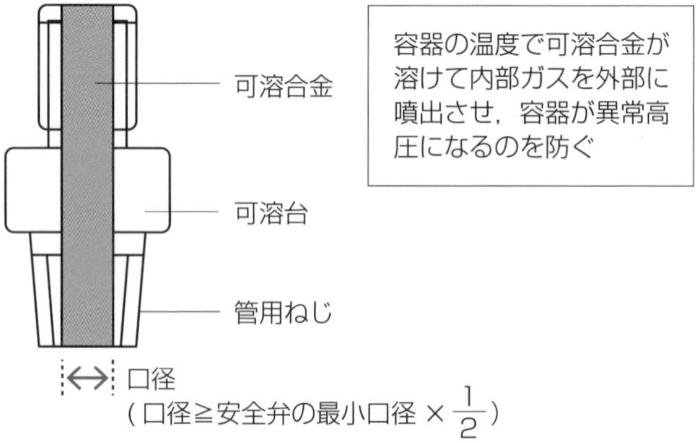
可溶合金
可溶台
管用ねじ
口径
（口径≧安全弁の最小口径 × 1/2）
容器の温度で可溶合金が溶けて内部ガスを外部に噴出させ，容器が異常高圧になるのを防ぐ

10 液封事故防止装置

液配管や**液ヘッダー**など液だけが存在する場所では，出入口の両端が止め弁や電磁弁などで封鎖されると周囲から熱が侵入し内部の**冷媒液が熱膨張**して高圧となり，配管や弁を破壊したり，破裂したりすることがあります。

低温，低圧液配管で特に発生しやすいもので，こうした事故（**液封事故**）を防ぐために，**液封**によって圧力上昇が著しくなるおそれのある部分に**安全弁**，**破裂板**，**圧力逃がし装置**を取り付けます（ただし，**溶栓**は使用不可）。

11 ガス漏えい検知警報設備

冷凍保安規則によると，**可燃性ガス**，**毒性ガス**または**特定不活性ガス**の製造設備は，漏えいしたガスが滞留するおそれのある場所に**ガス漏えい検知警報設備**を設置（吸収式アンモニア冷凍機は除外）しなければなりません。ただし，冷凍空調装置の施設基準によると，設定値18％以上の**酸素濃度検知警報設備**で代替することが可能です。アンモニア冷媒の場合，**ランプ点灯または点滅は50ppm以下**，**警告音および点灯または点滅は屋外で100ppm以下**，**屋内で200ppm以下**と警報設定値が規定されています。検出部の設置箇所は，空気よりもアンモニアが軽いことから**天井付近**となっています。

ガス漏えい検知設備は，**半導体方式**，**接触燃焼方式**，**隔膜電極方式**その他の方式があり，電気的機構によって検知エレメントの変化を検知することで警報を自動で出すことができます。

なお，冷凍空調装置の施設基準や冷凍保安関係例示基準（13項）などでは，設置個数や設置箇所などが詳しく規定されています。

ガス漏えい検知設備の**設置箇所**および**個数**は，冷媒設備の圧縮機，ポンプ，凝縮器，高圧受液器，低圧受液器など（設備群）が設置してある場所の周囲，漏えいしたガスが滞留しやすい場所に**設備群の周囲10mにつき1個以上の個数**と定められています。

●ガス漏えい検知設備の設置箇所および設置個数

設備群面積S（㎡）	0＜S≦30	30＜S≦70	70＜S≦130	130＜S≦200	200＜S≦290
設置個数	2	3	4	5	6

補足

可溶合金

75℃以下で溶解する金属のことを，可溶合金といいます。

液ヘッダー

液配管の集合管や枝出し管のことを，液ヘッダーといいます。

漏えいガス滞留のおそれのある場所

おもに換気設備，規定の開口または安全弁の放出管などを確保するのが困難な機械室などが漏えいガスの滞留するおそれのある場所に該当します。

12 限界濃度

空気中に冷媒ガスが漏えいした際，人間が失神や重大な障害を受けずに緊急処理をとったうえで自らも避難可能な濃度が**限界濃度**です。

二酸化炭素冷媒やフルオロカーボン冷媒で，冷凍空調装置の施設基準では不特定多数の人間が入室および特定の人が常駐すると考えられる場合には，以下のように規定されています。

「冷媒設備に充てんされている冷媒ガスの全量が室（当該冷媒設備が設置されている室）内に漏えいした場合において，当該室内にいる人に危害を及ぼすことなく，漏えい防止対策，避難等緊急措置が支障なくとれること」

危害とは，失神や重大な障害のことで，施設基準で規定されるように措置を講じ，維持管理していくことが求められます。

なお，限界濃度は以下のように算出します。

限界濃度（kg/m^3）＝冷媒充てん量（kg）÷室内容積（m^3）

冷媒ガスの限界濃度値は，以下のようになっています。

冷媒	限界濃度（kg/m^3）（ppm）
R11	0.30
R12	0.50
R22	0.30
R502	0.45
R134a	0.25
R404A	0.48
R407C	0.31
R410A	0.44
二酸化炭素	0.07

アンモニア冷媒の場合，人間が一般的に1日8時間労働できる濃度は**50ppm程度以下**です。

チャレンジ問題

問1

難 中 **易**

以下の記述のうち，正しいものはどれか。

(1) 安全装置は，冷凍装置の異常状態が引き起こす事故を未然に防ぐため，異常状態から許容圧力をはるかに下回る状態にする装置のこと。

(2) 安全装置には，安全弁，溶栓，破裂板，圧力逃がし装置，低圧遮断装置などがある。

(3) 安全弁は，高圧遮断装置が作動しなかった場合に作動する。

(4) 安全弁の作動圧力には，内部圧力の上昇によって設定された圧力となり，微量のガスが吹き出し始めるときの吹始め圧力と，吹始め圧力から圧力上昇して安全弁が全開し，激しくガスが吹出すときの吹終わり圧力が存在する。

解説

冷凍装置の圧縮機などの圧力が設定値以上に上昇した際，まず高圧遮断装置が作動し，圧縮機を停止させます。安全弁は，高圧遮断装置が作動しなかった場合に作動するもので，圧縮機用のものと圧力容器用のものがあります。

解答 (3)

問2

難 中 **易**

以下の記述のうち，正しいものはどれか。

(1) 安全弁の放出管は，安全弁の口径以下の内径とすること，放出管からの噴出ガスが第三者に直接危害を与えないことと，酸欠のおそれが生じないことが必要。

(2) 破裂板の破裂圧力は安全弁の作動圧力以下，耐圧試験圧力以上と規定される。

(3) 溶栓は，アンモニアや可燃性ガスにも使用可能である。

(4) 限界濃度（kg/m^3）は，冷媒充てん量（kg）÷室内容積（m^3）で求める。

解説

限界濃度は，空気中に冷媒ガスが漏えいした際，人間が失神や重大な障害を受けずに緊急処理をとったうえで自らも避難可能な濃度を指します。限界濃度は，冷凍空調装置の施設基準で規定されています。

解答 (4)

2 圧力容器

まとめ＆丸暗記　この節の学習内容とまとめ

□ 圧力容器	冷凍装置に用いられる受液器や凝縮器，蒸発器など，容器の内側は飽和状態の冷媒，外側は大気の圧力を受けている容器
□ 設計圧力	圧力容器などに必要な板厚の設計に使用
□ 許容圧力	冷凍設備が実際に使用可能で，許容できる圧力
□ 応力	外力が材料に加えられた際，材料の内部に発生する単位面積あたりの抵抗力
□ 圧縮応力	材料を押し縮める圧縮方向にかかる応力
□ 応力－ひずみ線図	横軸にひずみ，縦軸に引張応力をとり，両者の関係を線図で表したもの
□ 許容引張応力	各鋼材の引張強さの1/4の応力
□ 鏡板	圧力容器の円筒胴の両端に用いられる板材（平形，さら形，半だ円，半球形）
□ 圧力容器の材料	各SM400B材（許容引張応力＝100N/mm²）
□ 接線方向の応力	$\sigma_t = PD_i l \div 2_t l = PD_i \div 2t$ [N/mm², MPa]
□ 長手方向の応力	$\sigma_1 = P(\pi D_i/4) \div PD_i t = PD \div 4t$ [N/mm², MPa]
□ 板厚計算	$t = PD_i \div (2\sigma_a \eta - 1.2P) + \alpha$
□ 腐れしろ	金属腐食による減少分を見込んで加算する板厚のこと

圧力容器の応力

1　圧力容器とは

冷凍装置には，受液器や凝縮器，蒸発器などが用いられています。一般的にこれらの容器の内側は飽和状態の冷媒，外側は大気の圧力を受けています。これらの容器は**圧力容器**と呼ばれ，周囲が大気圧であることから，設計圧力や許容圧力は大気圧をもとにした**ゲージ圧力**が基準となります。

2　設計圧力と許容圧力

設計圧力は気密試験圧力や耐圧試験の基準となるもので，圧力容器などに必要な**板厚の設計**に使用します。冷凍保安規則関係例示基準によって，冷媒ごとに**高圧部**，**低圧部**で定められています。

高圧部の設計圧力は冷媒の基準凝縮温度と種類によって決められていて，通常運転状態で考え得る最高の圧力を基準にしています。低圧部の設計圧力は，夏季に停止している**圧力容器内部の冷媒**が**38～40℃程度**に上昇した際の冷媒の方は圧力を基準にしています。

なお，**凝縮温度が65℃を超える冷凍装置**においては，その最高使用温度の冷媒温度での冷媒の**飽和蒸気圧力以上の値**が高圧部設計圧力となります。冷媒充てん量を制限して，一定圧力以上に上昇しないように設計した際は，次ページの表「各冷媒の設計圧力」の値にかかわらず，**制限充てん圧力以上の圧力**を低圧部設計圧力とすることが可能です。

補足

高圧部

膨張弁入口まで，圧縮機の吐出し圧力を受けるところを高圧部といいます。

低圧部

高圧部以外を，低圧部として扱います。

●各冷媒の設計圧力

冷媒	高圧部設計圧力（MPa） 基準凝縮温度 43℃	50℃	55℃	60℃	65℃	低圧部設計圧力（MPa）
R12	1.30	1.30	1.30	1.5	1.6	0.8
R13	4.0	—	—	—	—	4.0
R21	0.4	0.4	0.4	0.43	0.5	0.24
R22	1.6	1.9	2.2	2.5	2.8	1.3
R114	0.28	0.4	0.48	0.54	0.61	0.28
R500	1.42	1.42	1.6	1.8	2.0	0.91
R502	1.7	2.0	2.3	2.6	2.9	1.4
アンモニア	1.6	2.0	2.3	2.6	—	1.26
二酸化炭素	8.3	—	—	—	—	5.5

※冷凍保安規則関係例示基準 19.1より

冷凍設備が実際に使用可能で，許容できる圧力のことを**許容圧力**といいます。具体的には，設計圧力または腐れしろを除いた板厚に対応する圧力のうち，**いずれか低い方の圧力**とします。

設計圧力との関係で考えると，**設計圧力≧許容圧力**となります（ただし，新品の場合では，設計圧力＝許容圧力，キズや腐食ができた場合には，設計圧力＞許容圧力）。

許容圧力は冷凍設備の**気密試験圧力**と**耐圧試験圧力**，**現地で実施する気密試験圧力**と**耐圧試験圧力の基準**であり，さらに**安全装置などの作動圧力の基準**にもなっています。

3 圧力容器の応力—ひずみ線図

応力とは，外から作用する力，すなわち外力が材料に加えられた際，材料の内部に発生する**単位面積あたりの抵抗力**をいいます。

応力（σ）[N/mm²]＝外力（F）[N]÷断面積（A）[mm²]

外力が材料を引っ張る方向にかかる応力を**引張（ひっぱり）応力**，材料を押し縮める圧縮方向にかかる応力を**圧縮応力**といいます。冷凍装置の圧縮容器で耐圧強度が問題とされるのは，引張応力です。材料が引っ張られる際には，材料が伸びます。元の材料の長さに対する伸びの割合を**ひずみ**といいます。

ひずみ（ε）＝伸びた長さ（⊿l）÷元の長さ（l）

応力—ひずみ線図とは，横軸にひずみ，縦軸に引張応力をとり両者の関係を線図で表したものです。

●応力 — ひずみ線図

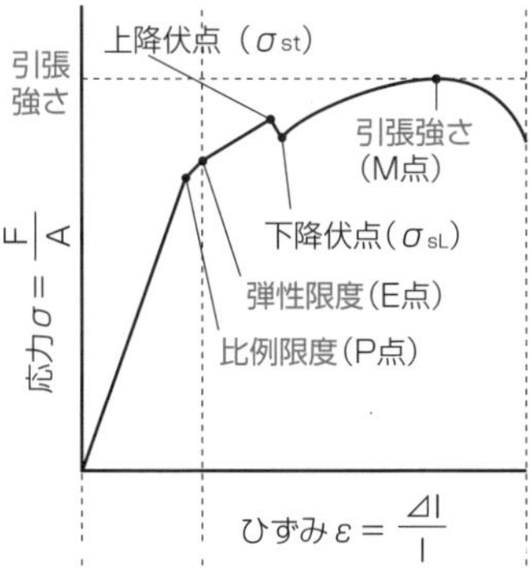

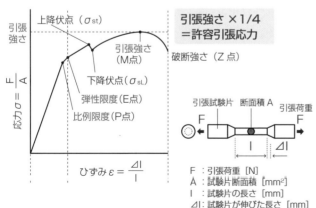

引張強さ×1/4＝許容引張応力

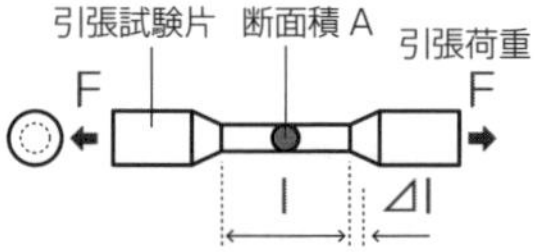

F ：引張荷重［N］
A ：試験片断面積［mm²］
l ：試験片の長さ［mm］
⊿l：試験片が伸びた長さ［mm］

補足

比例限度（P点）
応力とひずみが直線的かつ正比例する限界点。

弾性限度（E点）
引張力を除くと，ひずみが元に戻る限界点。

降伏点（σ_s点）
力を除いてもひずみが残り，元に戻らなくなる（永久変形）点の応力。上降伏点と下降伏点の間では，試験片の表面に線状のほ模様ができます。なお，銅のように，応力を取り除いたときにひずみが0.2%残る応力を，0.2%耐力といいます。

引張強さ（M点）
ひずみへの応力が増して，永久変形（塑性ひずみ）を生じる応力。

破断強さ（Z点）
材料にくびれが生じてひずみが増大し破断する応力。

4 許容引張応力

冷凍装置で用いられる配管や圧力容器の各鋼材については，**最大の引張応力がJIS規格**（日本工業規格）で決められています。圧力容器を設計する際，材料の引張強さ，つまり材料にかかる応力の限界で設計すると危険であるため，余裕のあるひずみが残らない**比例限界以下の値**にしなければなりません。

JIS規格で決められた各鋼材の**引張強さの1/4の応力**を**許容引張応力**とし，材料に生じる引張応力がこの許容引張応力以下になるように設計します。許容引張応力は以下の式で求めることができます。

許容引張応力=最小引張強さ÷4（安全率）

チャレンジ問題

問1　難　中　易

以下の記述のうち，正しいものはどれか。

(1) 圧力容器は冷凍装置に用いられる受液器と蒸発器で，凝縮器は除外される。
(2) 弾性限度とは，引張力を除くとひずみが元に戻る限界点のことである。
(3) 許容圧力は，設計圧力または腐れしろを除いた板厚に対応する圧力のうち，いずれか高い方の圧力を指す。
(4) 許容引張応力は，最小引張強さ×0.4で表すことができる。

解説

応力とひずみが直線的かつ正比例する限界点は比例限度，引張力を除くとひずみが元に戻る限界点は弾性限度，力を除いてもひずみが残り，元に戻らなくなる点の応力は降伏点です。

解答 (2)

圧力容器と鏡板

1 圧力容器の鏡板の形状の種類と特性

凝縮器や受液器などの圧力容器には，内側から圧力（内圧）がかかっています。冷凍装置に用いられる圧力容器の種類は，**容器に対してかかる圧力や円筒胴の材料，板厚**などによって異なります。

さらに，圧力容器の円筒胴の両端には**鏡板**（かがみいた）と呼ばれる板材が用いられます。この鏡板の形状には**平形，さら形，半だ円形，半球形**などの種類があり，設計圧力と材質が同じであれば，この順番で板厚が薄くなり，強度も変化します。

なかでも半球形のように丸みが大きいものは高い圧力に対応可能なうえ，板厚ももっとも薄くすることができます。

これは，中央部の丸みの半径が小さく，隅の丸みの半径が大きくなるほど応力が小さくなるためです。

●圧力容器の特性

円筒胴の板厚をもっとも薄くできるのは半球形鏡板

●鏡板の強度と板厚の関係

鏡板の種類	同じ板厚での強度	同じ圧力での板厚
半球形（全半球形鏡板）	もっとも強い	もっとも薄い
半だ円形（半だ円体形鏡板）	強い	薄い
さら形（さら形鏡板）	弱い	厚い
平形（平形鏡板）	もっとも弱い	もっとも厚い

補足

JIS規格の材料記号

一般に冷凍装置で使用される金属材料はJIS規格により記号が定められています。
FC：ねずみ鋳鉄
SS：一般構造用圧延鋼材
SM：溶接構造用圧延鋼材
SGP：配管用炭素鋼鋼管
STPG：圧力配管用炭素鋼鋼管
なお，これらの材料記号のあとに付く数字は最小引張強さを表します。

平形鏡板

丸みを帯びていない鏡板を平形鏡板といいます。形状が急変する局部に対して，応力が発生する応力集中が，丸みを帯びた鏡板よりも非常に大きくなるため，板厚はもっとも厚くなります。

2 圧力容器の材料

一般的に，冷凍装置に用いられる圧力容器の鋼材は**SM400B材**です。JIS規格ではこのSM400B材の**最小引張強さ**は**400N/mm²**であり，許容引張応力はその1/4，すなわち**400×1/4＝100N/mm²**となります。

3 円筒胴の応力

冷凍装置の圧力装置において，円筒胴の鋼板の厚さは胴の直径と比較してかなり薄くなっています。こうした容器は**薄肉円筒胴圧力容器**といい，**内圧を受ける円筒胴**と**内圧を受ける管**に発生する応力には以下の2つがあります。

●接線方向（周方向）の応力

円筒胴圧力容器は断面が円形で，その内圧は円筒胴の内側に均等にかかります。これは胴を切り開こうとする力で，その大きさは $PD_i l$ となり，その断面積は $2tl$ であることから，接線方向の応力は以下の式で求めることができます。

接線方向の応力　$(\sigma_t) = PD_i l \div 2tl = PD_i \div 2t$ [N/mm², MPa]

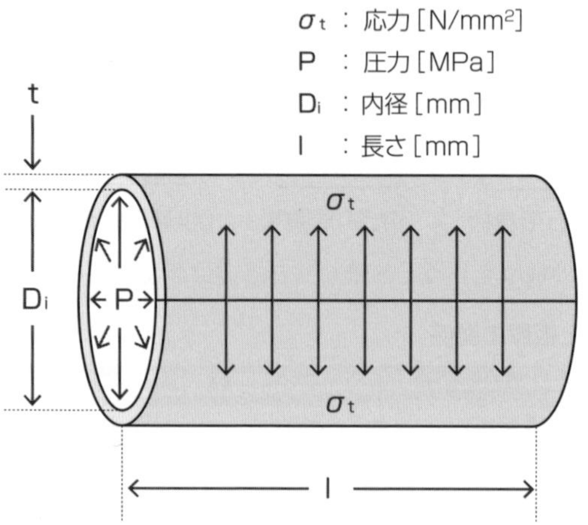

胴の接線方向の引張応力

●長手方向（軸方向）の応力

長手方向の応力は，内圧による引張応力が P(π D_i/4) で，その断面積は PD_it であることから，以下の式で求めることができます。

長手方向の応力
$(\sigma_1) = P(\pi D_i/4) \div PD_i t = PD \div 4_t$ [N/mm², MPa]

σ_1 : 応力 [N/mm²]
P : 圧力 [MPa]
Di : 内径 [mm]
t : 板厚 [mm]

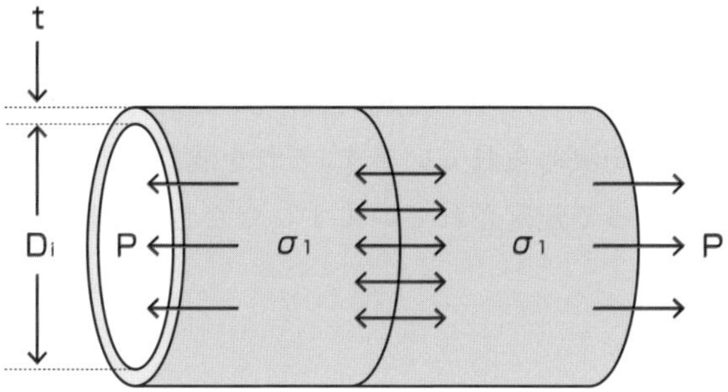

胴の長手方向の引張応力

接線方向の応力の式と長手方向の応力の式から $2\sigma_1 = \sigma_t$ となり，円筒胴の接線方向の引張応力は，長手方向の引張応力の **2倍**になることが分かります。

ここから，円筒胴の圧力の銅板に対して生じる応力は，**接線方向の応力が最大**で，この応力が許容応力以下になるような板厚にすればよいことになります。

補足

圧力容器と配管の材料

JIS規格では材料記号が決められており，一般的な圧力容器にはSM400Bが用いられます。また，フルオロカーボン冷凍装置の配管や凝縮器の冷却管などには，継目無銅管（C1220）が用いられます。

4 圧力容器の板厚計算と腐れしろ

冷凍保安規則関係例示基準によると，円筒胴の必要な板厚は以下のようにして求めます。

$$板厚\ (t) = PDi \div (2\sigma_a\eta - 1.2P) + \alpha$$

t　：必要な板厚［mm］
P　：設計圧力［MPa］
Di　：内径［mm］
σ_a　：材料の許容引張応力［N/mm^2］
η　：溶接継手の効率
α　：腐れしろ［mm］

容器を長年使用し続けていると，外装面に摩耗や腐食が発生して減少し，強度が不足するようになります。そのため，**金属腐食による減少分をあらかじめ見込んで加算する形で板厚**が決められています。これを**腐れしろ**といい，加算厚さは材料の種類などによって規定されています。ただし，容器の内面側は腐食しないものと考えます。

●容器の腐れしろ

材料の種類		腐れしろ（mm）
鋳鉄		1
鋼	直接風雨にさらされない部分で，耐食処理を施したもの	0.5
	被冷却液または加熱熱媒に触れる部分	1
	その他の部分	1
銅，銅合金，ステンレス鋼，アルミニウム，アルミニウム合金，チタン		0.2

チャレンジ問題

問1

難 **中** 易

以下の記述のうち，正しいものはどれか。

(1) 圧力容器の円筒胴の両端に用いられる板材は鏡板といい，山形，さら形，半だ円，半球形などの種類がある。

(2) 冷凍装置用圧力容器の鋼材は一般的にSM400B材であり，許容引張応力は$100N/mm^2$である。

(3) 内圧を受ける円筒胴と内圧を受ける管には，鏡板の接点に対する応力と長手方向の応力の2種類がかかる。

(4) 冷凍装置の圧力装置で，円筒胴の鋼板の厚さが胴の半径と比較して薄くなっているものを薄肉円筒胴圧力容器という。

解説

SM400B材の最小引張強さは$400N/mm^2$とJIS規格で規定されており，その許容引張応力はその1/4なので，$100N/mm^2$となります。

解答 (2)

問2

難 **中** 易

以下の記述のうち，正しいものはどれか。

(1) 円筒胴の接線方向の引張応力は，長手方向の引張応力の2倍である。

(2) 圧力容器用の円筒胴に用いる鋼板は，長手方向の引張応力が許容応力以下になるよう板厚を設計する。

(3) 腐れしろは，圧力容器内面の金属腐食による減少分をあらかじめ見込んで加算する形で決める板厚のことである。

(4) 鏡板は，丸みがなく平らであるほど高い圧力に対応できる。

解説

接線方向の応力の式と長手方向の応力の式より，$2\sigma_1=\sigma_t$となり，円筒胴の接線方向の引張応力は，長手方向の引張応力の2倍であることが分かります。

解答 (1)

3 冷媒配管

まとめ＆丸暗記　この節の学習内容とまとめ

□ 冷媒配管	冷凍サイクル内の各機器を接続し，冷媒を循環させる配管。十分な耐圧強度と気密性能を確保する，機器相互間の配管はなるべく短めにするなどさまざまな基本事項がある
□ 配管材料	冷媒の圧力や種類などに応じて選ぶ。冷媒や潤滑油によって劣化したり，化学作用を起こしたりしないものにするなどいくつかの注意事項がある
□ 高圧冷媒ガス配管（吐出し管）	①吐出し管の径は，横走り管では約3.5m/s以上，立ち上がり管では約6m/s以上 ②摩擦損失による圧力降下は20KPaを超えない ③ガス速度は一般的に25m/s以下
□ 高圧液冷媒配管（高圧液配管）	冷媒液の流速は1.5m/s以下，摩擦抵抗の圧力降下は20KPa以下
□ 冷媒液流下管	凝縮器と受液器をつなぐ管
□ 低圧冷媒ガス配管（吸込み管）	冷媒蒸気中に混在する冷凍機油を過大な圧力降下が生じない程度の蒸気速度を上限とし，最小負荷時も確実に圧縮機に戻ることができる蒸気速度を確保する
□ 二重立ち上がり管	容量制御装置を持つ圧縮機の蒸発器に設置し，ガス量が最小負荷時でも油を戻すことができる
□ Uトラップの回避	圧縮機の近くでは，吸込み立ち上がり管を除いて，Uトラップは設置しない
□ 吸込み立ち上がり管の中間トラップ	吸込み立ち上がり管が10m以上となるとき，10mごとに中間トラップを設ける
□ 吸込み主管への接続	複数の蒸発器から吸込み主管に入る管は，主管の上側に接続する

冷媒配管材料

1　冷媒配管とは

冷媒配管とは，冷凍サイクル内の各機器を接続し，**冷媒を循環させる配管**のことです。圧縮機から凝縮器へ至るものは**吐出し管**，凝縮器から受液器を経由して膨張弁へ至るものは**高圧液配管**，膨張弁から蒸発器へ至るものは**低圧液配管**，そして蒸発器から圧縮機へ至るものは**吸込み管**と，冷凍サイクルの区分によって大きく分けることができます。ほかにも，**横走り配管**や**立ち上がり配管**などの種類があります。

これらの配管の良否は，冷凍装置の性能に対して大きな影響をおよぼします。

●冷媒配管の区分

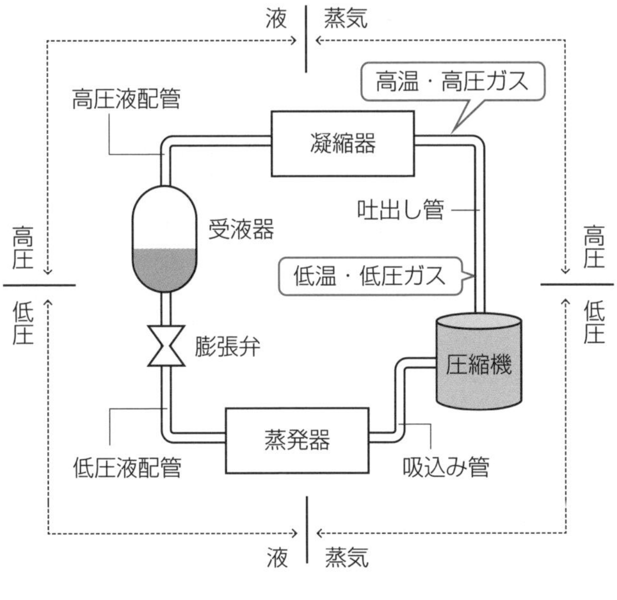

補足

その他の配管名称

その他の配管名称としては，水平な配管である横走り管，流れが上向きの立ち上がり配管，大きな180度以上の曲がり配管であるループ配管，U字状のUトラップなどがあります。

2 冷媒配管の基本事項

冷媒配管の材料選びや設計，施工に関する基本事項は以下の通りです。

①十分な耐圧強度と気密性能を確保するようにする
②使用材料は冷媒，温度，用途や加工方法などに応じて選ぶ
③機器相互間の配管はなるべく短めにする
④配管の曲がり部分は少なく，曲がりの半径は大きくして冷媒の流れ抵抗（圧力降下）を極力減らすようにする
⑤止め弁などの弁類は抵抗が大きく，冷媒漏れの原因になるので数を減らす
⑥冷媒配管は，冷媒温度の上昇に伴う圧力上昇や蒸気発生がしやすくなるため，周囲温度が高い場所への設置は避ける
⑦配管内の冷媒流速が適切になるよう口径を選ぶ
⑧原則として横走り管は冷媒の流れ方向に対して下り勾配（1/150～1/250）を設ける
⑨Ｕトラップや行き止まり管は油がたまりやすくなるので必要な場所にのみ設置するようにする
⑩圧縮機，凝縮器，蒸発器など２台以上を並列運転する際には，冷媒および油の偏りや圧力の不均一が発生しないようにする
⑪配管距離が長い場合には，温度変化による管の伸縮やたわみを考慮してたわみ維持やループ配管などを付ける
⑫通路上など傷がつきやすい場所には保護カバーを設ける
⑬規格や法規などに則った技術基準に適合するようにする
⑭たわみが出たり，強度不足になったりしないような支持とするため，適切な配管支持間隔とする

●横走り配管の配管支持間隔

区分		管径（mm）	間隔（m）
横走り配管	鋼管	20以下	1.8以内
		25～40	2.0以内
		50～80	3.0以内
		90～150	4.0以内
		200以上	5.0以内
	銅管	20以下	1.0以内
		25～40	1.5以内
		50	2.0以内
		65～100	2.5以内
		125以上	3.0以内

3 配管材料

配管材料は**冷媒の圧力や種類**などに応じて選びます。いくつかの注意事項を理解しておきましょう。

①冷媒や潤滑油によって**劣化**したり，**化学作用**を起こしたりしないものにする

②冷媒の種類に応じた材料を選ぶようにし，**アンモニアと銅（および銅合金），フルオロカーボンとアルミニウム合金（2%を超えるマグネシウムを含むもの）**は腐食などを引き起こすため使用しない

③**可とう管**は，十分な耐圧強度を持つものを使用する

④低圧配管には**低温ぜい性が生じない材料**を選ぶ

⑤**配管用炭素鋼鋼管（SGP）**は－25℃，**圧力配管用炭素鋼鋼管（STPG）**は－50℃まで使用可能

⑥銅管および銅合金管は，**継目無管**を用いるのが望ましく，アルミニウム管は**継目無管を使用**する

補足

可とう管
ゴム管やフレキシブルチューブなど，管を自由に曲げることができるものを可とう管といいます。

低温ぜい性
金属の材料が温度低下によってもろくなる性質のことを低温ぜい性といいます。

チャレンジ問題

問1 難 中 易

以下の記述のうち，正しいものはどれか。

(1) 凝縮器から受液器を経由して膨張弁へ至るものは低圧液配管という。
(2) 冷媒配管は，冷媒を循環させる配管のことを指す。
(3) 冷媒の流れ抵抗を極力減らすため，配管の曲がり部分は大きくする。
(4) 圧力配管用炭素鋼鋼管（STPG）は－25℃，配管用炭素鋼鋼管（SGP）は－50℃まで使用可能。

解説

冷媒配管は冷凍サイクル内の各機器を接続し，冷媒を循環させる機能を持ちます。

解答 (2)

冷媒配管の施工

1 高圧冷媒ガス配管（吐出しガス配管）

配管施工基準のうち，**高圧冷媒ガス配管（吐出しガス配管）**の施工基準は以下の通りです。

①吐出し管径は，横走り管では**約3.5m/s以上**，立ち上がり管では**約6m/s以上**を確保できるサイズとする
②摩擦損失による圧力降下は**20KPa**を超えないのが望ましい
③ガス速度は一般的に**25m/s以下**にし，騒音や過大な圧力降下を避ける。圧縮機が停止している場合に，冷媒液や油が**圧縮機へ逆流**しないようにすることが施工するうえで重要となる。逆流した場合には**オイルハンマ**や液ハンマが発生し，圧縮機が**破損**することがある

●吐出しガス配管施工例

吐出しガス配管の例

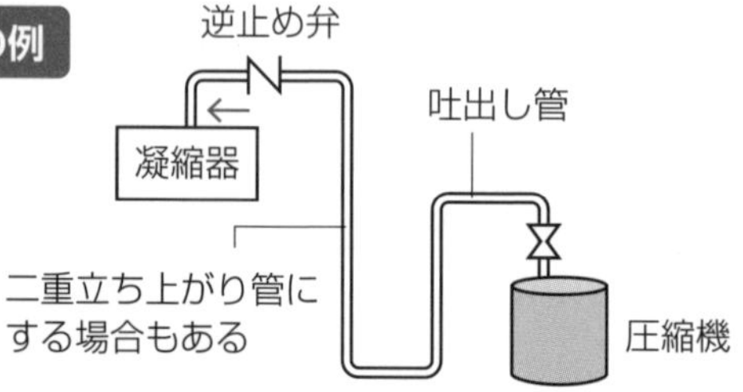

吐出しガス配管の立ち上がり

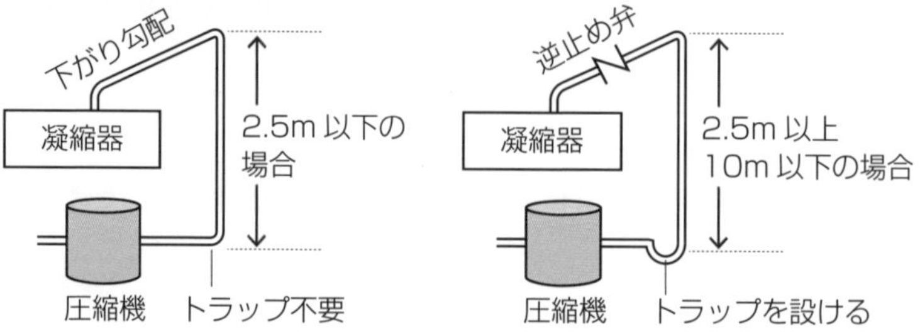

2 高圧液冷媒配管（高圧液配管）

高圧液配管では，冷媒液の流速は**1.5m/s以下**，摩擦抵抗による圧力降下は**20KPa以下**になるように**管径**を決めることで，**フラッシュガスの発生を防止**します。下の図にあるように，フラッシュガスは，(a) 高圧液が飽和温度（B点）以上に温められた場合（B−C間）と（b）高圧液の圧力が飽和圧力（D点）よりも低下した場合（D−F間）に発生します。

●**フラッシュガスの発生**

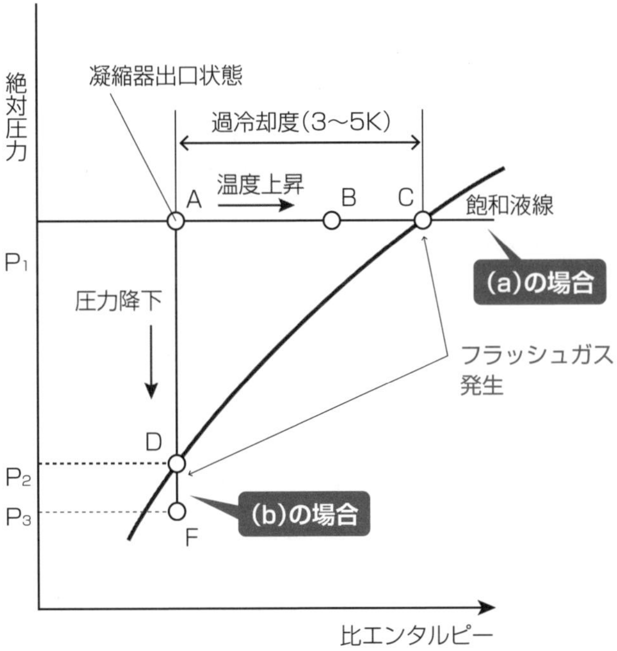

圧力降下が大きい場合には**過冷却を大きくする**，周囲の温度が高い場合には**防熱をする**，などの対策を行います。

補足

オイルハンマと液ハンマ

流体の流れを水栓や弁などを閉じて止めようとすると，その流体に異常な圧力変化が生じる現象をオイルハンマや液ハンマといいます。

3 冷媒液流下管と均圧管

受液器までの配管が長い場合や凝縮器の内部抵抗が大きい場合などは，冷媒は流れにくくなります。

そのため，受液器と凝縮器をつなぐ**液流下管**に関しては，**口径を太く**することで冷媒液を自然に流下させます。もしくは凝縮器と受液器の連絡管である**均圧管**を設けることで**冷媒液を流れやすくする**ようにします。

もし，均圧管がなかった場合，凝縮器から液が受液器に流下しにくくなります。設置した均圧管を使って，凝縮器から落下する液の体積分のガスを受液器上部から抜き出します。

●冷媒液流下管と均圧管

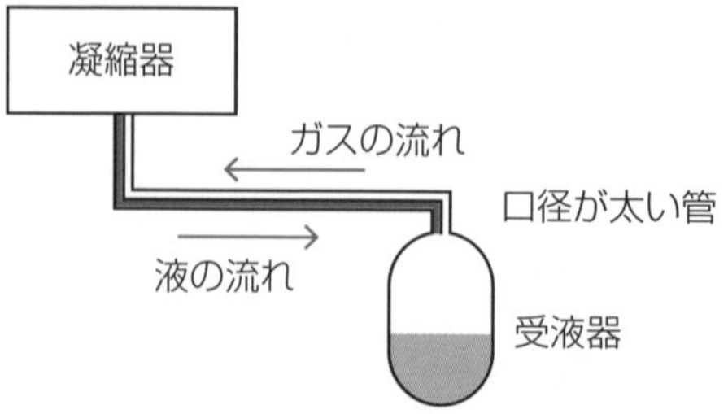

受液器までの配管が長い場合や凝縮器の内部抵抗が大きい場合に冷媒が流れのくくなるため，均圧管やトラップを設け，配管を太くして冷媒を流れやすくする

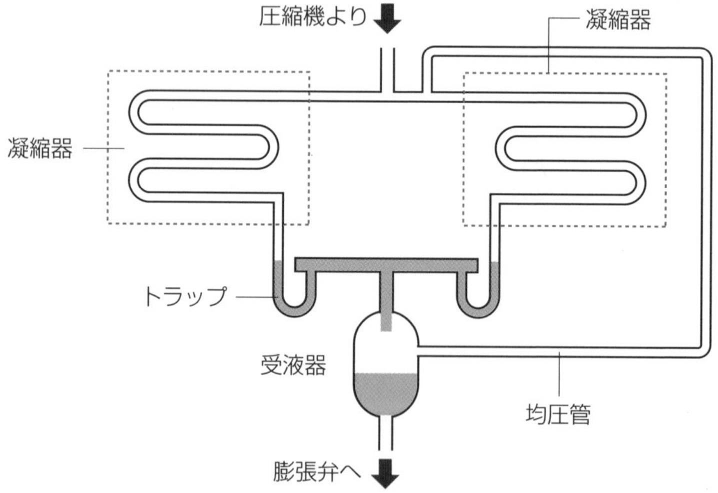

4 低圧冷媒ガス配管（吸込み管）

蒸発器から圧縮機へ至る**低圧冷媒ガス配管（吸込み管）**の管径は，冷媒蒸気中に混在する冷凍機油を過大な**圧力降下が生じない程度の蒸気速度を上限**とし，最小負荷時にも**確実に圧縮機に戻ることができる蒸気速度を確保**する形で決定する必要があります。

フルオロカーボン冷凍装置の場合には，冷媒蒸気中に混在している冷凍機油が確実に運ばれる蒸気速度を確保する必要があります。その速度は，横走り管で**約3.5m/s 以上**，立ち上がり管では**約 6m/s 以上**とします。

最大ガス速度は，騒音と過大な圧力降下が生じることのない程度にします。また，全配管の圧力降下に相当する温度降下は**2K 以下**にすることが求められます。

このほか，吸込み蒸気配管は管表面の着霜や結露を防ぎ，吸込み蒸気の温度が上昇しないように，**防熱**を施します。

●吸込み管の口径基準

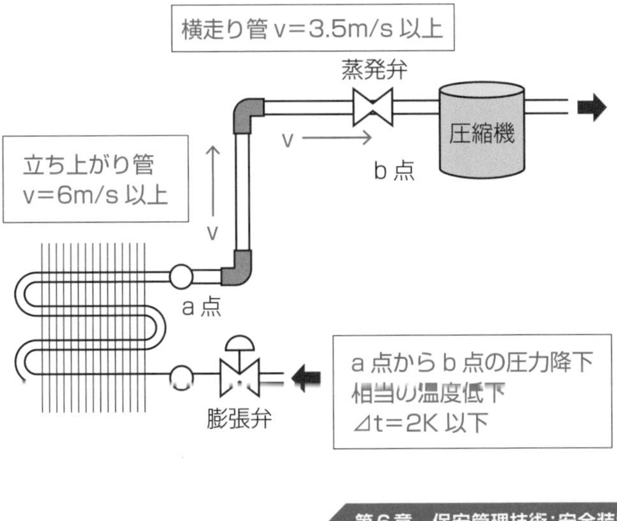

補足

均圧管
受液器と凝縮器との連絡管のことを，均圧管といいます。

5 二重立ち上がり管

容量制御装置（アンローダ）を持つ圧縮機の蒸発器では，冷凍負荷（容量）の減少と共に吸込み管内を流れる冷媒流量が減り，管内流速が低下します。さらに流速が低下して油を運ぶ最小速度以下になると油が戻らなくなるため，**二重立ち上がり管**を設置します。

これは，立ち上がり管を細い管と太い管の2本を並列に設置し，ガス量が**最小負荷時でも油を戻すことができる**ようになっています。**最大負荷時**は**2本の管**から，そして**最小負荷時**には太い管のトラップに油がたまって閉塞するので**細い管**から戻ります。

●二重立ち上がり管

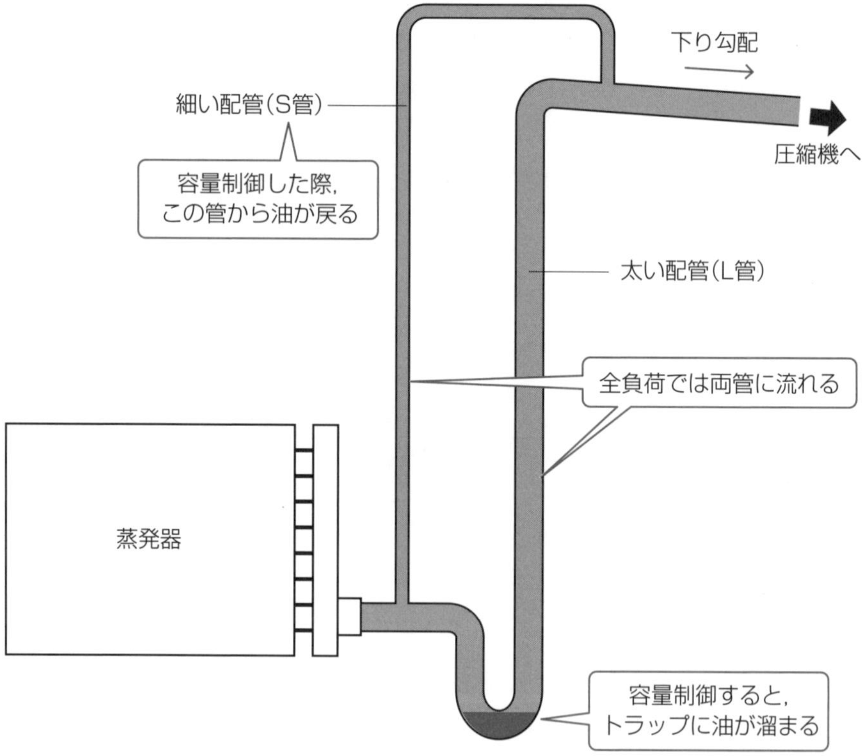

6 Uトラップの回避

圧縮機の近くでは，吸込み立ち上がり管を除いて，**Uトラップは設置しない**ようにします。

横走り管中にUトラップがあると，軽負荷運転中や圧縮機停止中などの際，冷媒液や潤滑油がトラップ内にたまるので，圧縮機の再起動時や**フルロード運転**になると液や油が一気に戻ってしまい，**液圧縮の原因**となるからです。

そのため，冷凍装置の安全性を考えるうえで不要なUトラップは極力避ける施工が重要となってきます。

特に圧縮機の近くでは，このUトラップを避けるようにします。

●**Uトラップの回避**

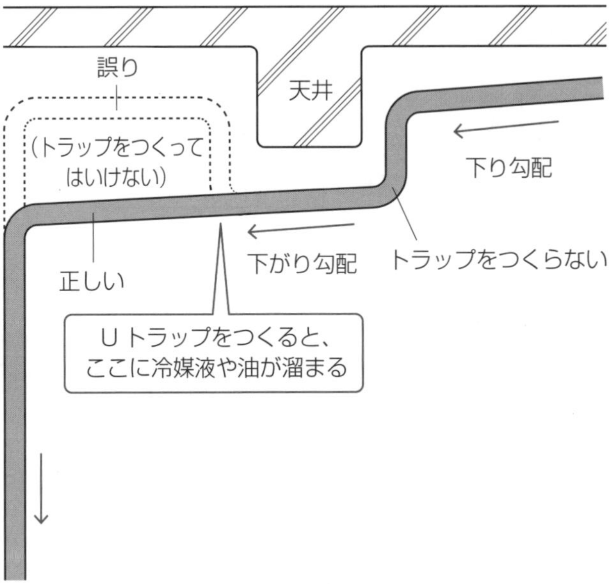

補足

フルロード運転
全負荷運転は，フルロード運転ともいいます。

7 吸込み立ち上がり管の中間トラップ

吸込み立ち上がり管が長くなると冷媒に混入している油の戻りが悪くなるため，圧縮機の油不足が冷凍装置の故障を引き起こす原因となります。

吸込み立ち上がり管が10m以上となるときには，**10mごとに中間トラップ（油戻しトラップ）を設けて**油が戻りやすくなるように工夫します。

●吸込み立ち上がり管の中間トラップ

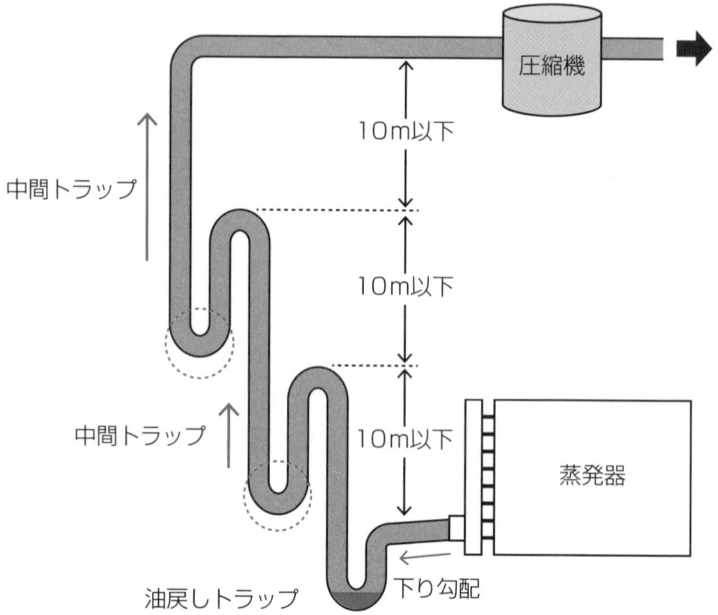

8 吸込み主管への接続

複数の蒸発器から**吸込み主管**に入る管は，主管の**上側に接続**するようにします。圧縮機が停止中（蒸発器が無負荷になる）になった際に，主管の**液や油が蒸発器に逆流するのを防ぐ**ためです。

このほか，圧縮機の上に蒸発器がある場合にも液や油の逆流を防ぐために吸込み管を蒸発器より**高く立ち上げて**から接続します。

9 並列運転の吸込み立ち上がり管

蒸発器を**並列運転**している場合には，蒸気配管はそれぞれ**独立した形で立ち上がり管**を設けておきます。接続管を用いて合流立ち上がり管にしない理由は，独立した管だと片方の蒸発器が無負荷になった場合でも**立ち上がり管内の蒸気流速に変化はないため**，油の戻りがよいからです。

このほか，複数の蒸発器が異なる高さに設置され，圧縮機がそれらよりも下側にある場合は，**吸込み蒸気配管を蒸発器よりも高く立ち上げて**から圧縮機に接続するようにします。これは，圧縮機が停止中に油が逆戻りしないようにするためです。

●蒸発器（2台以上）の並列運転時における配管施工例

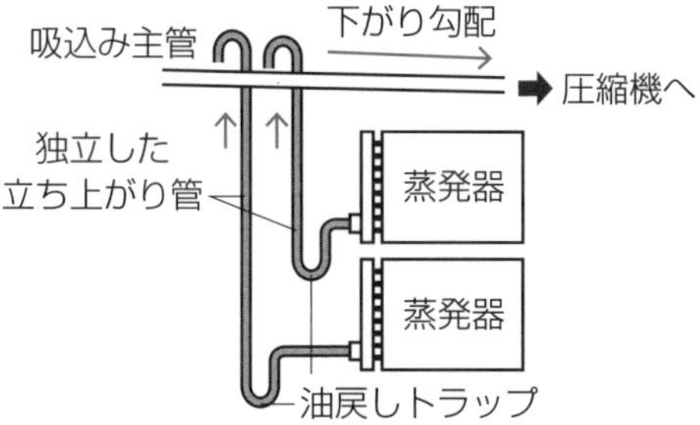

●蒸発器の高さ以上の立ち上がり管施工例

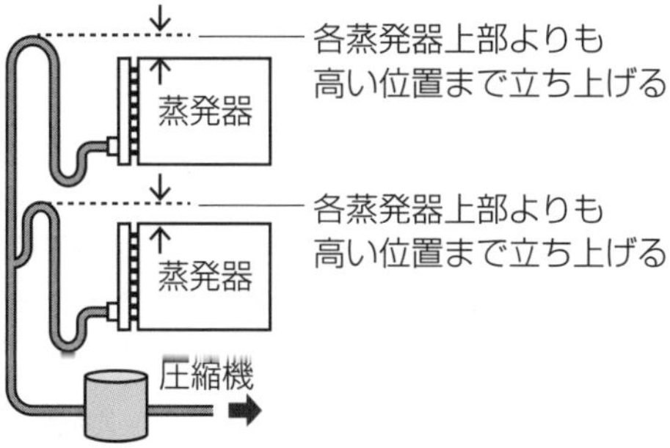

補 足

吸込み配管の防熱処理

吸込み配管は，吸込みガス温度の上昇防止や表面の結露を防ぐため防熱処理を施します。油の劣化や吸込み蒸気の比体積が想定以上に大きくなって，冷凍能力が低下してしまうからです。

チャレンジ問題

問1

難 中 **易**

以下の記述のうち，正しいものはどれか。

(1) 吐出し管の径は，立ち上がり管では約3.5m/s以上，横走り管では約6m/s以上を確保できるサイズとする。

(2) 吐出し管のガス速度は，騒音や過大な圧力降下を避けるため一般的に15m/s以下とする。

(3) 高圧液配管では，摩擦抵抗による圧力降下は20KPa以下，冷媒液の流速は1.5m/s以下とする。

(4) フラッシュガスは圧力上昇，温度下降によって冷媒液が蒸気になる現象のことである。

解説

高圧液配管では，冷媒液の流速は1.5m/s以下，摩擦抵抗による圧力降下は20KPa以下になるよう管径を決めて，フラッシュガスの発生を防止します。

解答 (3)

問2

難 中 **易**

以下の記述のうち，正しいものはどれか。

(1) 凝縮器の内部抵抗が大きい場合は，配管を長くすることで冷媒液を自然に流れるようにする。

(2) 二重立ち上がり管は，細いものと太いものの2本を並列に設置することで油を戻す。

(3) 吸込み立ち上がり管が10m以上となるときには，5mごとに中間トラップ（油戻しトラップ）を設ける。

(4) 蒸発器を並列運転している場合，蒸気配管は合流立ち上がり管にすると設置スペースを省くことができる。

解説

二重立ち上がり管は，容量制御装置（アンローダ）を持つ圧縮機の蒸発器に設置します。冷凍負荷（容量）の減少と共に吸込み配管内を流れる冷媒流量が減り，管内流速が低下することで油が戻りにくくなるからです。

解答 (2)

保安管理技術

第 7 章
圧力試験と冷凍装置の運転

第7章 保安管理技術:圧力試験と冷凍装置の運転

1 機器の据付けほか

まとめ&丸暗記 この節の学習内容とまとめ

□ 機器の据付け	①運転操作が容易かつ安全②火気との距離に注意して可燃物を置かない③関係者以外立ち入りできないようにする④点検，調整，保守保全作業が容易にできるようにする⑤修理や機器交換用の空間，機器の搬出・搬入用通路も考慮する⑥排水設備を設置する⑦換気設備を設置する⑧騒音，振動対策をする⑨地震対策をする
□ コンクリート基礎	圧縮機は動荷重を考慮して，コンクリート基礎に固定する
□ 防振支持	圧縮機と床の間に防振ゴム，ゴムパッド，ばねなどを設置して振動を吸収する。圧縮機の振動が配管に伝わる場合には，配管に可とう管（フレキシブルチューブ）を使用する
□ 圧力試験	気密性能や耐圧強度を確認する試験（試験の順序は①耐圧試験②気密試験③真空試験）
□ 耐圧試験	実際の使用圧力以上で容器や圧縮機の耐圧強度を確認する
□ 気密試験	耐圧試験に合格した容器等の組立品における気密性を確認する
□ 真空試験	真空ポンプで冷媒系統内部のガスを抜いて真空状態にして微少な漏れの有無を確認する
□ 冷凍機油の充てん	真空試験に合格した冷凍装置に冷凍機油を充てんし，運転しつつ冷媒を充てんする。冷凍機油は原則，圧縮機メーカーが推奨した油種を使用し，冷媒は不足しても追加充てんは行わない

機器の据付け

1 据付け位置

機器の据付けは，運転，点検，保守，修理，故障時の対応，部品交換などを考慮して実施します。冷凍保安や冷凍装置に関するさまざまな基準の中で細かく**規定**されていますが，重要な項目は以下の通りです。

① 運転操作が容易かつ安全であること。操作に必要な空間の確保，適度な温度や湿度でほこりが少なく明るい場所を選び，回転軸や高所には保護柵を設ける
② 火気との距離に注意して，可燃物を置かない
③ 関係者以外立ち入りできないようにする
④ 点検，調整，保守保全作業が容易であること
⑤ 修理や機器交換用の空間，機器の搬出・搬入用通路も考慮する
⑥ 運転中や，故障，修理時の排水設備を設置する
⑦ 換気設備を設置し，漏れ検知をしやすくする
⑧ 防音壁の設置など，騒音，振動対策をする
⑨ 地震対策をし，特に高所や屋上への設置は注意する

2 コンクリート基礎

圧縮機は**動荷重**を考慮してコンクリート基礎に固定します。多気筒圧縮機では，圧縮機，電動機，エンジンといった駆動機質量の合計の**2～3倍程度**が基礎の質量として必要です。

補足

冷凍保安や冷凍装置に関する各種基準

機器の据付けに関しては，冷凍保安規制関係例示基準，冷凍保安規則，冷凍空調装置の施設基準などに細かな規定があります。

機械室の照度の規定

80ルクス以上を確保しなければいけません。ルクス（lux）は国際単位系（SI）における「照度」の単位で，物体の表面を照らす光の明るさを表す物理量のことです。

なお，基礎底面にかかる荷重は，地盤や床面の**許容応力以下**にしなければなりません。

3 防振支持

圧縮機などは**振動**を生じるため，その振動が床や建築物に伝わると**騒音や振動の原因**となります。そのため，圧縮機と床の間に防振ゴム，ゴムパッド，ばねなどを設置して，振動を吸収する**防振支持**を行います。

ただし，防振支持をしたことで圧縮機の振動が配管に伝わり，その配管から他に振動が伝わることがあります。こうした場合には，圧縮機の吸込み管や吐出し管には**可とう管（フレキシブルチューブ）**を使用し，可とう管が氷結する可能性があるときはゴムで皮膜し，氷結による破損を防ぎます。

チャレンジ問題

問1　難　**中**　易

以下の記述のうち，正しいものはどれか。

(1) 機器の据付けには運転，点検，保守，修理などを考慮したうえで実施する必要があり，換気設備は漏れ検知をしやすくするために設置しないようにする。

(2) 圧縮機は動荷重を考慮してコンクリート基礎に固定するが，このとき基礎の質量は駆動機質量の合計の1.5倍程度が必要となる。

(3) 防振支持とは，圧縮機と床の間にさまざまな処理を施すことで振動を吸収することをいう。

(4) 防振支持によって圧縮機の振動が配管に伝わってしまう場合には，配管の素材は吸震性のあるゴムチューブを使用する。

解説

防振支持では，圧縮機と床の間に防振ゴム，ゴムパッド，ばねなどを設置して振動を吸収します。

解答（3）

圧力試験の種類

1　圧力試験とは

気密性能や耐圧強度を確認する試験のことを，圧力試験といいます。**耐圧試験**，**気密試験**，必要であれば**真空試験（真空放置試験）**の順番に試験が行われ，冷凍保安規則には，配管部分を除いた圧縮機，冷媒液ポンプ，圧力容器などの**耐圧試験**を実施することが規定されています。

補足

圧力試験に用いられる圧力

圧力試験では，すべての圧力はゲージ圧力となります。

2　圧力試験の種類

圧力試験は冷凍保安規則，冷凍保安規則関係例示基準などで各種の圧力試験が決められています。**試験の種類**と**試験圧力**については，以下の通りです。

●圧力試験の順番と試験圧力

試験の順番	試験の種類	試験圧力	
1	耐圧試験（組立品または部品）	液圧試験	設計圧力もしくは許容圧力のいずれか低い方の圧力の1.5倍以上の圧力とする
		気体圧試験	設計圧力もしくは許容圧力のいずれか低い方の圧力の1.25倍以上の圧力とする
2	気密試験（各組立品）	設計圧力の3倍以上（耐圧試験圧力の2倍以上）で，高圧ガス保安協会が実施する	
3	気密試験（冷媒設置）	設計圧力もしくは許容圧力のいずれか低い方の圧力の1.0倍以上の圧力とする	
4	真空試験 ※法的な実施規定はないものの，一般的には実施されている	真空度約−93KPa以下 （絶対圧力の場合は8KPa abs以下）	

チャレンジ問題

問1

難 中 易

以下の記述のうち，正しいものはどれか。

(1) 圧力試験は耐圧試験，気密試験，必要に応じて真空試験の順番で行われる。
(2) 圧力試験は，耐圧強度のみを確認するものである。
(3) 冷凍保安規則によって規定される耐圧試験が必要とされるものは，冷媒液ポンプと圧力容器のみである。
(4) 耐圧試験における液圧試験の試験圧力は，設計圧力もしくは許容圧力のいずれか低い方の圧力の1.25倍以上である。

解説

圧力試験は，設問と同じの順番で行うよう規定されています。

解答 (1)

問2

難 中 易

以下の記述のうち、正しいものはどれか。

(1) 圧力試験での圧力には，ゲージ圧力は使われない。
(2) 冷媒設備の気密試験においては，設計圧力もしくは許容圧力のいずれか低い方の圧力の2倍以上の圧力とする。
(3) 真空試験の実施は，冷凍保安規則等により定められている。
(4) 耐圧試験（組立品または部品）には，液圧試験と気体圧試験とがあり，それぞれに試験圧力が異なる。

解説

液圧試験は，設計圧力もしくは許容圧力のいずれか低い方の1.5倍以上の圧力、気体圧試験は，設計圧力もしくは許容圧力のいずれか低い方の1.25倍以上の圧力で試験を行います。

解答 (4)

耐圧試験

1 耐圧試験の役割と方法

耐圧試験は**最初に実施**する圧力試験で，実際の使用圧力以上で容器や圧縮機の耐圧強度を確認します。試験対象は**圧縮機，圧力容器，冷媒ポンプ，給油ポンプ**およびそのほかの冷媒設備の**配管以外の部分**（以下「**容器等**」）の組立品またはそれらの部品となります。ここでの圧力容器は**内径が 160mm を超えるもの**を指します。160mm 以下となる小容量の容器は含まないため，注意が必要です。

原則として耐圧試験は設計圧力あるいは許容圧力のどちらか**低い方の圧力の 1.5 倍以上の圧力**で，水，油，そのほかの揮発性のない液体を用い，液圧で実施します。その理由としては比較的高圧を得やすいことと，試験中に容器等が破壊したとしても危険度が高くはならないからです。

液体を用いた耐圧試験を実施するのが困難な場合には，気体を用いた耐圧試験も可能となっています。その場合，空気や**窒素**などを使用し，法規では**ヘリウム，不活性のフルオロカーボン，二酸化炭素**が使用可能となっていますが，漏れると危険性の高い**酸素，毒性ガス，可燃性ガスは使用不可**となっています。設計圧力または許容圧力のうち，いずれか**低い方の圧力の 1.25 倍以上の圧力**で行います。圧縮空気で実施する場合には，アンモニア冷凍装置には二酸化炭素以外のガスを使用しなければいけません。また，空気の温度は **140℃以下**にするよう定められています。

補足

試験流体別呼称

液体で行う耐圧試験を液圧試験，気体で行う耐圧試験を気体圧試験といいます。

耐圧試験圧力

耐圧試験は液体と気体圧試験が規定されており，液圧で行う場合には設計圧力または許容圧力のいずれか低い方の圧力の 1.5 倍以上，気体圧で行う場合には 1.25 倍以上の圧力で実施します。

2　耐圧試験の実施と合格基準

耐圧試験の方法は，液圧試験と気体圧試験でそれぞれ異なります。

液圧試験の場合には，液体を被試験品に満たして，完全に空気を排出したあとに液圧を少しずつ加えて耐圧試験圧力まで上げます。その最高圧力を1分以上保ったのち，圧力を耐圧試験圧力の8/10まで降下させます。

この状態で，各部の漏れや破壊，異常な変形，特に溶接継手およびそのほかの継手部分に異常がないことを確認して合格とします。

気体圧試験の場合には，非破壊検査を実施したうえで試験設備の周囲に適切な防護措置を設けて加圧作業中であることを表示します。これは，作業の安全を確保するうえで必要です。過昇圧のおそれのないことを確認したあと，設計圧力等の1/2の圧力まで上げます。そののち，段階的に圧力を加えていき耐圧試験圧力まで達したあとに，再び設計圧力あるいは許容圧力のいずれか低い方の圧力まで下げます。

この際，圧力を下げた状態で，各部の漏れや破壊，異常な変形，特に溶接継手およびそのほかの継手部分に異常がないことを確認して合格とします。

なお，耐圧試験における圧力計の基準は，以下の通りとなります。

●使用圧力計の文字盤の大きさ

文字盤の大きさは液圧試験では75mmφ以上，気体圧試験の場合は100mmφ以上のものを使用します。

●最高目盛

耐圧試験圧力の1.25倍以上，2倍以下のものとします。

●圧力計の個数

圧力計の誤差を考慮して，読み値の精度を上げるため，2個の圧力計を使用します。

●耐圧試験の要領

液圧試験

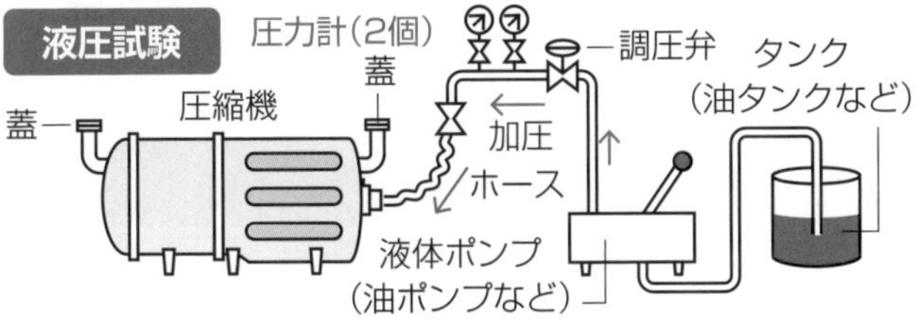

試験方法：冷媒設備（容器等）内部を液体で満たして加圧する

気体圧試験

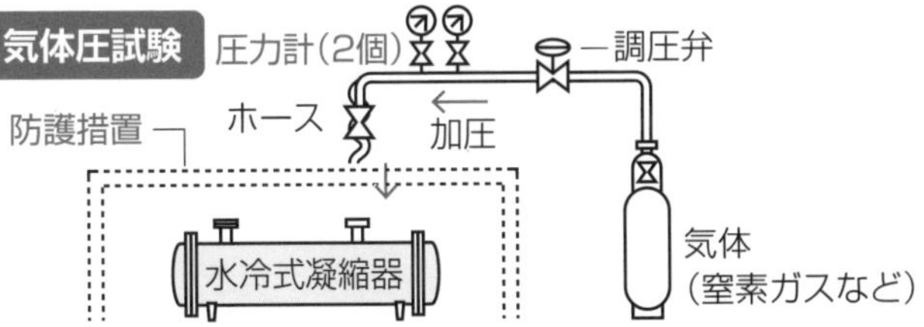

試験方法：液体が使用不可の場合は気体で加圧する

補足

非破壊検査

物を壊すことなく機械部品や構造物の内部のキズあるいは劣化の状況を調べ出す検査技術·手法のことです。

チャレンジ問題

問1 難 **中** 易

以下の記述のうち，正しいものはどれか。

(1) 耐圧試験は最初に実施する圧力試験で，実際に使用する圧量の2倍以上で容器や圧縮機の耐圧強度を確認する。

(2) 液圧試験は，液体を満たし空気を排出後，液圧を耐圧試験圧力まで上げ，最高圧力を1分以上保ったのち，圧力を耐圧試験圧力の8/10まで降下させる。

(3) 気体圧試験は，試験設備の周囲に防護措置を設け，過昇圧のおそれのないことを確認したあと，設計圧力等の1/2の圧力まで上げ，段階的に圧力を加え耐圧試験圧力まで上げ，その後再び設計圧力等の1/3まで圧力を下げる。

(4) 耐圧試験を実施する圧力容器は，外径170m以上のものが対象となる。

解説

設問の通りの順序で耐圧試験を実施し，各部の漏れや破壊，異常な変形がないことが確認できれば試験は合格となります。

解答 (2)

気密試験

1 気密試験とは

気密試験とは，耐圧試験実施後，合格した容器等の組立品における**気密性（容器等組立品の漏れ）**を確認するための気体圧試験です。これは，耐圧試験と同じく法律によって決められています。

単体で気密試験を行ったあと，配管で圧縮機などの機器を接続して，**すべての冷媒系統**についても気密試験を実施します。

気密の性能を確認する試験である気密試験では，漏れのチェックが容易にできるように，**ガス圧**で試験を行います。

2 気密試験の使用流体と圧力

気密試験に用いるガスは一般的に**不燃性ガス（窒素，炭酸ガス等）**または**空気，窒素，二酸化炭素**です。これは気密性能を確認する試験であるため，漏れの確認が不燃性ガスであれば容易となるからです。

試験には危険性のある可燃性ガスや酸素ガス，毒性ガスなどを用いてはなりません。なお，法規では，ヘリウム，不活性のフルオロカーボンなども使用できることになっています。

アンモニア装置に対しては，炭酸アンモニウムの粉末が生成され化合物ができてしまう可能性があるため，**炭酸ガスを使用してはなりません。**

また，圧縮空気を用いる場合には空気温度を**140℃以下**とします。試験圧力に関しては，低圧部，高圧部の各部分について，設計圧力または許容圧力のいずれか**低い方の圧力以上**の圧力を使用します。加圧を実施する際は，徐々に加圧していきます。

3 気密試験の実施

試験の方法は**水槽気泡法**と**発泡液塗布法**の2種類がありますが，前者の方が確実で，漏れを発見しやすい方法です。

まず被試験品内のガスを気密試験圧力に保ち，そののちに水中においてまたは外部に気泡液を塗布し，**泡の発生の有無**により漏れを確かめます。この状態で漏れがないことをもって合格とします。

検知ガスとして**不活性のフルオロカーボン**または**ヘリウムガス**を用いて試験をする際は，ガス漏えい検知器によって試験をすることが可能です。なお，使用されるガス漏れ探知器には，**ハライドトーチ**，**ハロゲン漏れ検知器**などがあります。ハライドトーチは，加熱された銅板がフルオロカーボンと接触した場合に炎が緑色に変化する炎色反応を利用したガス漏れ検知器で，小型バナーの一種です。炎の色変化が生じた場合はフルオロカーボン（冷媒）の漏れを示しているため，ナットの増し締めなどののち，再点検をします。

圧力のかかった状態で**衝撃**を与えたり，**つち打ち**したり，溶接補修など**熱**を加えてはなりません。

それぞれの被試験品に対する気密試験が終了したら，次に装置全体に対する気密試験を実施します。それぞれの気密試験と同じように配管で各機器を接続し，低圧部から**規定圧力**で**発泡液等**を用いて行います。漏れが予想される配管接続部などは丹念に調べるようにして，高圧部も規定圧力により調べていきます。

気密試験に用いる圧力計の文字盤の大きさは**75mmφ以上**とし，最高目盛は気密試験圧力の**1.25倍以上2倍以下**として，個数は原則として2個以上を用います。

補足

つち打ち

金づちなどの衝撃工具で叩くことを，つち打ちといいます。

試験流体別の気密試験方式と基準（要約）を，以下の図に示します。

●**水槽気泡法**

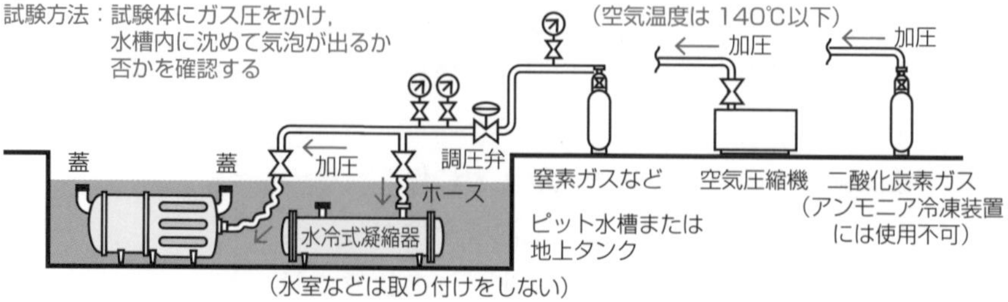

●**発泡液塗布法**

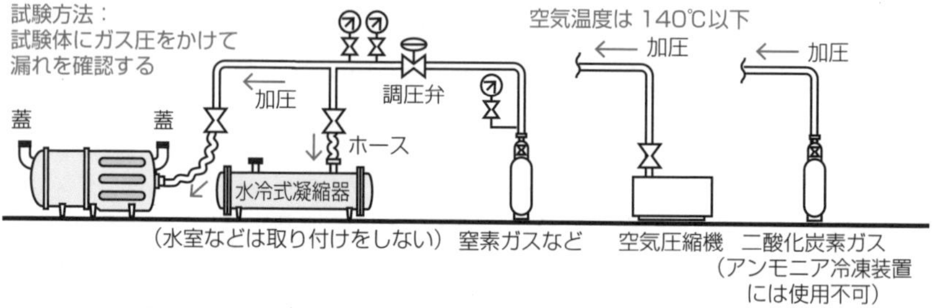

チャレンジ問題

問1　難　**中**　易

以下の記述のうち，正しいものはどれか。

(1) 気密試験には発泡液塗布法と水槽気泡法があり，実施が容易で漏れを発見しやすい前者が一般的に用いられている。
(2) それぞれの被試験品における気密試験が合格となったのちに装置全体に対する気密試験を実施する。
(3) 気密試験に用いるガスは一般的に不燃性ガスまたは空気だが，水槽気泡法を用いれば可燃性ガスや酸素ガスでも使用することができる。
(4) 気密試験に用いるガスは，140℃以下に設定しなければならない。

解説

装置全体に対する気密試験では，それぞれの気密試験と同様に各機器を配管で接続して低圧部から規定圧力で発泡液等を用いて行います。

解答 (2)

真空試験（真空放置試験）

1 真空試験とは

真空試験は気密試験終了後に実施する**最終試験**で，配管および設備全体を**真空引き**します。この試験は法規による規定はされていませんが，ほとんどの設備で実施されています。

この試験では，漏れの箇所の特定はできないものの，**微少な漏れを確認**することができます。また，**真空**にすることで内部の水分が蒸発するため，冷凍装置内を乾燥させることができます。このほか，試験ガスといった**残留ガスを排除**することができます。

2 真空試験の実施

まず**真空ポンプ**を使って冷媒系統内部のガスを抜いていき，**−93kPa（絶対圧力では約 8kPa）程度以下**の真空状態にします。この作業の際，冷凍装置の圧縮機は使用しません。

次にこの真空状態を数時間維持して，冷凍装置内の水分を乾燥させつつ，**微少な漏れ**の有無を確認していきます。このとき，水分が残っている状態で真空ポンプを停止すると圧力が上がっていくため，残留しやすい場所などは **120℃以下に加熱**して乾燥させます。

真空試験では，一般に用いられている連成計ではなく，必ず**真空計**あるいは**マノメータ**を用いるようにします。連成計では正確な真空の数値を読み取ることができないからです。

補足

真空引き
真空ポンプを使用して配管内などに残った空気を吸い出し，真空状態にすることを真空引きといいます。

真空計
真空の程度を測定する計器です。

マノメータ
圧力計の一種で，管や容器内の気体および液体の圧力を測定する計器をいいます。

●真空計と連成計

真空計

(−0.1MPa)

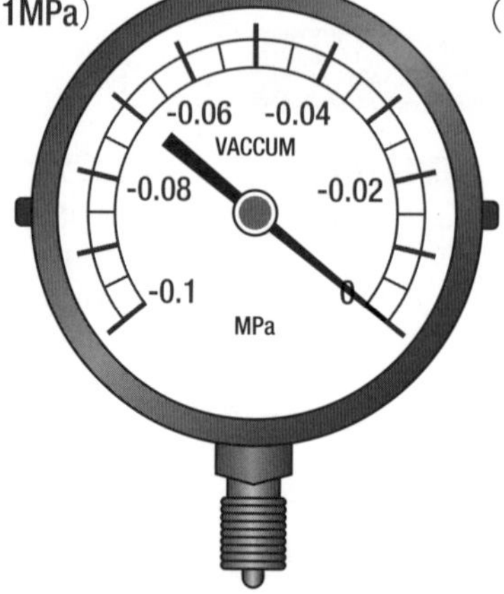

連成計

(−0.1〜1MPa)

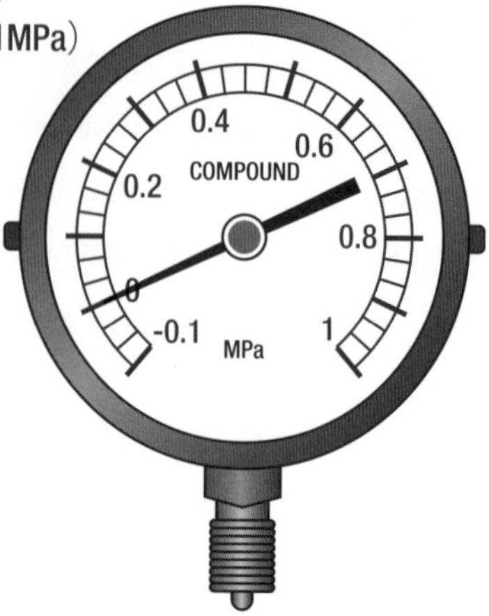

チャレンジ問題

問1　難　中　易

以下の記述のうち，正しいものはどれか。

(1) 真空試験は気密試験終了後の最終試験であり，冷凍保安規則や冷凍保安規制関係例示基準などで規定されている。

(2) 真空試験を実施することで，微少な漏れがどこで発生しているかを確認することができる。

(3) 真空試験では冷媒系統内部のガスを真空ポンプで抜き，−93kPa，絶対圧力では約8kPa程度以下の真空状態にする。

(4) 真空試験において，水が残留しやすい場所などは120℃以下に加熱して乾燥させ，真空の数値を読み取る真空計もしくは連成計を使用する。

解説

設問の状態にしたあと，この真空状態を数時間から一昼夜程度維持して，内部を乾燥させつつ微少な漏れの有無を確認していきます。

解答 (3)

冷媒の充てんおよび冷凍機油の充てん

1　冷凍機油の充てん

真空試験が完了し，合格した冷凍装置は試運転を実施するために**冷凍機油を充てん**します。

圧縮機の内部が**真空の場合**には，圧縮機に**油缶から充てんホースをつないで**，吸い込ませます。圧縮機の内部が**真空ではない場合**には，油缶から**油充てんポンプ**を使用します。また，圧縮機や冷媒の種類，運転条件などによって異なるため，原則として**圧縮機メーカーが推奨した油種**を用いるようにします。

冷媒油は鉱油や合成油が使用され，それぞれ粘度や流動点が異なっています。一般に高速回転の圧縮機で軸受荷重が小さいものは**粘度の低い油**を，低温用には**流動点が低い油**を用います。異なる油種を使用すると耐久性や性能に不具合が生じ故障の原因となります。

また，冷凍機油の充てんにおいては，**適正な油量**を充てんすることも重要です。油量は設計油量を原則とし，運転しつつ微調整をすることで最適な状態で運転できるようにします。油は多すぎても少なすぎても不具合を発生するので，注意が必要です。

さらに，**水分を含まない油**を使用しなければなりません。油は水分を吸いやすく，加水分解が金属の腐食や，膨張弁の凍結を招く恐れがあり，とりわけ**HFC系冷媒用の合成油**は水分を吸収しやすく吸湿性が高いため，完全密閉した容器に保管します。

長期間保管し，空気にさらされたような古い油は使用しません。

補足

流動点
凝固する直前の温度で，液体の低温流動性を表す数値を流動点といいます。

2 冷媒充てん

冷媒は，冷凍装置を運転しながら充てんを行います。その方法には，**液充てん**と**ガス（蒸気）充てん**の2種類があります。液充てんは，おもに**中型および大型の冷凍装置**で，充てん量が多い場合に用いられる方法です。

受液器，凝縮器（受液器兼用凝縮器）の冷媒液出口弁を閉めて，**冷媒充てん口（液チャージ口）**と冷媒ボンベの**液バルブ**をホースで接続して，運転しつつ液で充てんを行います。

ガス（蒸気）充てんは，おもに**小型の冷凍装置**で，充てん量が少ない場合に用いられる方法です。冷媒ボンベの**ガスバルブ**と**圧縮機の吸込み口**を接続し，運転しつつガスで充てんを行います。

いずれも原則として充てん量は設計充てん量とし，**計量器**を用いて正確に行うようにします。冷媒ボンベは**1口ボンベ**と**2口ボンベ**（液口とガス口）のものがありますが，最近のものはほとんどが液口にサイフォン管が付いている**サイフォン管付きボンベ**である2口ボンベなので，ボンベは立てたまま使用することが可能です。また，原則としてR404A，R407Cなどの**非共沸混合冷媒**は**液で充てん**します。ガス充てんの場合，成分比が異なる冷媒を充てんしてしまう危険性があるためです。

冷媒が不足した際の**追加充てん**は，原則として行いません。これは，漏れた冷媒が液なのかガスなのかで，残存冷媒の成分比が異なるからです。

3 試験運転

試験運転を実施する前に，まず電力系統，制御系統，ブラインなどの冷水系統，冷却水系統などの状態を十分に点検します。続いて自動制御装置や保安装置などの点検,作動確認を行ってから指導運転を開始します。そののち，運転に問題が生じなければ，性能運転を行います。

チャレンジ問題

問1 難 中 易

以下の記述のうち，正しいものはどれか。

(1) 真空試験が完了した冷凍装置に冷凍機油と冷媒を充てんする際，充てんホースを使用して運転をしない状態で行う。

(2) 冷媒充てん用の冷媒ボンベには，1口ボンベと2口ボンベがある。

(3) 冷凍装置に充てんする冷凍機油は，コストパフォーマンスのよい低価格のものを使用する。

(4) 冷凍装置に冷凍機油を充てんする際，配管等に水分が残っていても問題が発生することはない。

解説

冷媒ボンベは1口ボンベと2口ボンベ（液口とガス口）があり，最近のものはほとんどが2口ボンベとなっています。

解答 (2)

問2 難 中 易

以下の記述のうち，正しいものはどれか。

(1) 冷凍装置に冷媒を充てんする方法は，ガス充てんと液充てんの2種類がある。

(2) 冷媒の液充てんは，受液器，凝縮器（受液器兼用凝縮器）の冷媒液出口弁を閉めずに行う。

(3) 冷媒ボンベを立てたまま充てんできるのは，1口のボンベである。

(4) R404A，R407Cなどはガス充てんも可能となっている。

解説

液充てんは充てん量が多い場合，ガス（蒸気）充てんは，充てん量が少ない場合に用いられます。

解答 (1)

2 冷凍装置の運転と状態

まとめ＆丸暗記 この節の学習内容とまとめ

□ 冷凍装置の運転と準備	制御系統，電力系統，冷却水系統を点検後，試運転を開始し，異常がないことが確認できたら運転を継続しつつ，各部について異常の有無を調べる
□ 冷凍装置の運転確認	①圧縮機クランクケースにおける油面の高さ②凝縮器，油冷却器などの冷却水で出入弁が開いている③運転時に開く，もしくは閉じるべき弁④配管中の自動開閉弁や電磁弁などが作動すること⑤高圧圧力計や低圧圧力計などの値⑥各電動機の始動状態，回転方向⑦クランクケースヒータの通電⑧高低圧圧力スイッチ，油圧保護圧力スイッチ，冷却水圧力スイッチなどの作動確認
□ 運転開始	①凝縮器などに通水②冷却水配管内や水冷式凝縮器内を水で満たす③送風機や蒸発器のポンプを始動④圧縮機を始動し，吸込み弁全閉から徐々に開いていき，全開にする⑤圧縮機の油圧と油量を確認および，電動機の電流と電圧を確認⑥クランクケースの油面を確認⑦凝縮器または受液器の液面計の高さを確認⑧サイトグラスに気泡が発生していないことを確認⑨膨張弁の作動状況と過熱度を確認⑩吐出し圧力，温度が適正であるかを確認⑪圧縮機の吸込み蒸気圧力，蒸発器の冷却状態，霜付きの状態，満液式蒸発器では冷媒の液面高さを確認⑫油分離器の作動状態を確認
□ 運転停止	①圧縮機を停止しポンプダウンを実施②油分離器の返油弁を全閉③凝縮器と圧縮機のウォータージャケットなどの冷却水の止め弁を閉める

冷凍装置の運転

1 冷凍装置の運転とは

冷凍装置の運転状態を冷凍保安責任者が**適切かつ合理的に運転を管理**することでバランスのよい運転状態を維持することができます。そのためには，装置の構造や**電気系統**，**配管系統**などについて熟知しておく必要があります。ここでは，**往復圧縮機**や**スクリュー圧縮機**の一般的な冷凍装置の運転について解説します。

2 試運転と運転準備

長期間の運転停止後の**運転開始前**または**試運転**を開始する前の点検，確認の実施項目は以下の通りです。

①圧縮機クランクケースにおける油面の高さ（油量）が，正常であることを点検する
②凝縮器，油冷却器などの**冷却水出入り口弁が開いている**ことを確認する
③運転時に開く弁，閉じる弁を確認する。**安全弁の元弁**や**吐出し弁**は開となっている必要がある
④配管中の**自動開閉弁**や**電磁弁**などの**電気系統が作動**することを確認する
⑤**高圧圧力計**や**低圧圧力計**などの値を確認する
⑥各電動機の**始動状態**，**回転方向**を確認する
⑦**クランクケースヒータ**の**通電**を確認する
⑧**高低圧圧力スイッチ**，**油圧保護圧力スイッチ**，**冷却水圧力スイッチ**などの**作動**を確認する

補足

現在の冷凍装置
現在使用されている冷凍装置の多くは自動運転ですが，ここでは手動運転の基本的な操作を解説します。

絶縁抵抗測定（メガテスト）
運転準備では，各電動機の始動確認，回転方向の確認（運転準備項目の⑧）とともに，電気系統の結線の確認および，絶縁抵抗測定（メガテスト）も行い，問題のないことを確認します。

3 運転開始

運転準備を確認したら，以下の操作で運転を開始し，**運転状態の点検と調節**を行います。

①冷却塔，冷却水ポンプを始動して凝縮器などに**通水**する
②冷却水配管内や水冷式凝縮器内空気を**空気抜き弁から抜き**，水で満たす
③送風機や蒸発器のポンプを始動し，**水配管内や器内の空気を抜く**
④吐出し弁を全開し，圧縮機を**始動**する。吸込み弁の全閉状態から徐々に開いて**全開**にするが，湿り蒸気を圧縮する**ノック音**がしたら吸込み弁を絞り，音がしなくなったら**再び徐々に吸込み弁を開いて全開**にする
⑤圧縮機の油圧と油量および，電動機の電流と電圧を確認する。一般的に油圧は吸込み圧力より 0.15 ～ 0.4MPa 高い圧力とする。詳細は各メーカーの取扱説明書に従い行う
⑥**クランクケースの油面**を確認し，油面が低下している場合は給油をする。油が蒸発器などに送られた分が油面の低下となるが，安定運転後に油面の低下がみられる場合は，油の戻りが悪い，あるいは油分分離器の作動不良などが原因であると考えられる
⑦凝縮器または受液器の**液面計の高さ**を確認する
⑧サイトグラスに気泡が発生していないことを確認する
⑨膨張弁の**作動状況**と**過熱度**を確認する
⑩**吐出し圧力**，**温度**が適正であるか確認する
⑪圧縮機の**吸込み蒸気圧力**と**温度**，**過熱度**および**冷却状態**，蒸発器の**冷却状態**，**霜付きの状態**，満液式蒸発器では**冷媒の液面高さ**を確認する
⑫油分離器の分離と返油など，**作動状態**を確認する

4 運転停止

運転を停止（一時停止）する場合は，以下の操作が必要となります。

①凝縮器または受液器の出口弁を閉じてしばらく運転し，圧縮機を停止する。膨張弁手前の弁もしくは電磁弁などを閉じて運転し，低圧側（蒸発器など）にある冷媒を蒸発させることで凝縮器や受液器に回収する**ポンプダウン**を実施する

②停止中に油分離器内で凝縮液が圧縮機に戻るのを防止するため，**油分離器の返油弁を全閉**する

③凝縮器と圧縮機の**ウォータージャケット**などの**冷却水の止め弁を閉める**。冬季など，水が凍結する可能性がある場合には，水系内の水を**完全に排水**しておく

補足

ポンプダウン

高圧液管の弁を閉じて，冷凍装置を運転し，低圧側にある冷媒を高圧側の凝縮器や受液器に回収することで，冷凍装置の再始動時の液戻り防止に有効です。

チャレンジ問題

問1 難 中 易

以下の記述のうち，正しいものはどれか。

(1) 試験に合格した冷凍装置は，点検不要ですぐに試運転を実施することができる。

(2) 冷凍装置の始動運転を開始したら，異常がないことを確認後，運転を継続しながら各部について異常がないかを調べる。

(3) 冷凍装置の運転を始める前に高圧圧力計や液面計を点検する必要はない。

(4) 冷凍装置を長期間休止する場合には，ポンプダウン後，低圧側と圧縮機内は20kPa（ゲージ圧力）程度のガス圧にする。

解説

試運転の開始前には制御系統，電力系統，冷却水系統を点検し，開始後には異常が発生していないか常にチェックしながら運転を継続しつつ，各部について異常の有無を調べていきます。

解答 (2)

運転状態の変化

1　冷凍装置の運転状態

冷凍装置が安定して運転している状態を**平衡状態**といいますが，これは圧縮機，凝縮器，膨張弁，蒸発器の能力が各々**つり合った運転状態**であることを意味します。**負荷の変動**や**着霜**により，運転状態は変化していきます。

2　負荷が増加した場合

温度が高い品物が冷蔵庫に入ると，蒸発器の**負荷が増大**し，庫内温度は上昇します。負荷の増加にともない蒸発量も増え，冷媒の過熱度も増加します。これにより**蒸発器の開度が大きく**なり，**冷媒流量が多く**なることで圧縮機の吸込み圧力が上昇します。**蒸発器出入口空気温度差が大きく**なるので凝縮負荷が**増大**し，凝縮圧力・温度も**上昇**します。

❶ 庫内温度上昇 ➡ ❷ 蒸発量増加 ➡ ❸ 蒸発圧力と吸込み圧力上昇 ➡
❹ 冷媒流量増加 ➡ ❺ 蒸発器出入口空気の温度差増大 ➡ ❻ 凝縮圧力および温度の上昇

3　負荷が減少した場合

冷蔵庫内の品物が冷え，**冷却負荷が減少**すると庫内温度が**低下**し，蒸発量が減少します。冷媒の過熱度も減少することで**膨張弁の開度は小さく**，**冷媒流量は少なく**なるため圧縮機の吸込み圧力は**低下**します。**蒸発器出入口空気温度差は小さく**なるため凝縮負荷が減少し，凝縮圧力が**低下**します。

❶ 庫内温度低下 ➡ ❷ 蒸発量減少 ➡ ❸ 蒸発圧力と吸込み圧力低下 ➡
❹ 冷媒流量減少 ➡ ❺ 蒸発器の出入口空気の温度差減少 ➡ ❻ 凝縮圧力低下

4 蒸発器に着霜した場合

蒸発器に**着霜**すると，**空気の抵抗が増加**して**風量が減少**し，空気側の熱伝達率が**低下**します。また，霜付きにより熱伝導抵抗が**増加**するため，蒸発器の熱通過率が**減少**し蒸発圧力は**低下**，過熱度も**減少**します。

これにより膨張弁の開度が**小さく**なり膨張弁の冷媒流量が**減少**，圧縮機の吸込み圧力が**低下**します。

さらに凝縮負荷は**減少**，凝縮圧力・温度も**低下**し庫内温度が**上昇**します。着霜が増加すると冷凍装置の冷却能力が**減少**するため，**除霜**を行って冷却能力を回復させます。

補足

霜の熱伝導率

蒸発器の霜によって熱伝導抵抗が増加するのは，霜の熱伝導率が小さいことが原因です。

チャレンジ問題

問1 難 中 易

以下の記述のうち，正しいものはどれか。

(1) 圧縮機，凝縮器，膨張弁，蒸発器の能力が釣り合っている，すなわち冷凍装置が安定して運転されている状態を均衡状態という。

(2) 冷蔵庫に温度が高い品物が入ってくると一時的に蒸発器出入り口の空気温度差が大きくなるので凝縮負荷が増大するが，凝縮圧力・温度は下降する。

(3) 冷蔵庫内の品物が冷え切ると，蒸発量が減少し膨張弁の開度は大きくなる。

(4) 蒸発器に着霜すると空気側の熱伝達率が低下し，蒸発器の熱通過率が減少し蒸発圧力は低下，過熱度も減少する。

解説

設問の状態に加え，膨張弁の開度が小さくなることで膨張弁の冷媒流量が減少，圧縮機の吸込み圧力が低下します。さらに凝縮負荷が減少，凝縮圧力・温度も低下し庫内温度が上昇します。

解答 (4)

第7章　保安管理技術：圧力試験と冷凍装置の運転

3 冷凍装置の運転時の点検と目安

まとめ&丸暗記　この節の学習内容とまとめ

□ 運転状態の維持	冷却温度の保持, 保安, 動力消費量などの状態を把握し正常な運転状態を維持する
□ 圧縮機の吐出しガス圧力と温度	凝縮器の水温上昇や水量減少→圧縮機の吐出しガス圧力（凝縮圧力）は高くなり, 蒸発圧力が一定のもとでは圧力比が大きくなる→圧縮機の体積効率, 機械効率, 断熱効率などが低下→装置の冷凍能力が低下
□ 圧縮機の吸込み蒸気圧力	蒸発圧力（蒸発温度）の上昇→比体積が小さくなり, 冷媒循環量が増加→冷凍能力の増加に大きく影響する 吸込み蒸発圧力の低下→成績係数への影響が大きい→規定の吸込み蒸気圧力を維持するよう運転する
□ 凝縮器の温度	●水冷凝縮器 冷却水の出入口温度差＝4～6K, 凝縮温度は冷却水出口温度よりも3～5K高い ●空冷凝縮器 凝縮温度は外気乾球温度よりも12～20K高い ●蒸発式凝縮器 凝縮温度はアンモニア冷媒では約8K, フルオロカーボン冷媒では約10K程度, 外気の湿球温度よりも高い

運転時の点検

1 運転状態の維持

冷凍装置は常に正常な**運転状態を維持**することが重要で，冷却温度の保持，保安，動力消費量などの状態を把握することで**異常の早期発見**と**速やかな対処**を心がける必要があります。

運転管理においては，前もって点検箇所を決めておき，運転状態の**判定基準を明確**にすることに加えて，**運転日誌の作成**と**定期的な記録**をつけていくことが重要です。

点検項目としては，圧縮機の**吐出しガス圧力と温度**，圧縮機の**吸込み蒸気圧力**，運転時の**凝縮温度**および**蒸発温度**などがあります。

2 圧縮機の吐出しガス圧力と温度

凝縮器の水温上昇や**水量減少**などが発生すると，**圧縮機吐出しガス圧力（凝縮圧力）は高く**なり，蒸発圧力が一定のもとでは圧力比が大きくなるため，圧縮機の体積効率，機械効率，断熱効率などが**低下**することで装置の**冷凍能力の低下**を招きます。

これにより圧縮機駆動の軸動力が**増加**し，装置の成績係数は**小さく**なりますので，特に注意して管理することが必要です。

圧縮機の**吐出しガス圧力**が**高く**なると，吐出しガス温度も**上昇**します。冷凍機油の劣化，圧縮機シリンダの加熱などにより，ピストンやシリンダを傷める原因

補足

冷凍機油の劣化温度

冷凍機油は，120～130℃以上で劣化します。

となりますので，注意する必要があります。

なお，アンモニア冷凍装置の吐出しガス温度は，同条件で運転するフルオロカーボン冷凍装置に比較して数十℃高くなります。また，フルオロカーボン冷媒でも温度が高い場合や，特に冷凍機油との共存下にある場合では，圧縮機吐出しガス温度の**上限を 120～130℃程度**とするのが一般的です。これは，冷媒の分解や冷凍機油の劣化の促進を防ぐための上限温度となります。

●圧縮機の吐出しガス圧力（凝縮圧力）が高くなった場合の変化例

<変化i>

❶ 圧力比増加 ➡ ❷ 体積効率低下 ➡ ❸ 圧縮能力低下・軸動力増加 ➡ ❹ 成績係数低下

<変化ii>

❶ 吐出し温度上昇 ➡ ❷ 圧縮機加熱 ➡ ❸ 高温による冷凍機油の劣化

3　圧縮機の吸込み蒸気圧力

圧縮機の吸込み蒸気圧力は，吸込み蒸気配管などの流れ抵抗によって，蒸発器内の冷媒の蒸発圧力より多少低くなります。凝縮圧力が一定である場合には圧縮機の吸込み蒸気圧力が**低下**することで圧力比が大きくなるため，**体積効率は低下**します。

圧縮機の吸込み蒸気の比体積が大きく（ガスが薄く）なるため，冷媒循環量が**減少**し，冷凍能力と圧縮機駆動の軸動力は**低下**します。冷凍能力の減少割合の方が圧縮機の吸込み蒸気圧力の低下による圧縮機の駆動動力の減少より大きいため，吸込み蒸気圧力が低いほど**成績係数はより小さく**なります。

これらをまとめると，蒸発圧力（蒸発温度）の上昇によって比体積が**小さく**なり，冷媒循環量は増加します。冷凍効果も多少増加しますが，同一冷媒では，多少の蒸気温度変化では，冷凍効果の変化は少なくてすみます。しかし，冷媒循環量の増加については，冷凍能力の増加に大きく影響します。なお，吸込み蒸発圧力の低下は，成績係数への影響が大きいため，規定の吸込み蒸気圧力を維持するよう運転しなければなりません。

●圧縮機の吸込み蒸気圧力が低下した場合の変化例

❶ 圧力比増加 ➡ ❷ 体積効率低下 ➡ ❸ 比体積増加 ➡ ❹ 冷媒流量減少

4 凝縮器の温度

運転時における凝縮温度は冷媒の種類，水冷凝縮器では冷却水の温度と水量，空冷凝縮器では外気の乾球温度と風量，蒸発器では外気の湿球温度と風量で定まります。凝縮器の標準的・合理的値は以下の通りです。

①水冷凝縮器（開放型冷却塔使用の横型シェルアンドチューブ凝縮器，ブレージングプレート凝縮器）
冷却水の出入口温度差＝４～6K
凝縮温度は冷却水出口温度よりも３～5K 高い

②空冷凝縮器
凝縮温度は外気乾球温度よりも 12 ～ 20K 高い

③蒸発式凝縮器
凝縮温度はアンモニア冷媒は約 8K，フルオロカーボン冷媒は約 10K 程度，外気の湿球温度よりも高い

5 蒸発器の温度

蒸発温度は，被冷却物の温度により何度低くするかが大体決まっています。蒸発器の標準的・合理的値は，以下の通りです。

①冷凍・冷蔵用冷却器は庫内温度より 5～12K程度低い
②空調用冷却器は室内温度より 15 ～ 20K 程度低い

補足

冷蔵庫，冷蔵倉庫
冷蔵庫は家庭用冷蔵庫の略で，冷蔵倉庫は多量の冷凍，冷蔵品を収納する倉庫のことをいいます。

チャレンジ問題

問1

難　中　易

以下の記述のうち，正しいものはどれか。

(1) 蒸発圧力が一定のもとでは，凝縮器の水温上昇や水量減少などが発生すると装置の冷凍能力が低下するが，これには機械効率，断熱効率などの低下と圧縮機の体積効率の上昇などが関係している。

(2) 圧縮機の吸込み蒸気の比体積が大きくなると，ガスが濃くなる。

(3) ピストンやシリンダを傷める原因は，冷凍機油の劣化や圧縮機シリンダの加熱などが挙げられる。

(4) 蒸発器の温度は，冷凍・冷蔵用冷却器に関しては標準で庫内温度よりも10～20K程度低くする。

解説

冷凍機油の劣化や圧縮機シリンダの加熱は，おもに圧縮機の吐出しガス圧力が高くなり，吐出しガス温度も上昇することで発生します。

解答 (3)

問2

難　中　易

以下の記述のうち，正しいものはどれか。

(1) 水冷凝縮器に関しての運転時における凝縮温度は，冷却水出口温度よりも8～12K程度高くなる。

(2) 圧縮機の冷媒循環量が減少すると冷凍能力と圧縮機駆動の軸動力は低下するが，圧縮機の吸込み蒸気圧力の低下は冷凍能力の減少割合よりも影響力が大きくなる。

(3) 空調用冷却器の標準的・合理的蒸発温度は，室内温度よりも20～35K程度低くする。

(4) 蒸発式凝縮器の凝縮温度は，フルオロカーボン冷媒では約10K程度外気の湿球温度よりも高くなる。

解説

アンモニア冷媒の場合には，外気の湿球温度よりも約8K程度高くなるので注意しましょう。

解答 (4)

保安管理技術

第8章

冷凍装置の保守管理と保安装置

1 保守管理

まとめ&丸暗記 この節の学習内容とまとめ

□ 保守管理	冷凍装置の故障を未然に防ぎ，良好な状態を維持する
□ 高圧圧力の上昇	空気の混入，冷却水温度の上昇など
□ 低圧圧力の低下	ガス漏れ，充てん量の不足など
□ 不凝縮ガスの滞留原因	冷媒充てん前のエアパージ不十分，装置運転中の低圧部の冷媒圧力が大気圧以下，低圧部の漏れ箇所の存在
□ 不凝縮ガスの確認方法	圧縮機の運転停止後，凝縮器の冷媒出入口弁を閉じ水冷式凝縮器の冷却水を通水し，凝縮器圧力が冷却水温度相当の飽和圧力より高い場合に存在
□ 不凝縮ガスの放出	ガスパージャもしくは空気抜き弁を使用する
□ 水分侵入による影響	フルオロカーボンでは少量の水分でも障害の原因となる。アンモニアでは多量になると障害が発生する
□ 液戻り	蒸発器から冷媒ガスが戻る現象
□ 液戻りと液圧縮のおもな原因	①冷凍負荷の急激な増大②吸込み配管途中のUトラップの存在③膨張弁の過開き④運転停止時の蒸発器内の冷媒液の過度な残留
□ 液封事故	管内が液で満たされた状態で外部からの熱を受けると非常に高い圧力を生じて弁を破壊することがある
□ 液封事故の対処方法	安全弁や破裂板，もしくは圧力逃がし装置を取り付ける
□ オイルフォーミングの原因	①フルオロカーボン冷凍装置で，停止中から始動したとき②液戻りの状態で冷凍装置を運転したとき③湿り気蒸気を圧縮機が吸い込むことで圧縮機の吐出しガス温度が低下，さらに液戻りが続いて冷たい冷媒液がクランクケース内の温かい油に混ざったとき
□ オイルフォーミング防止策	圧縮機の運転開始前に油温をクランクケースヒータで周囲温度よりも高くする

圧力変化の原因と対策

1 保守管理の目的

冷凍装置の**故障を未然に防ぐ**と同時に，**動力消費量**および**保安**のためにも，常に**正常かつ，良好な運転状態を維持**する必要があります。日頃から冷凍装置の正常な運転状態を把握しておき，異常を早期に発見し，すみやかに対処しなければなりません。

冷凍装置についての点検箇所をあらかじめ定め，運転状態の正常および異常の判断基準を明らかにしておきます。また，運転日誌を作成して，運転記録を定期的にとることも運転管理上大切なことです。

補足

エアパージ
配管内にある水分や空気を外部へ排出することを，エアパージといいます。

2 高圧圧力（凝縮圧力）の上昇の原因

高圧圧力（凝縮圧力）が**規定値よりも上昇**する場合，おもな**原因とその対策**は以下の通りです。

［原因］		［対策］
冷媒の過充てん	→	冷媒の一部を抜く
空気（不凝縮ガス）の混入	→	エアパージを行う
冷却水温が高い	→	冷却塔を清掃する
冷却水の水量が減少	→	冷却水ポンプを点検する，ストレーナを洗浄する
冷却管への水あか付着	→	冷却管を洗浄する
外気温度が高い	→	外気の流れを点検する
風量が少ない	→	空冷凝縮器の送風機を点検する

3 低圧圧力（蒸発圧力）の低下の原因

低圧圧力が低下する場合は，同時に**吸込み蒸気圧力も低下**するので，圧縮吸込み冷媒の**比体積が大きく（蒸気が薄く）**なって冷媒循環量が減ります。

これにより，圧縮機の軸動力は**減少**するものの，それよりも圧縮機の吸込み蒸気圧力が低いほど冷凍装置の冷凍能力の**低下**や，成績係数の**低下**が著しくなります。吸込み蒸気圧力の低下の成績係数への影響は，吐出しガス圧力の上昇よりも大きくなります。したがって，あらかじめ定められた吸込み蒸気圧力を維持しながら運転することが大切です。

低圧圧力の低下原因としては，冷凍装置からの**冷媒の漏れ**や**冷媒充てん量の不足**などが考えられます。

低圧圧力が低下するおもな原因と対策は，以下の通りです。

[原因]		[対策]
冷媒の漏れ	→	漏れている箇所を特定，修理して冷媒を補充する
冷媒充てん量が少ない	→	冷媒を補充する
蒸発器に着霜している	→	デフロストを実行する
凝縮圧力の低下	→	冬季は外気の影響で凝縮圧力が低下することがあるので，対策を講じる
フラッシュガスの発生	→	膨張弁を再選定し，調整を行う
液管ストレーナの詰まり	→	ストレーナを清掃する

●**加熱運転と湿り運転の影響**

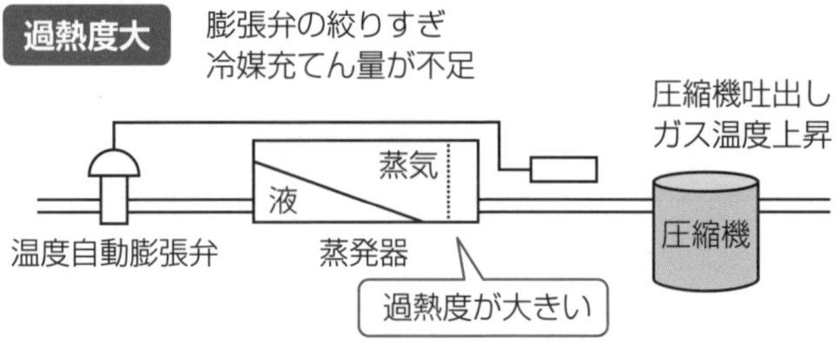

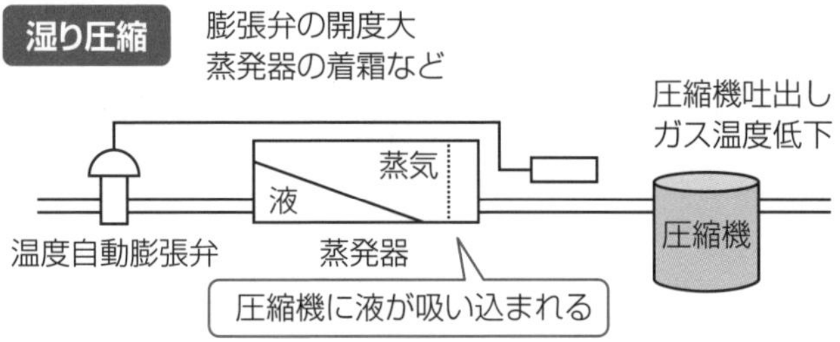

チャレンジ問題

問1 難 中 易

以下の記述のうち，正しいものはどれか。

(1) 冷却水温が高く冷凍装置の運転に支障をきたす場合には，外から配管に風をあてて水温を下げる。

(2) エアパージは，不凝縮ガスの混入により高圧圧力が上昇した場合に実施する。

(3) 冷凍装置の冷媒充てん量が少ない場合には，規定値よりも若干多いくらいの冷媒を補充しておく。

(4) 冷凍装置でフラッシュガスが発生した場合は，蒸発器に入る液冷媒が多すぎて低圧圧力が低くなっているので膨張弁を再選定し，調整を行う。

解説

不凝縮ガス（空気）が混入すると高圧圧力が上昇するので，配管内にある水分や空気を外部へ排出するエアパージを実施して高圧圧力を下げます。

解答 (2)

不凝縮ガス

1 不凝縮ガスの滞留原因と影響

冷凍装置内に存在する不凝縮ガスの多くは**空気**で，冷媒充てん前に真空ポンプによる**エアパージが不十分**だったり，装置の運転中に低圧部の冷媒圧力が大気圧以下となったうえに低圧部に漏れの箇所が存在する場合に不凝縮ガスが滞留します。

不凝縮ガス（おもに空気）が冷凍装置に混入した場合には，凝縮器で不凝縮ガスは液化されないので凝縮器上部にたまります。これによって冷却管の冷媒側の熱伝達が不良になることで，冷却管の熱通過率は小さくなり**凝縮圧力が上昇**します。

凝縮器内の圧力は不凝縮ガスの分圧相当分以上に上昇するので，吐出しガスの温度と圧力が上昇し，圧縮機の軸動力が大きくなって**冷凍能力および成績係数が低下**します。

●不凝縮ガスの滞留原因

①冷媒を充てんする前の真空ポンプによるエアパージが不十分であること

②装置運転中に低圧部の冷媒の圧力が大気圧以下になること

③さらに低圧部に漏れの箇所があると空気が混入してしまうこと

2 不凝縮ガスの確認の方法

冷凍装置内に不凝縮ガスが存在しているか否かを確認するには，まず圧縮機の運転を停止し，凝縮器の冷媒出入口弁を閉じます。

次に，水冷式凝縮器の冷却水はそのまま 20 ～ 30 分通水しておきます。これは，冷却水温度と凝縮器内部の冷媒温度を等しくするためです。

この状態のとき，凝縮器圧力が冷却水温度相当の飽和圧力より高い場合には，不凝縮ガスが存在しています。

3 不凝縮ガスの放出

フルオロカーボン冷媒において，**不凝縮ガスを放出**するには**ガスパージャ**もしくは**空気抜き弁を使用**する2つの方法があります。

ガスパージャはおもに大型の冷凍装置で使用されるもので，冷媒ガスを**液化**させますが，不凝縮ガスだけでなく冷媒もわずかながら**放出**されます。ガスパージャがない設備では，不凝縮ガスの確認方法の終了後にそのままの状態（圧縮機停止を保つ）で，凝縮器上部の空気抜き弁を少しだけ開いてしずかに空気を抜き，正常圧力まで下げます。

空気抜き弁を使用する方法では，凝縮器や受液器上部の**空気抜き弁を少し開き**，静かに抜きます。これにより圧力が低下して，飽和圧力になるのを待ちます。

このときに弁を大きく開いてしまうと，冷媒が多量に放出されてしまいます。大気圧下では冷媒は－数十℃で蒸発するので，**失明**や**凍傷**になる危険性があり注意が必要です。

アンモニア冷媒の場合には，別に水槽などの**除害設備**を設置してアンモニアガスを放出するようにします。アンモニアガスは除害する必要があり，そのまま大気中に排出しないようにします。

なお，フルオロカーボン冷媒でも2015年に施行された**フロン排出抑制法**により，現在では空気抜き弁からの放出ができなくなり，全冷媒を回収したうえで適切な処理を行わなければなりません。

補足

ガスパージャ

冷媒蒸気と不凝縮ガスを分離して，不凝縮ガスを器外に排出する装置をガスパージャといいます。

チャレンジ問題

問1 難 中 易

以下の記述のうち，正しいものはどれか。

(1) 冷媒充てん前のエアパージが不十分で，装置運転中に高圧部の冷媒圧力が大気圧以下で漏れ箇所があると冷凍装置内の不凝縮ガス滞留の原因となる。
(2) 圧縮機の運転を中止して凝縮器の冷媒出入口弁を閉じ，水冷式凝縮器の冷却水を20～30分通水した際，凝縮器圧力が冷却水温度相当の飽和圧力より低い場合，不凝縮ガスが存在する。
(3) フルオロカーボンおよびアンモニア冷媒での不凝縮ガス放出には，ガスパージャもしくは空気抜き弁を用いる。
(4) 冷凍装置に不凝縮ガスが混入すると，凝縮圧力上昇，冷凍能力低下を招く。

解説

不凝縮ガスは，凝縮器上部にたまることで凝縮圧力が上昇します。凝縮器内の圧力は不凝縮ガスの分圧相当分以上に上昇するため，吐出しガスの温度と圧力が上昇，圧縮機の軸動力が大きくなり冷凍能力および成績係数が低下します。

解答 (4)

問2 難 中 易

以下の記述のうち，正しいものはどれか。

(1) 冷凍装置内に存在する不凝縮ガスの多くは蒸気である。
(2) 冷凍装置に不凝縮ガスが混入した場合，不凝縮ガスは凝縮器下部にたまる。
(3) 冷凍装置内の不凝縮ガスの確認は，圧縮機の運転を停止して凝縮器の冷媒出入口弁を閉じ，冷却式凝縮器の冷却水を20～30分程度通水して行う。
(4) アンモニア冷媒の不凝縮ガスの放出は，そのまま大気中に排出する。

解説

水冷式凝縮器の冷却水を通水しておくのは，冷却水温度と凝縮器内部の冷媒温度を等しくするためです。凝縮器圧力が冷却水温度相当の飽和圧力より高い場合には，不凝縮ガスが存在しています。

解答 (3)

装置内への水分の侵入

1　水分侵入による影響

水分が冷凍装置内に侵入すると，さまざまな不具合が発生します。発生する不具合は，使用している冷媒がアンモニアであるか，フルオロカーボンであるかによってその影響は異なりますが，水分が侵入するおもな原因は以下の通りになります。

●冷凍装置内に水分が侵入するおもな原因
①冷凍機油中に水分が含まれている
②吸込み圧力が大気圧以下になったとき
③冷媒中に水分が含まれている
④新設または修理中に配管などに水分が残っている
⑤分解または点検中に空気中の水分が侵入する
⑥気密試験に圧縮空気を使用したとき，圧縮空気内の水分が侵入する
⑦新設または修理中に真空引きが不足している

2　フルオロカーボン冷媒の場合

フルオロカーボン冷媒は水分をほとんど溶解しないため，わずかな水分の侵入が障害の原因となり得ます。

高温の運転では潤滑油を乳化させて潤滑性能を低下させたり，冷媒系統中に酸性物質を生成し，金属を腐食させたりするなどの影響が出ます。

冷温の運転では膨張弁に水分が氷結することで冷媒が流れなくなり，冷凍能力が低下します。

補足

潤滑油の乳化
潤滑油に水分が混入し，粘り気が出て潤滑性を失うことを乳化といいます。

いずれにしても，フルオロカーボン冷媒系統中に水分を侵入させないように十分な**対策を施す**必要があります。

3 アンモニア冷媒の場合

アンモニア冷媒の場合には，水分がアンモニアに溶解して**アンモニア水**となるため，少量の水分が侵入しても冷凍装置に大きな影響はありません。

しかし，多量の水が侵入すると冷凍機油の**乳化**による**潤滑性能の低下**や**蒸発圧力の低下**といった障害が発生します。

チャレンジ問題

問1 難 **中** 易

以下の記述のうち，正しいものはどれか。

(1) フルオロカーボン冷媒，アンモニア冷媒ともに少量の水分侵入は問題ない。

(2) 冷凍装置内に水分が侵入するのは，吸込み圧力が大気圧以下になったときや冷凍機油もしくは冷媒に水分が含まれていることなどがおもな理由である。

(3) アンモニア冷媒に多量の水が侵入すると，蒸発圧力は低下するが潤滑性能は向上する。

(4) フルオロカーボン冷媒に水分が侵入した際，冷温の運転では酸性物質を生成し，金属を腐食させる。

解説

設問のほかにも，新設または修理中に配管などに水分が残存している，分解や点検中に空気中の水分が侵入する，気密試験に圧縮空気を使用したとき圧縮空気内の水分が侵入する，新設または修理中に真空引きが不足しているなどがあります。

解答 (2)

液戻りと液圧縮，液封鎖

1 液戻りと液圧縮現象

液戻りとは，負荷が急激に増大した際に，蒸発器から冷媒ガス（液ミスト）が戻ってくる現象で，冷媒液が冷媒ガスに混入し，圧縮機のシリンダに吸い込まれてそのまま圧縮すると，**液圧縮**の原因となります。

この液戻りによって圧縮機が湿り蒸気を吸い込むことで，圧縮機の**吐出しガス温度は低下**し，液戻りが持続すると**潤滑不良**の原因にもなります。

また，冷たい冷媒がクランクケース内の温かい油と混ざり，冷媒が急に蒸発する**オイルフォーミング**を引き起こすことで起こる給油ポンプの**油圧低下**も，潤滑不良の一因となります。

ほかにも，潤滑不良の原因としては，潤滑油に冷媒液が多量に溶け込むことで油の粘度が低下することが挙げられます。

潤滑油や冷媒液は，**非圧縮性**という性質を持っています。こうした液戻りが頻繁に発生するようになると，シリンダ内圧力が上昇し，吸込み弁や吐出し弁の**破壊**，**シリンダやピストンの破壊**などがあるので気をつけなければなりません。

液圧縮による不具合では，往復式圧縮機においてシリンダ内圧力の異常上昇による**吐出し弁**，**吸込み弁の破壊**や**シリンダ破壊**などが起こります。

また，スクリュー式圧縮機では，軸受けの摩耗やロータとケーシングの接触，および損傷などの不具合が起こります。

補足

吐出しガス温度の低下

圧縮機内で吸込み冷媒中の液が蒸発し，ガスを冷却するために起こります。

オイルフォーミングの発生と油圧低下および潤滑不良

クランクケース内の油中に冷媒液が飛び込んで，蒸発するために引き起こされます。

2 液戻りと液圧縮の原因

液戻りと液圧縮のおもな原因は，以下の通りです。

①冷凍負荷の急激な増大

冷媒が蒸発器内で激しく沸騰し，冷媒蒸気が液滴を伴い圧縮機に吸い込まれると液戻りが発生。液戻りが多いと液圧縮を引き起こします。

②吸込み配管の途中にあるＵトラップの存在

運転停止中，Ｕトラップに油や液がたまり，再起動時やアンロードからフルロード運転に切り換わった際，液戻りが発生します。

③膨張弁の開きすぎ

膨張弁の不具合や感温筒が正常に作動しない場合には，弁開度が大きくなりすぎて過剰な液が蒸発器に流入します。

④運転停止時，蒸発器内における冷媒液の過度な残留

圧縮機が再起動した際，沸騰が激しくなって液滴のまま出てくるので液戻りが発生します。

こうした液戻りに対しては，圧縮機吸込み側に液分離器を設置しておくと効果的です。

3 液封事故

高圧液配管などのように管内が液で満たされている場合，運転停止中に両端の弁が閉じられると液封になります。

液封とは，液配管や液配管の集合管，枝出し管などの液ヘッダーなどで，液のみの部分の出入口両端が電磁弁や止め弁などで封鎖されてしまう状態のことです。

ここが外部からの熱を受けると，管内の冷媒液の熱膨張によって非常に高い圧力を生じて配管や弁を破壊することがあります。こうした現象を，液封事故といいます。

この液封の原因は，弁の操作ミスで起こることが多いので，注意しなければなりません。

4 液封事故の対処方法

冷凍装置内に液封が発生する箇所がある場合，そこに**安全弁**や**破裂板**，もしくは直接圧力を有効に逃すことができる圧力逃がし装置を取り付けます。

液封は，運転中の温度が低い冷媒液の配管に発生しやすい傾向があります。具体的には，**冷媒液強制循環式**の冷媒液ポンプ出口から蒸発器までの低圧液配管，**二段圧縮装置**の高圧受液側から膨張弁（蒸発器）までの高圧液配管などです。

補足

液滴
液体のしたたりや粒のことを，液滴といいます。

チャレンジ問題

問1 難 中 易

以下の記述のうち，正しいものはどれか。

(1) 液圧縮のおもな原因は，液戻りによって冷媒ガスに冷媒液が混入し，圧縮機のシリンダに吸い込まれたあと，そのまま圧縮されることである。
(2) 液戻りと液圧縮のおもな原因は，運転停止時，蒸発器内における冷媒液の過度な残留があることや吸込み配管の途中のUトラップが存在すること，膨張弁が全閉していること，冷凍負荷が急激に増大することなどがある。
(3) 液封事故を防ぐには，冷凍装置内の液封が発生する箇所に圧力逃がし装置や破裂板，空気抜き弁，安全弁，溶栓などを取り付ける方法が有効である。
(4) 液封は，運転中の温度が高い冷媒液配管によく発生するが，外部からの熱をさらに受けると，非常に高い圧力を生じて弁破壊する液封事故につながる。

解説

蒸発器から冷媒ガスが戻ってくる液戻りによって，蒸発器からの冷媒ガスに冷媒液が混入し，圧縮機のシリンダに吸い込まれます。

解答 (1)

オイルフォーミング

1 オイルフォーミングの弊害

オイルフォーミングは潤滑油の泡立ち現象を指し，潤滑油が圧縮機から多量に吐き出される油上がりやシリンダの破壊，圧縮機の潤滑不良などの原因となります。オイルフォーミング時には，油圧保護圧力スイッチが作動して圧縮機が運転不可となることがあります。

2 オイルフォーミングの原因と防止対策

オイルフォーミングのおもな原因は，以下の通りです。

●オイルフォーミングのおもな原因

①フルオロカーボン冷凍装置で，停止中から始動したときなど。圧縮機内の潤滑油温度が低く，冷媒が多く溶け込んでいる状態から圧縮機を始動すると発生しやすくなる

②液戻りの状態で冷凍装置を運転したとき

●オイルフォーミングの発生過程

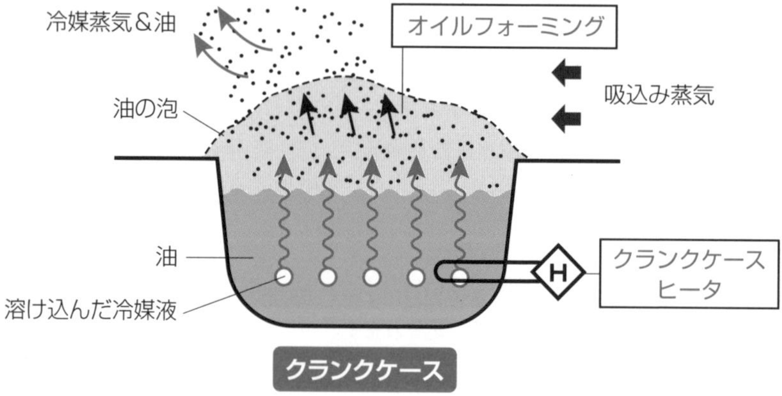

③湿り気蒸気を圧縮機が吸い込むことで圧縮機の吐出しガス温度が低下，液戻りが続いて冷たい冷媒液がクランクケース内の温かい油に混ざったとき

オイルフォーミングの発生を防ぐには，圧縮機の運転開始前に油温をクランクケースヒータを用いて周囲温度よりも高くしておくことが有効です。これにより，油中に溶け込んだ冷媒の量を減らすことができます。

また，アンモニア冷媒の場合でも，オイルフォーミングが発生することがあります。液戻りがある場合や，停止中にクランクケース内の油に少量溶け込むといった場合に発生しやすいので注意が必要です。

補足

装置内の異物による不具合

シャフト面シールを傷つけ冷媒漏れを誘発／圧縮機の各摺動部に侵入してピストン，シリンダ，軸受けなどを摩耗／密閉型圧縮機で電気絶縁性能を低下させ電動機の焼損原因に／膨張弁に詰まって運転が不安定に

チャレンジ問題

問1

難　中　易

以下の記述のうち，正しいものはどれか。

(1) 冷媒が泡立つオイルフォーミングは，シリンダの破壊，圧縮機の潤滑不良などを引き起こす。

(2) 冷凍装置を液戻りの状態で運転したときや，圧縮機内の潤滑油温度が高い状態で圧縮機を始動するとオイルフォーミングが発生しやすくなる。

(3) 湿り気蒸気を圧縮機が吸い込み，液戻りが続いて冷媒液がクランクケース内の冷たい油に混ざるとオイルフォーミングが発生する。

(4) クランクケースヒータで油温を周囲温度よりも高くしておくと，オイルフォーミングの発生を防止できる。

解説

圧縮機の運転開始前にクランクケースヒータを使用することで，油中に溶け込んだ冷媒の量を減らすことができます。

解答 (4)

第8章 保安管理技術：冷凍装置の保守管理と保安装置

2 冷媒充てんと圧縮機の点検箇所

まとめ＆丸暗記 この節の学習内容とまとめ

□ 冷媒充てん量の確認	運転中の受液器の冷媒液面が低下 →冷媒充てん量が不足
□ 冷媒充てん量の不足	蒸発圧力が低下 →吸込み蒸気の過熱度が上昇 →吐出しガス圧力の低下 →吐出しガス温度の上昇 →冷凍機油の劣化 →装置の冷却不良
□ 冷媒の過充てん	凝縮器で凝縮液が多数の冷却管を浸し伝熱面積減少 →凝縮圧力が上昇
□ 潤滑油	潤滑油ポンプとクランクケースの油温は50℃以下
□ 潤滑油の油圧が過小	配管やストレーナの詰まり 油量の不足 油ポンプの故障 冷却不良
□ 圧縮機の過熱運転	圧縮機シリンダの温度が上昇 →油が炭化分解 →不凝縮ガスが発生
□ 冷凍機油の役割	冷却作用（摩擦熱の除去） 潤滑作用（摺動部の摩耗，摩擦の防止） シール作用（軸受け，ピストンリングの漏れ防止）

冷凍装置の冷媒充てん量

1 冷媒充てん量不足の確認

冷凍装置における冷媒充てん量の不足は，運転中の受液器の**冷媒液面**にある**冷媒の位置**をみることで確認することができます。

この冷媒液面が**低下**している場合には，冷媒充てん量が**不足**していることを意味します。

2 冷媒充てん量不足による影響

冷媒の量が不足すると蒸発圧力が**低下**し，吸込み蒸気の過熱度が**大きく**なります。これにより吐出しガス**圧力は低下**する一方，吐出しガス**温度は上昇**します。

そのため，冷凍機油に劣化が生じたり，装置が冷却不良の状態に陥ったりすることがあります。

フルオロカーボン冷媒を使用した密閉形圧縮機では，吸込み蒸気による電動機の冷却がうまくできなくなり電動機の巻線を**焼損**することもあります。

●冷媒充てん量不足による不具合現象

①蒸発圧力が低下し，冷凍能力が低下する

②蒸発器への冷媒供給量不足による吸込み蒸気の加熱度の増加

③吐出しガス温度が上昇し，油が劣化する

④吐出し圧力が低下する

⑤冷却不足による密閉圧縮機での電動機巻線の焼損

補足

冷媒充てん量不足による不具合の原因

蒸発器への冷媒供給量が不足すると，蒸発圧力および冷凍能力の低下（①），吸込み蒸気の加熱度の増加（②）を招きます。吸込み蒸気の加熱度が増加すると，吐出しガス温度が上昇し，油が劣化（③）します。吐出しガス量と凝縮負荷が減少すると，吐出し圧力も低下（④）します。冷媒循環量が不足し，巻線が冷却不足になると，密閉圧縮機での電動機巻線の焼損（⑤）が起こります。

3 冷媒の過充てん

冷媒が過充てんされると，**凝縮圧力が高く**なります。凝縮器で凝縮液が多数の冷却管を浸し，凝縮に対して有効に作用する**伝熱面積が減少**するためです。このような状態になると圧縮機駆動用電動機の電力消費量が増大するなど，冷凍装置の運転に支障をきたす原因となります。

空冷凝縮器でも，冷媒の過充てんにより凝縮圧力は高くなります。余分な冷媒が凝縮器にとどまるため，凝縮に有効な伝熱面積が減少することが原因です。

チャレンジ問題

問1 難 中 易

以下の記述のうち，正しいものはどれか。

(1) 運転中の受液器の冷媒液面が上昇しているとき，冷凍装置における冷媒充てん量が不足している。
(2) 蒸発圧力が低下し吸込み蒸気の過熱度が大きくなる場合には，冷媒量が不足していることを意味する。
(3) 空冷凝縮器では，冷媒が過充てんされても凝縮圧力に変化はない。
(4) 冷媒が過充てんされると，凝縮器で凝縮液が多数の冷却管を浸し，凝縮に対して有効に作用する伝熱面積が減少するので凝縮圧力は低くなる。

解説

冷媒量の不足によって蒸発圧力が低下し吸込み蒸気の過熱度が大きくなり，吐出しガス圧力は低下，吐出しガス温度は上昇します。

解答 (2)

圧縮機の点検箇所と潤滑作用

1 潤滑油

圧縮機の点検を行うにあたり，**潤滑油**は非常に重要な項目です。**潤滑油ポンプ**と**クランクケース**の油温は運転状況や構造によって異なりますが，**50℃以下**にします。潤滑油の油圧が過小である場合には，配管やストレーナの詰まりや油量の不足，油ポンプの故障，冷却不良などを引き起こし，潤滑も不良となります。

油ポンプは故障すると**潤滑作用が阻害**され，**油圧保護圧力スイッチ**も作動します。

2 過熱運転

圧縮機が**過熱運転**を行うと，圧縮機シリンダの温度が**上昇**することで油が**炭化分解**し，**不凝縮ガス**を発生します。

また，油温が上昇して粘度が下がった場合には，**油膜切れ**を起こす可能性があるので，油温は**130℃以下**に抑えます。

3 圧縮機での潤滑作用

圧縮機内の冷凍機油にはさまざまな役割があり，その代表的なものが摩擦熱を除去する**冷却作用**，摺動部の摩耗や摩擦を防止する**潤滑作用**，軸受けやピストンリングでの**シール作用**です。

この冷凍機油に不具合が生じると，圧縮機の**破損**な

補足

油圧の過大

油圧が過小になるとさまざまな不具合が発生しますが，油圧が過大になった場合も同様です。シリンダに対する給油量が多くなって多量の油が凝縮器に出ていくため，圧縮機の油量不足や熱交換器の伝熱性能の低下などの不具合が発生します。

どにつながる重大な事故が発生する危険が生じるので注意する必要があります。以下は，引き起こされる現象とその原因です。

引き起こされる現象	原因
クランクケース内の油面上昇による油上り	冷凍機油の過充てん
油圧保護圧力スイッチの作動，潤滑作用の阻害	冷媒機油の不足
油圧保護圧力スイッチの作動，潤滑作用の阻害	油ポンプの故障
油を汚損および潤滑作用の阻害	異物の混入
油の乳化，潤滑作用の阻害	水分の混入
油ポンプへの油の吸込み阻害，潤滑作用の阻害	圧縮機の真空運転
始動時や運転中のオイルフォーミングの発生，油圧の低下，潤滑作用の阻害，圧縮機への多量の油の放出	冷媒による希釈
油が炭化･分解し不凝縮ガスを生成，油膜切れ	圧縮機の加熱運転
熱交換器の伝熱性能低下，圧縮機の油量不足	油圧の過大
潤滑不良，冷却不良，容量制御装置の障害	油圧の減少

チャレンジ問題

問1

難　中　易

以下の記述のうち，正しいものはどれか。

(1) 冷凍装置において，潤滑油ポンプとクランクケースの油温は概ね50℃以上にしておくと安定した運転が可能となる。

(2) 油圧が過大になると，給油量が多くなるため，熱交換器の伝熱性能が向上する。

(3) 油圧が過小になると，油が炭化分解して不凝縮ガスが発生する。

(4) 圧縮機内の冷凍機油には冷却作用，シール作用，潤滑作用などの役割がある。

解説

冷却作用は摩擦熱の除去，シール作用は軸受けやピストンリングの漏れ防止，潤滑作用は摺動部の摩耗や摩擦の防止を意味します。

解答 (4)

法令

第9章

関連法規と高圧ガス保安法

第9章 法令：関連法規と高圧ガス保安法

1 第３種冷凍機械責任者試験に必要な関連法規

まとめ＆丸暗記　この節の学習内容とまとめ

□ 高圧ガス保安法	高圧ガスによる事故の防止および公共の安全確保などのために1922（大正11）年に憲法の規定により国会の決議によって制定された法律で，以下の４つの体系によって定められている ●法律：憲法の規定により国会の決議により制定 ●政令：法律実施のため内閣により制定される命令 ●省令：各省大臣が相当行政機関に発する命令 ●告示：各省の省令を補完する命令（公示）
□ 高圧ガス保安法施行令	高圧ガス保安法の規定に基づき，同法を実施するため内閣によって制定された政令
□ 冷凍保安規則	高圧ガス保安法の省令で，高圧ガス取締法に基づき，同法を実施するため制定された経済産業省令
□ 容器保安規則	高圧ガス保安法の省令で，高圧ガス取締法に基づき，同法を実施するため制定された経済産業省令
□ 一般高圧ガス保安規則	高圧ガス保安法の省令で，高圧ガス取締法に基づき，同法を実施するため制定された経済産業省令
□ 冷凍保安規則関係例示基準	冷凍保安規則に定める技術的要件を満たす技術的内容を，具体的に例示したもの
□ 法令試験のポイント	法律の「高圧ガス保安法」，政令の「高圧ガス保安法施行令」，さらに省令の「冷凍保安規則」，「一般高圧ガス保安規則」，「容器保安規則」の内容から出題される。法律では特にその第１条および第２条がもっとも重要で，「高圧ガス保安法」でも第１条の（目的）と，第２条の（定義）は必ず覚えることが必要

高圧ガス保安法と関連法規

1 高圧ガス保安法

高圧ガスによる**事故の防止**および**公共の安全確保**などのため，1922（大正 11）年に憲法の規定により国会の決議によって制定され，**「法律」**，**「政令」**，**「省令」**，**「告示」**の 4 つの体系により定められています。

そののち，いくたびかの改正が重ねられ，1997（平成 9）年に現在の**高圧ガス保安法**（昭和 26 年法律第 204 号）となりました。略称で，**「法」**といわれます。

●高圧ガス保安法の変遷

1922（大正22）年	圧縮瓦斯及液化瓦斯取締法	制定
1951（昭和26）年	高圧ガス取締法	全面改正
1963（昭和38）年	同上	2次改訂
1997（平成9）年	高圧ガス保安法	改題および施行

●高圧ガス保安法の体系

1	法律	国会承認	憲法の規定により国会の決議により制定	高圧ガス保安法 （略称：法）
2	政令	内閣承認	法律を実施するため，内閣により制定される命令	高圧ガス保安法施行令 （略称：施行令） 高圧ガス保安法関係手数料令 ほか
3	省令 （規則）	大臣承認	各省大臣が法律や政令を施行するため，相当行政機関に発する命令	冷凍保安規則 （略称：冷凍則） 一般高圧ガス保安規則 （略称：一般則） 容器保安規則 （略称：容器則）
4	告示	—	各省の省令を補完する命令（公示）	—

補足

法律における体系

高圧ガス保安法の体系は「法律」「政令」「省令」「告示」の４段階となっています。「法律」は基本的な事項を定めたもので，「政令」「省令」「告示」は具体的な内容となります。また，その他にも「通達」（法律や省令の解釈と運用），「自主基準」（学会や教会などが定めたもの），「条例」（地方公共団体が規定したもの）などがあります。

2 高圧ガス保安法施行令

高圧ガス保安法施行令（平成9年政令第20号）は，高圧ガス保安法の規定に基づき，および同法を実施するため**内閣によって制定**された**政令**をいいます。

このほかに，「高圧ガス保安法関係手数料令」その他の施行令などがあります。なお，高圧ガス保安法施行令は，**「施行令」**と略称されます。

3 冷凍保安規則

冷凍保安規則（昭和41年通商産業省令第51号）は，高圧ガス取締法（昭和26年法律第204号）に基づき，および同法を実施するため制定された**経済産業省令**（旧・通商産業省令）で，経済産業大臣などが行政機関に発する命令です。なお，略称を**「冷凍則」**といいます。

●冷凍則第1条

（適用範囲）
この規則は，高圧ガス保安法に基づいて，冷凍（冷凍設備を使用してする暖房を含む）に係る高圧ガスに関する保安について規定する。

4 容器保安規則

容器保安規則（昭和41年通商産業省令第50号）も冷凍保安規則同様，高圧ガス取締法に基づき，および同法を実施するため制定された**経済産業省令**（旧・通商産業省令）で，経済産業大臣などが行政機関に発する命令です。なお，略称を**「容器則」**といいます。

●容器則第1条

（適用範囲）
この規則は，高圧ガス保安法および高圧ガス保安法施行令に基づいて，高圧ガスを充てんするための容器であって地盤面に対して移動することができるもの（国際相互承認に係る容器保安規則の適用を受ける容器を除く）に関する保安について規定する。

5 一般高圧ガス保安規則

一般高圧ガス保安規則（昭和 41 年通商産業省令第 53 号）は，高圧ガス保安法の**省令**で，略称を**「一般則」**といいます。高圧ガス取締法に基づき，および同法を実施するために制定された**経済産業省令**（旧・通商産業省令）です。

●一般則第 1 条

（適用範囲）

この規則は，高圧ガス保安法に基づいて，高圧ガス（冷凍保安規則および液化石油ガス保安規則の適用を受ける高圧ガスを除く）に関する保安（コンビナート等保安規則に規定する特定製造事業所に係る高圧ガスの製造に関する保安を除く）について規定する。

6 冷凍保安規則関係例示基準

冷凍保安規則関係例示基準とは，冷凍保安規則に定める技術的要件を満たす技術的内容を，**具体的に例示**したものです。

冷凍保安規則に定める技術的要件を満たす技術的内

容とは限定的なものではなく，冷凍保安規則に照らして十分な保安水準の確保ができる**技術的根拠**があれば，冷凍保安規則に適合するものと判断されます。

7 法令試験の重要ポイント

第３種冷凍機械責任者試験の**法令試験**で出題される問題は，公益社団法人日本冷凍空調学会発行の**『高圧ガス保安法に基づく冷凍関係法規』**の内容から出されます。

その中でも法律の**「高圧ガス保安法」**，その下にある政令の**「高圧ガス保安法施行令」**，さらに省令の**「冷凍保安規則」**，**「一般高圧ガス保安規則」**，**「容器保安規則」**の内容から出題されることがおもな傾向となっています。

法律はその**第１条**および**第２条**がもっとも重要となります。「高圧ガス保安法」でも第１条の（**目的**）と，第２条の（**定義**）は特に重要なポイントとなりますので，しっかりと覚えるようにしましょう。また，高圧ガス保安法に対応し，関係のある**政令**や**省令**についてもその内容やポイントを把握しておくようにしましょう。なお，ここでの省令は，経済産業省令（旧・通商産業省令）となります。

また，本書では各法規について略称を使用し，表記します。以下の**略称**も覚えるようにしてください。

●本書で使用する各法律・政令・省令の略称

①高圧ガス保安法 → 法

②高圧ガス保安法施行令 → 施行令

③冷凍保安規則 → 冷凍則

④容器保安規則 → 容器則

チャレンジ問題

問1

難　中　易

以下のうち，正しいものはどれか。

(1) 高圧ガス保安法は，高圧ガスによる事故の防止および公共の安全確保などのため，1922（大正11）年に憲法の規定により国会の決議によって制定された。

(2)「法律」「政令」「省令」「通達」の4つの体系により定められている。

(3) 2000（平成12）年に，「高圧ガス取締法」から現在の「高圧ガス保安法」に改題・施行された。

(4) 高圧ガス保安法の略称は，「ガス法」という。

解説

高圧ガス保安法は，高圧ガスによる災害の防止と公共の安全を確保することを目的に，1922（大正11）年4月「圧縮瓦斯及液化瓦斯取締法」として公布されました。

解答（1）

問2

難　中　易

以下のうち，正しいものはどれか。

(1) 高圧ガス保安法施行令は，高圧ガス保安法の規定に基づき，および同法を実施するため内閣によって制定された法律をいう。

(2) 冷凍保安規則は，高圧ガス取締法に基づき，および同法を実施するため制定された省令で，「冷凍則」と略称される。

(3) 容器保安規則は，高圧ガスを充てんするための容器に関する保安について規定したものである。

(4) 一般高圧ガス保安規則は，高圧ガス保安法の省令で，高圧ガス取締法に基づき，および同法を実施するために制定された厚生省令である。

解説

冷凍保安規則は，高圧ガス保安法に基づいて，冷凍に係る高圧ガスに関する保安について規定しています。

解答（2）

2 高圧ガス保安法の目的および定義

まとめ&丸暗記　この節の学習内容とまとめ

□ 高圧ガス保安法の目的	高圧ガス保安法 第1章総則第1条に記される「目的」のポイント ●高圧ガスによる災害の防止 ●公共の安全の維持 ●高圧ガス取り扱い者への各種規制 ●自主的保安活動の促進
□ 高圧ガス保安法の定義	法で定めた高圧ガスがどのような状態か，どのくらいの圧力かによって高圧ガスと定義し，規制される
□ 高圧ガスの適用除外	高圧ガス保安法以外の法律によって規制を受けているものや，災害などの危険性のないものについては，高圧ガス保安法の適用を除外される（二重規制の防止）
□ そのほかの法律で規制される高圧ガス	高圧ガス保安法以外の法律で規制を受ける高圧ガス 高圧ボイラー内の高圧蒸気（ボイラーおよび圧力容器保安規則）／鉄道車両のエヤコンディショナー内の高圧ガス（鉄道法）／船舶内の高圧ガス（船舶安全法）／鉱山での鉱業設備内の高圧ガス（鉱山保安法）／電気工作物内の高圧ガス（電気事業法）／原子炉およびその附属施設内の高圧ガス（核原料物質，核燃料物質および原子炉の規制に関する法律）　など
□ 災害などの危険性のない高圧ガスや容器	高圧ガス保安法第3条8号および高圧ガス保安法施行令第2条3項に記される ●災害の発生のおそれがない高圧ガスであって，政令で定めるもの（法第3条8号） ●冷凍能力が3t未満の冷凍設備内における高圧ガス（施行令第2条3項の3）　など

高圧ガス保安法の目的と定義

1 目的と定義について

現在，おもに**蒸気圧縮式冷凍装置などの冷凍装置**で使われているほぼすべての**冷媒**は**高圧ガスに該当**します。圧縮機や凝縮器などで製造される高圧ガスは，冷凍装置の運転や取り扱いを誤ると大きな事故につながるおそれがあり，**災害の発生の防止**および**公共の安全の維持**を目的として，高圧ガス保安法を基に各種法規で規制されています。

また，このような**災害の危険性**のある高圧ガスは，**圧縮ガス，液化ガス，特定の液化ガス**（特定3種）に分類され，**高圧ガスの圧力（ゲージ圧力）**および**温度**（℃）によって**規定（定義）**されています。

2 高圧ガス保安法の目的

法第1条に，この法律の**目的**が記されています。

●法第1条

（目的）

この法律は，高圧ガスによる災害を防止するため，高圧ガスの製造，貯蔵，販売，移動そのほかの取扱および消費ならびに容器の製造および取扱いを規制するとともに，民間事業者および高圧ガス保安協会による高圧ガスの保安に関する自主的な活動を促進し，もって公共の安全を確保することを目的とする。

補足

高圧ガス保安法の目的のポイント

1 高圧ガス取り扱い者への各種規制
高圧ガスの製造，貯蔵，移動，輸入，消費，廃棄の取り扱いと，容器の製造および取り扱いを規制し，許可および届出等を課しています。

2 自主的な保安活動の促進
民間事業者および高圧ガス保安協会による高圧ガスの自主的な保安活動を促進します。

3 高圧ガス保安法の定義

法で定めた高圧ガスがどのような**状態（気体，あるいは液体）**であるのか，**どのくらいの圧力**なのかによって高圧ガスと定義し，規制されています。

●法第2条

（定義）

この法律で「高圧ガス」とは，次の各号のいずれかに該当するものをいう。

① 常用の温度において圧力（ゲージ圧力をいう）が1MPa以上となる圧縮ガスであって現にその圧力が1MPa以上であるものまたは温度35℃において圧力が1MPa以上となる圧縮ガス（圧縮アセチレンガスを除く）

② 常用の温度において圧力が0.2MPa以上となる圧縮アセチレンガスであって現にその圧力が0.2MPa以上であるものまたは温度15℃において圧力が0.2MPa以上となる圧縮アセチレンガス

③ 常用の温度において圧力が0.2MPa以上となる液化ガスであって現にその圧力が0.2MPa以上であるものまたは圧力が0.2MPaとなる場合の温度が35℃以下である液化ガス

④ 前号に掲げるものを除くほか，温度35℃において圧力0Paを超える液化ガスのうち，液化シアン化水素，液化ブロムメチルまたはそのほかの液化ガスであって，政令で定めるもの

●高圧ガスの定義

ガスの種類		区分	高圧ガスの定義（温度および圧力ゲージによって高圧ガスとして定義）
圧縮ガス	圧縮アセチレンガス以外	①	常用の温度において，圧力が1MPa以上で，現にその圧力が1MPa以上の圧縮ガス
		②	温度35℃において，圧力が1MPa以上の圧縮ガス
	圧縮アセチレンガス	①	常用の温度において，圧力が0.2MPa以上で，現にその圧力がo.2MPa以上の圧縮ガス
		②	温度15℃において，圧力が0.2MPa以上の圧縮ガス
液化ガス	特定の液化ガス以外	①	常用の温度において，圧力が0.2MPa以上で，現にその圧力が0.2MPa以上の液化ガス
		②	圧力が0.2MPaとなる場合の温度が35℃以下の液化ガス
	特定の液化ガス	—	温度35℃において，圧力が0MPaを超える液化ガスであって，政令で定めるもの

チャレンジ問題

問1

難 中 **易**

以下のうち，正しいものはどれか。

(1) 高圧ガス保安法の目的とは，高圧ガスによる「災害の防止」および「公共の安全の確保」である。

(2) 高圧ガスの製造，貯蔵，販売，移動，輸入，消費，廃棄の取り扱いと製造および取り扱いの規制についての許可や届出などの手続きは，基本的に不要である。

(3) 高圧ガス保安法は，民間事業者による高圧ガスの保安に関する自主的な活動を促進することを定めているが，高圧ガス保安協会には定めていない。

(4) 高圧ガス保安法は，高圧ガスの製造，貯蔵，販売，移動そのほかの取り扱いおよび消費の規制することのみを定めている。

解説

高圧ガス保安法は，法の適用範囲を明確にし，規制する行政省庁と高圧ガス取り扱い者が協調することで災害の発生防止と公共の安全の維持を図ることが目的です。

解答 (1)

問2

難 **中** 易

以下のうち，正しいものはどれか。

(1) 常用の温度35℃において圧力が1MPaとなる圧縮ガス（圧縮アセチレンガスを除く）であって，現在の圧力が0.9MPaのものは高圧ガスではない。

(2) 温度35℃以下で圧力が0.2MPaとなる液化ガスは，高圧ガスである。

(3) 圧力が0.2MPaとなる場合の温度が35℃以下である液化ガスは，現在の圧力が0.1MPaであれば，高圧ガスではない。

(4) 温度35℃以下で圧力が0.1MPa以上となる圧縮アセチレンガスで，その圧力が0.2MPa以上となる圧縮アセチレンガスは高圧ガスである。

解説

法第2条3号，液化ガスが高圧ガスとなる基準に，「圧力が0.2MPaとなる場合の温度が35℃以下であるもの」と記されています。

解答 (2)

高圧ガス保安法の適用除外

1 高圧ガスの適用除外

二重規制の防止から，**他の法律により規制を受けているものや災害などの危険性のないもの**については高圧ガス保安法の適用を除外されています。

2 その他の法律で規制される高圧ガス

高圧ガスの適用除外は，法第３条１～７号に記されています。

●法第3条1~7号

（適用除外）

この法律の規定は，次の各号に掲げる高圧ガスについては，適用しない。

① 高圧ボイラーおよびその導管内における高圧蒸気

② 鉄道車両のエヤコンディショナー内における高圧ガス

③ 船舶安全法第２条１項の規定の適用を受ける船舶内ならびに陸上自衛隊の使用する船舶および海上自衛隊の使用する船舶内における高圧ガス

④ 鉱山保安法第２条２項の鉱山に所在する当該鉱山における鉱業を行うための設備内における高圧ガス

⑤ 航空法第２条１項の航空機内における高圧ガス

⑥ 電気事業法第２条１項18号の電気工作物内における高圧ガス

⑦ 核原料物質，核燃料物質および原子炉の規制に関する法律第２条４項の原子炉およびその附属施設内における高圧ガス

法第３条１～７号の高圧ガスに該当するその他の法律は，以下の通りです。

１号「ボイラーおよび圧力容器保安規則」，２号「鉄道法」，３号「船舶安全法」，４号「鉱山保安法」，５号「航空法」，６号「電気事業法」，７号「核原料物質，核燃料物質および原子炉の規制に関する法律」です。

3 災害などの危険性のない高圧ガスや容器

●**法第3条8号**

⑧ そのほか災害の発生のおそれがない高圧ガスであって，政令で定めるもの

●**施行令第2条3項（抜粋）**

3 法第3条第1項8号の政令で定める高圧ガスは，次の通りとする。

③ 冷凍能力が3t未満の冷凍設備内における高圧ガス

④ 冷凍能力が3t以上5t未満の冷凍設備内における二酸化炭素およびフルオロカーボン

⑥ オートクレーブ内における高圧ガス（水素，アセチレン，塩化ビニルを除く）

⑦ フルオロカーボン回収装置内のフルオロカーボンであって，温度35℃において圧力5MPa以下のもののうち，経済産業大臣が定めるもの

補足

冷媒として使用するR134a，アンモニア等

飽和蒸気圧力が0.2MPaとなる温度が35℃以下となるため，冷凍設備内で液状になっていれば液化ガスとして高圧ガスに相当します。

チャレンジ問題

問1 難 中 **易**

以下のうち，正しいものはどれか。

(1) 1日の冷凍能力が3t未満の冷凍施設内の高圧ガスは，適用外となる。

(2) オートクレーブ内の高圧ガスは，いずれも高圧ガス保安法が適用される。

(3) 他の法律で規制を受けるものであっても，高圧ガス保安法が適用される。

解説

施行令第2条3項3号「冷凍能力が3t未満の冷凍設備内における高圧ガス」に適用の除外を受けることが記されています。

解答 (1)

3 高圧ガスの製造の許可および届出

まとめ＆丸暗記　この節の学習内容とまとめ

□ 第１種製造者	冷凍のためガスを圧縮し，または液化して高圧ガスを製造する設備（冷凍設備）でその１日の冷凍能力が20t以上（フルオロカーボン，アンモニアは50t）のものを使用して高圧ガスを製造する者で，設備が所在する都道府県知事に届出して許可を受けることが必要（法第５条２号）
□ 第２種製造者	冷凍のためガスを圧縮し，または液化して高圧ガスの製造をする設備でその１日の冷凍能力が3t以上のものを使用して高圧ガスを製造する者で，事業所ごとに事業開始（製造開始）日の20日前までに，都道府県知事に届出をすることが必要（法第５条２項１～２号）
□ その他の製造者	第１種製造者および第２種製造者に該当しない製造者で，都道府県知事への届出をする必要はない（法第13条，冷凍則第15条１号）
□ 指定設備	公共の安全の維持または災害の発生の防止に支障をおよぼすおそれがないとして政令により定められた施設で，「認定指定設備」の認定を受ける（法第５条１号，法第56条の7，施行令第15条，冷凍則第56条および第57条）

製造の許可等

1　第１種製造者

第１種製造者とは，冷凍のためガスを圧縮し，または液化して高圧ガスを製造する設備（冷凍設備）でその１日の冷凍能力が20t以上（フルオロカーボン，アンモニアは50t）のものを使用して高圧ガスを製造する者をいいます。

冷凍則第３条の規定の書類を作成し，第１種製造者に係る製造の許可証を，設備が所在する都道府県知事に提出（届出）して許可を受けることが必要です。

●法第５条２号

（製造の許可等）

② 冷凍のためガスを圧縮し，または液化して高圧ガスの製造をする設備でその１日の冷凍能力が20t以上のものを使用して高圧ガスの製造をしようとする者

《冷媒の種類による１日の冷凍能力（t/ 法定能力）》

①二酸化炭素および不活性のフルオロカーボン
…………… 50t以上

②不活性以外のフルオロカーボンおよびアンモニア
…………… 50t以上

③その他のガス
…………… 20t以上

なお，冷凍設備の施工は，次の手順で行います。

補足

法第５条に関係する政令および省令

・冷凍則第３条
・冷凍則第４条
・施行令第４条

第１種製造者

二酸化炭素，フルオロカーボンおよびアンモニアが50t以上を製造する者で，都道府県知事の許可を受けます。

●冷凍設備施行手順（第１種製造者）

	手順	必要な書類	届出／受領	備考
1	製造許可申請	①高圧ガス製造許可申請書 ②製造計画書	届出	都道府県知事等に届出
2	工事許可	③許可証	受領	許可受領までは一般に1～2週間程度
3	工事着工	④冷凍保安責任者·同代理者届書 ⑤冷凍作業責任者届書 ⑥危害予防規程届書 ⑦保安教育計画書	届出	工事完成までに届出（⑦は作成のみ）
4	工事完成	⑧完成検査申請書	届出	—
5	完成検査	⑨完成検査書	受領	原則として高圧ガス保安協会または指定完成検査機関が検査を行う
6	製造開始	⑩高圧ガス製造開始届書	届出	—

2　第２種製造者

第２種製造者は，冷凍のためガスを圧縮し，または液化して高圧ガスの製造をする設備（冷凍設備）でその１日の冷凍能力が**3t以上のものを使用して高圧ガスの製造をする者**をいいます。事業所ごとに製造開始の日の20日前までに，都道府県知事に届出をします。

なお，第１種製造者および第２種製造者において，法律に違反した場合は都道府県知事によりその許可が取り消されることがあります。

●法第38条　抜粋

（許可の取消し等）

都道府県知事は，第１種製造者または第１種貯蔵所の所有者もしくは占有者が次の各号のいずれかに該当するときは許可を取り消し，または期間を定めてその製造もしくは貯蔵の停止を命ずることができる。

2　都道府県知事は，第２種製造者，第２種貯蔵所の所有者もしくは占有者，販売業者または特定高圧ガス消費者が次の各号の１に該当するときは，期間を定めてその製造，貯蔵，販売または消費の停止を命ずることができる。

●法第5条2項1～2号　抜粋

2　次の各号の①に該当する者は，事業所ごとに，当該各号に定める日の20日前までに，製造をする高圧ガスの種類，製造のための施設の位置，構造および設備ならびに製造の方法を記載した書面を添えて，その旨を都道府県知事に届け出なければならない。

①　高圧ガスの製造の事業を行う者　事業開始の日

②　冷凍のためガスを圧縮し，または液化して高圧ガスの製造をする設備でその1日の冷凍能力が3t以上のものを使用して高圧ガスの製造をする者　製造開始の日

補足

第2種製造者

二酸化炭素，不活性のフルオロカーボンにおいては20t以上50t未満，不活性以外のフルオロカーボン，アンモニアでは5t以上50t未満で，都道府県知事に届出をします。

《冷媒の種類による1日の冷凍能力（t／法定能力）》

①二酸化炭素および不活性のフルオロカーボン

……………　20t以上50t未満

②不活性以外のフルオロカーボンおよびアンモニア

……………　5t以上50t未満

③その他のガス

……………　3t以上20t未満

なお，製造設備の施工は，以下の手順で行います。

●冷凍設備施行手順（第2種製造者）

	手順	必要な書類	届出／受領	備考
1	製造許可申請	①高圧ガス製造届書 ②製造設備等明細書	届出	製造開始20日前までに都道府県知事等に届出
2	工事着工	③冷凍保安責任者・同代理者届書	届出	製造開始までに届出

3 その他の製造者

その他の製造者とは，第１種製造者および第２種製造者に該当しない製造者をいいます。都道府県知事への**届出の必要はありません**。

●法第13条

前２条に定めるもののほか，高圧ガスの製造は，省令で定める技術上の基準に従ってしなければならない。

《冷媒の種類による１日の冷凍能力（t/ 法定能力）》

①二酸化炭素および不活性のフルオロカーボン

……………　5ｔ以上 20t 未満

②不活性以外のフルオロカーボンおよびアンモニア

……………　3ｔ以上５ｔ未満

●冷凍設備における許可等の区分

区分（製造者等）	許可等	二酸化炭素および フルオロカーボン （不活性）	フルオロカーボン （不活性以外） およびアンモニア	その他のガス （可燃性ガス等）
第１種製造者	許可	50t以上	50t以上	20t以上
第２種製造者	届出	20t以上 50t未満	5t以上 50t未満	3t以上 20t未満
その他の製造者	不要	5t以上 20t未満	3t以上 5t未満	―
適用除外	不要	5t未満	3t未満	3t未満

4 指定設備

公共の安全の維持または災害の発生の防止に支障をおよぼすおそれがないとして**政令により定められた施設**で，「**認定指定設備**」の認定を受けます。

なお，認定指定設備は，1日の冷凍能力によらず都道府県知事等の**届出は不要**です。

ただし，**50t以上**の場合にのみ**第2種製造者の届出が必要**です。

補足

その他の製造者に関する関連法規

・冷凍則第15条1号

指定設備に関する関係法規

・法第5条1号
・法第56条の7
・施行令第15条
・冷凍則第56条，第57条

チャレンジ問題

問1 難 中 易

以下のうち，正しいものはどれか。

(1) 冷凍のためガスを圧縮し，または液化して高圧ガスの製造をする設備でその1日の冷凍能力が20t以上のものを使用して高圧ガスを製造する者を第2種製造者という。

(2) 第1種製造者は，事業所ごとに事業開始の日の20日前までに，都道府県知事に届出をしなければならない。

(3) その他の製造者とは，第1種製造者および第2種製造者に該当しない製造者をいう。

(4) 認定指定設備は，1日の冷凍能力によらず都道府県知事等の届出は不要だが，5t以上の場合にのみ第2種製造者の届出が必要。

解説

その他の製造者は，都道府県知事への届出をする必要はありません。

解答 (3)

4 第１種製造者および第２種製造者の規制

まとめ＆丸暗記　この節の学習内容とまとめ

□ 第１種製造者の規制

許可の申請…事業所ごとに，都道府県知事に許可を受けなければならない（法第５条）

許可の欠格事由…①許可を取り消され，取消しの日から年を経過しない者②法律に基づく命令に違反し，罰金以上の刑に処せられ，執行の終わりから２年を経過しない者③心身の故障により，高圧ガスの製造を適正に行うことができない者（法第７条）

許可の取消し…正当な事由なく１年以内に製造を開始せず，または１年以上製造を休止したとき

継承…第１種製造者について相続等があった場合に，その事業所を継承した人は，その地位を継承する（法第10条１項）

技術上の基準…製造施設および製造方法における順守すべき基準（法第11条１項）

製造施設および製造方法の変更…都道府県知事の許可が必要（法第14条１項および，冷凍則第16条，17条）

完成検査…現地で検査を行う（法第20条１項）

□ 第２種製造者の規制

製造の許可等…高圧ガス製造開始の20日前までに都道府県知事に届出をする（法第５条２項）

継承…都道府県知事への届出（法第10条2の１～2項）

製造施設および製造方法…高圧ガスの製造施設および製造方法を技術上の基準に適合するように維持する（法第12条１～2項）

製造のための施設等の変更…事前に都道県知事等に届出する（冷凍則第18条）

製造等の廃止等の届出…「高圧ガス製造廃止届出書」を都道府県知事に届出（法第21条2，3項）。

第１種製造者の規制

1 許可の申請

第１種製造者は，**事業所ごとに許可**を受けなければなりませんが，冷凍施設の事業所とは，ひとつの工場（事業所）の中に独立した２台の冷凍設備が設置されていればその**１台ごとが事業所**として，それぞれ別の許可申請または届出をすることが必要となります。

つまり，ひとつの冷凍設備が設置されている場所が冷凍の場合の事業所ということです。

第１種製造者の許可申請においては，以下のように定められています。

●冷凍則第3条2項

2　前項の製造計画書には，次の各号に掲げる事項を記載しなければならない。

①　製造の目的

②　製造設備の種類

③　1日の冷凍能力

④　圧縮機の性能

⑤　法第８条1号の省令で定める技術上の基準および同条第2号の省令で定める技術上の基準に関する事項

⑥　移設，転用，再使用またはこれらの併用に係る冷媒設備にあっては，当該設備の使用の経歴および保管状態の記録

補足

製造の許可等

（法第５条）

事業所ごとに，設備のある都道府県知事に許可を受けなければなりません（P243参照）。

2　許可の欠格事由

許可を受けることができない者について，以下のように定められています。

●法第7条

（許可の欠格事由）

次の各号のいずれかに該当する者は，第5条1項の許可を受けることができない。

① 第38条1項の規定により許可を取り消され，取消しの日から2年を経過しない者

② この法律またはこの法律に基づく命令の規定に違反し，罰金以上の刑に処せられ，その執行を終わり，または執行を受けることがなくなった日から2年を経過しない者

③ 心身の故障により高圧ガスの製造を適正に行うことができない者として省令で定める者

④ 法人であって，その業務を行う役員のうちに前3号のいずれかに該当する者があるもの

3　許可の基準

申請者が**技術上の基準**に適合している場合，届出を受けた都道府県知事は**許可**を与えなければならないと以下のように定められています。

●法第8条

（許可の基準）

都道府県知事は，第5条1項の許可の申請があった場合には，その

申請を審査し，次の各号のいずれにも適合していると認めるときは，許可を与えなければならない。

① 製造のための施設の位置，構造および設備が省令で定める技術上の基準に適合するものであること

② 製造の方法が省令で定める技術上の基準に適合するものであること

4 許可の取消し

以下の場合に，都道府県知事は**許可を取り消す**ことができます。

●法第９条

（許可の取消し）

都道府県知事は，第５条１項の許可を受けた者が正当な事由がないのに，１年以内に製造を開始せず，または１年以上引き続き製造を休止したときは，その許可を取り消すことができる。

5 継承

地位（事業所）を**継承**（相続）する場合について，以下のように定められています。

補足

許可を受けられない者

1 許可取消しから２年経過しない者
2 刑の執行後２年経過しない者
3 成年被後見人
4 役員で上記の①，②，③に該当する者がいるとき

●法第10条1項

（承継）

第1種製造者について相続，合併または分割があった場合において，相続人，合併後存続する法人もしくは合併により設立した法人または分割によりその事業所を承継した法人は，第１種製造者の地位を承継する。

6 技術上の基準

技術上の基準には，**製造施設および製造方法**について，第１種製造者が順守すべきことが定められています。

●法第11条1〜2項

（製造のための施設および製造の方法）

第１種製造者は，製造のための施設を，その位置，構造および設備が第8条1号の技術上の基準に適合するように維持しなければならない。

2　第１種製造者は，第８条２号の技術上の基準に従って高圧ガスの製造をしなければならない。

なお，製造の方法が技術上の基準に適合していない場合は，以下のように定められます。

●法第11条3項

3　都道府県知事は，第１種製造者の製造のための施設または製造の方法が第８条１号または第２号の技術上の基準に適合していないと認めるときは，その技術上の基準に適合するように製造のための施設を修理し，改造し，もしくは移転し，またはその技術上の基準に従って高圧ガスの製造をすべきことを命ずることができる。

7 製造施設および製造方法の変更

製造施設や設備の変更，および**製造する高圧ガスの種類や製造方法を変更する**ときは，都道府県知事の許可を受けなければなりません。

●法第14条1項

（製造のための施設等の変更）

第1種製造者は，製造のための施設の位置，構造もしくは設備の変更の工事をし，または製造をする高圧ガスの種類もしくは製造の方法を変更しようとするときは，都道府県知事の許可を受けなければならない。ただし，製造のための施設の位置，構造または設備について省令で定める軽微な変更の工事をしようとするときは，この限りでない。

●冷凍則第16条1項

（第1種製造者に係る変更の工事等の許可の申請）

法第14条1項の規定により許可を受けようとする第1種製造者は，高圧ガス製造施設等変更許可申請書に変更明細書を添えて，事業所の所在地を管轄する都道府県知事に提出しなければならない。

補足

製造方法に係る技術上の基準

冷凍則第9条に定める以下4項目に従って製造しなければなりません。

1 安全弁の元弁は常に全開にしておく。ただし，修理等（修理，清掃）は除く（1号）
2 製造設備は1日1回以上，設備の異常の有無を点検し，異常があった場合は修理その他の危険防止措置を取る（2号）
3 規定に従い，修理およびその後の製造を行うこと（3号イ，ロ，ハ，ニ）
4 製造設備のバルブの操作時は，過大な力を加えてはならない（4号）

●冷凍則第17条

（第一種製造者に係る軽微な変更の工事等）

法第14条14項ただし書の省令で定める軽微な変更の工事は，次の各号に掲げるものとする。

① 独立した製造設備の撤去の工事

② 製造設備の取替えの工事であって，当該設備の冷凍能力の変更を伴わないもの

③ 製造設備以外の製造施設に係る設備の取替え工事

④ 認定指定設備の設置の工事

⑤ 第62条1項ただし書の規定により指定設備認定証が無効とならない認定指定設備に係る変更の工事

⑥ 試験研究施設における冷凍能力の変更を伴わない変更の工事であって，経済産業大臣が軽微なものと認めたもの

8 完成検査

高圧ガスの製造施設の完成後は，技術上の基準に適合しているかを現地で**完成検査**を行います。

●法第20条1～3項

（完成検査）

第5条第1項または第16条1項の許可を受けた者は，高圧ガスの製造のための施設または第1種貯蔵所の設置の工事を完成したときは，製造のための施設または第1種貯蔵所につき，都道府県知事が行う完成検査を受け，これらが第8条1号または第16条2項の技術上

の基準に適合していると認められたのちでなければ，これを使用してはならない。ただし，高圧ガスの製造のための施設または第１種貯蔵所につき，省令で定めるところにより高圧ガス保安協会または経済産業大臣が指定する者が行う完成検査を受け，これらが第８条１号または第16条２項の技術上の基準に適合していると認められ，その旨を都道府県知事に届け出た場合は，この限りでない。

2　第１種製造者からその製造のための施設の全部または一部の引渡しを受け，第５条第１項の許可を受けた者は，その第１種製造者が当該製造のための施設につき既に完成検査を受け，第８条１号の技術上の基準に適合していると認められ，または次項２号の規定による検査の記録の届出をした場合にあっては，当該施設を使用することができる。

3　第14条１項または前条１項の許可を受けた者は，高圧ガスの製造のための施設または第１種貯蔵所の位置，構造もしくは設備の変更の工事を完成したときは，製造のための施設または第１種貯蔵所につき，都道府県知事が行う完成検査を受け，これらが第８条１号または第16条２項の技術上の基準に適合していると認められたのちでなければ，これを使用してはならない。ただし，次に掲げる場合は，この限りでない。

補足

「軽微な変更の工事」の届出

（法第14条２項および冷凍則17条２項）軽微な変更の工事をしたときは，完成後，「高圧ガス製造施設警備変更届書」ほかの書面を，遅滞なく都道府県知事に届出をしなければなりません。

① 高圧ガスの製造のための施設または第１種貯蔵所につき，省令で定めるところにより協会または指定完成検査機関が行う完成検査を受け，これらが第８条１号または第１６条２項の技術上の基準に適合していると認められ，その旨を都道府県知事に届け出た場合

② 自ら特定変更工事に係る完成検査を行うことができる者として経済産業大臣の認定を受けている者が，第３９条の１１，１項の規定により検査の記録を都道府県知事に届け出た場合

チャレンジ問題

問1 難 中 易

以下のうち，正しいものはどれか。

(1) 冷凍施設の事業所とは，ひとつの工場（事業所）の中に独立した2台の冷凍設備が設置されていても，1台のみの冷凍設備の許可申請または届出でよい。

(2)「許可を取り消され，取消しの日から2年を経過しない者」は，第1種製造者の欠格事由にはあたらない。

(3) 許可の申請があった場合，都道府県知事はその申請を審査し，適合していると認めるときは，許可を与えなければならない。

(4) 製造施設や設備，高圧ガスの種類や製造方法の変更に都道府県知事の許可は不要。

解説

法第8条「許可の基準」（P250参照）により定められています。

解答 (3)

第2種製造者の規制

1 製造の許可等

第2種製造者は事業所ごとに，高圧ガスの製造を開始する20日前までに，都道府県知事に届出をする必要があります。

2 継承

第2種製造者は，事業のすべての譲渡あるいは相続，合併または分割（その事業のすべてを継承させるもの限定）があった際にはその地位を継承します。

また，地位を継承した者は，その旨を「第2種製造事業継承届書」および事業のすべての譲渡または相続，合併もしくは承継した事実を証明する書面を添えて，事業所の所在する都道府県知事に迅速に提出する必要があります。

●法第10条の2の1項

（承継）

第5条2項各号に掲げる者がその事業の全部を譲り渡し，または第2種製造者について相続，合併もしくは分割（その事業の全部を承継させるものに限る）があったときは，その事業の全部を譲り受けた者または相続人，合併後存続する法人もしくは合併により設立した法人もしくは分割によりその事業の全部を承継した法人は，第２種製造者のこの法律の規定による地位を承継する。

●冷凍則第10条の2

法第10条の22項の規定により第２種製造者の地位の承継を届け出ようとする者は，第２種製造事業承継届書に事業の全部の譲渡しまたは相続，合併もしくはその事業の全部を承継させた分割があった事実を証する書面を添えて，事業所の所在地を管轄する都道府県知事に提出しなければならない。

	第１種製造者の許可	第２種製造者の製造の事業
相続･合併･分割	○	○
譲渡等	―	○

3 製造施設および製造方法

第２種製造者は，製造施設の位置，構造および設備を技術上の基準に適合するように，維持しなければなりません。

●法第12条1項

第２種製造者は，製造のための施設を，その位置，構造および設備が省令で定める技術上の基準に適合するように維持しなければならない。

また，**高圧ガスの製造**においても，**製造方法に係る技術上の基準**に従って製造しなければなりません。

●法第12条2項

> 2　第2種製造者は，省令で定める技術上の基準に従って高圧ガスの製造をしなければならない。

●冷凍則第14条

> 法第12条2項の省令で定める技術上の基準は，次の各号に掲げるものとする。
>
> 一　製造設備の設置または変更の工事を完成したときは，酸素以外のガスを使用する試運転または許容圧力以上の圧力で行う気密試験を行ったあとでなければ製造をしないこと。
>
> 二　第9条1号から4号までの基準（製造設備が認定指定設備の場合は，第9条3号ロを除く）に適合すること。

4　製造のための施設等の変更

製造施設の**設備変更工事（仮称），その他の変更（仮称）**をする際は，「高圧ガス製造施設等変更届書」および「変更明細書」を**事前に都道府県知事等に届出**する必要があります。

●法第14条4項

> 4　第2種製造者は，製造のための施設の位置，

補足

製造方法が技術上の基準に適合していない場合

（法第12条3項）
都道府県知事は，第2種製造者の製造のための施設または製造の方法が技術上の基準に適合していないと認めるときは，その技術上の基準に適合するように製造のための施設を修理し，改造し，もしくは移転し，またはその技術上の基準に従って高圧ガスの製造をすべきことを命ずることができます。

構造もしくは設備の変更の工事をし，または製造をする高圧ガスの種類もしくは製造の方法を変更しようとするときは，あらかじめ，都道府県知事に届け出なければならない。ただし，製造のための施設の位置，構造または設備について省令で定める軽微な変更の工事をしようとするときは，この限りでない。

5 製造等の廃止等の届出

高圧ガスの製造事業や製造を**廃止**したときは，都道府県知事に**「高圧ガス製造廃止届書」**を迅速に届出します。

チャレンジ問題

問1 難 中 **易**

以下のうち，正しいものはどれか。

(1) 事業所ごとに高圧ガスの製造を開始してから，都道府県知事に届出をする。
(2) 製造施設の位置，構造および設備を技術上の基準に適合するように維持する。
(3) 製造施設の設備やその他の変更は，都道府県知事への届出は不要である。
(4) 高圧ガスの製造事業や製造を廃止したときは，都道府県知事に口頭で届出をする。

解説

法第12条1項（P258参照）により定められています。

解答 (2)

法令

第10章
製造設備および製造方法の技術上の基準

第10章　法令：製造設備および製造方法の技術上の基準

1 製造設備等の用語の定義および冷凍能力

まとめ＆丸暗記　この節の学習内容とまとめ

□ 製造設備等の用語の定義	製造設備とは，高圧ガスを製造するための冷凍設備のことをいい，冷凍則第２条により規定されている
□ 移動式製造設備	高圧ガスを製造するための設備で，地盤面に対して移動できる設備
□ 定置式製造設備	高圧ガスの製造設備で，移動式製造設備以外の設備
□ 冷媒設備	冷凍設備のうち，冷媒ガスが通る部分 ＜冷媒ガスが通る部分＞ ●圧縮機 ●凝縮器 ●受液器 ●膨張弁 ●蒸発器 などの冷凍機器や冷媒配管，弁などを接続したものをいう
□ 高圧ガスの用語の定義	冷凍則第２条１～３項において，高圧ガスの用語について規定されている
□ 可燃性ガス	可燃性を有するガスで，危険性が高いガスをいう。冷凍則第２条１項１号で規制される
□ 毒性ガス	毒性を有するガスで，危険性が高いガスをいう。冷凍則第２条１項２号で規定される内容を，具体的に例示したもの
□ 不活性ガス	冷凍則第２条１項３号で規定される ●不活性のフルオロカーボン ●特定不活性のフルオロカーボン

製造設備等および高圧ガスの用語の定義

1 製造設備等の用語の定義

製造設備とは，高圧ガスを製造するための冷凍設備のことで，冷凍則第2条では製造設備と呼び，次のように規定されています。

●冷凍則第2条4～6号

（用語の定義）

この規則において次の各号に掲げる用語の意義は，それぞれ当該各号に定めるところによる。

4 移動式製造設備　製造のための設備であって，地盤面に対して移動することができるもの

5 定置式製造設備　製造設備であって，移動式製造設備以外のもの

6 冷媒設備　冷凍設備のうち，冷媒ガスが通る部分

6号の**冷媒ガスが通る部分**とは，圧縮機，凝縮器，受液器，膨張弁，蒸発器などの冷凍機器や冷媒配管，弁などを接続したものをいいます。

つまり，**冷凍サイクル中の冷媒ガスが通過するすべての部分**のことです。

補足

製造設備（冷凍設備）

冷媒設備および電気設備，冷却塔，冷却水設備，ブライン設備，除外設備など冷凍のために高圧ガスを製造するための設備すべてを製造設備といいます。

製造施設

製造設備，毒性ガス吸収装置，建築物などをいいます。

移動式製造設備

自動車のクーラーや，冷凍冷蔵車などをいいます。

2　高圧ガスの用語の定義

冷凍則第２条１～３号で，高圧ガスの用語について以下のように規定されています。

●冷凍則第２条1～3号

（用語の定義）

この規則において次の各号に掲げる用語の意義は，それぞれ当該各号に定めるところによる。

1　可燃性ガス　アンモニア，イソブタン，エタン，エチレン，クロルメチル，水素，ノルマルブタン，プロパン，プロピレンおよびその他のガスであって次の㋑または㋺に該当するもの（フルオロカーボンであって経済産業大臣が定めるものを除く）。

㋑　爆発限界（空気と混合した場合の爆発限界をいう。㋺において同じ）の下限が10%以下のもの

㋺　爆発限界の上限と下限の差が20%以上のもの

2　毒性ガス　アンモニア，クロルメチルおよびその他のガスであって毒物および劇物取締法第２条１項に規定する毒物。

3　不活性ガス　ヘリウム，二酸化炭素またはフルオロカーボン（可燃性ガスを除く）。

3の2　特定不活性ガス　不活性ガスのうち，フルオロカーボンであって，温度60℃，圧力0Paにおいて着火したときに火炎伝ぱを発生させるもの。

●高圧ガスの区分定義

冷媒の種類	特徴	冷媒名
可燃性ガス	危険性の高い可燃性を有するガス	アンモニア, イソブタン, エタン, エチレン, クロルメチル, 水素, ノルマルブタン, プロパン, プロピレン
毒性ガス	危険性の高い毒性を有するガス	アンモニア, クロルメチル
不活性ガス(不活性のフルオロカーボン)	規制がもっとも少ないガスで, 他の物質と化学反応を起こしにくい化学的に安定したガス	ヘリウム, 二酸化炭素, フルオロカーボン(R12, R13, R13B1, R22, R32, R114, R116, R124, R125, R134a, R401A, R401B, R402A, R402B, R404A, R407A, R407B, R407C, R407D, R407E, R410A, R410B, R413A, R417A, R422A, R422D, R423A, R500, R502, R507A, R509A)
特定不活性ガス(特定不活性のフルオロカーボン)		フルオロカーボンであって, 温度60℃, 圧力0Paにおいて着火したときに火炎伝ぱを発生させるもの
不活性以外のガス(不活性以外のフルオロカーボン)	不活性なフルオロカーボンより危険性が高く, 可燃性がややある	R143a(可燃性/爆発下限界7%), R152a(可燃性/爆発下限界4%)

補足

ハイドロフルオロオレフィン(HFO)

低いGWP(地球温暖化係数)で, 今後は主力になってくるといわれる冷媒です。R32とともに微燃性を有するため, 新しく特定不活性ガスとして追加されました。

チャレンジ問題

問1 難 中 **易**

以下のうち, 誤っているものはどれか。

(1) 移動式製造設備とは, 製造設備で, 地盤面に対して移動可能なものをいう。
(2) 定置式製造設備とは, 製造設備であり, 移動式製造設備以外のものをいう。
(3) 可燃性ガスには, アンモニア, イソブタン, エタンなどが規定されている。
(4) 毒性ガスとは, 毒物および劇物取締法の規定毒物で, ヘリウムなどである。

解説

冷凍則第2条2項に「アンモニア, クロルメチルおよびその他のガスであって毒物および劇物取締法第2条1項に規定する毒物」が毒性ガスとして定義している。

解答 (4)

冷凍能力の算定基準

1 冷凍設備の冷凍能力の分類

冷凍則第5条において，冷凍設備の規模の基準となる1日の冷凍能力である**法定冷凍能力**を定めています。冷凍設備ごとに，**算定基準**が異なります。

●冷凍則第5条

（冷凍能力の算定基準）

1　遠心式圧縮機を使用する製造設備にあっては，当該圧縮機の原動機の定格出力1.2kWをもって1日の冷凍能力1tとする。

2　吸収式冷凍設備にあっては，発生器を加熱する1時間の入熱量27800kJをもって1日の冷凍能力1tとする。

3　自然環流式冷凍設備および自然循環式冷凍設備にあっては，次の算式によるものをもって1日の冷凍能力とする。　R=QA

4　前3号に掲げる製造設備以外の製造設備にあっては，次の算式によるものをもって1日の冷凍能力とする。　R=V/C

5　自然循環式冷凍設備の冷媒ガスを冷凍する製造設備にあっては，前号に掲げる算式によるものをもって1日の冷凍能力とする。

2 冷凍能力の算定

①遠心式圧縮機の製造設備（冷凍則第5条1号）

圧縮機の定格出力1.2kWを1日の冷凍能力1tとして算出します。

算出式　R=P/1.2

R ： 1日の冷凍能力（t）
P ： 圧縮機の定格出力（kW）

②吸収式冷凍設備（冷凍則第５条２号）

発生器の１時間の加熱量 27800kJ を１日の冷凍能力1t として算出ます。

算出式　$R=Q_m/27800$

R：１日の冷凍能力（t）

Q_m：発生器の１時間の加熱量（kJ/h），

③自然還流式および循環式冷凍設備

算出にあたっては，冷媒ガスの種類に応じて冷凍則第５条３号に掲げる表の該当欄の数値を用います。

算出式　R=Q×A

R：１日の冷凍能力（t）

Q：冷凍則第５条３号に示される冷媒ガスごとに与えられた数値

A：蒸発部または蒸発部の冷媒ガスに接する側の表面積の数値（㎡）

●各冷媒ガスのQの数値（冷凍則第５条３号）

冷媒ガスの種類	Q（値）	冷媒ガスの種類	Q（値）
二酸化炭素	1.02	R407C	0.49
アンモニア	0.64	R22	0.47
R32	0.63	R134a	0.36
プロピレン	0.58	R12	0.34
R410A	0.57	R124	0.24
R125	0.50	R11	0.10
R404A	0.50		–

※この規則において，たとえばR32はフルオロカーボン32を示します

補足

自然還流式冷凍設備

蒸発部と凝縮器が冷媒通路によって接続され，冷媒ガスの液化および蒸発のサイクルを繰り返す設備をいい，ヒートパイプなどがあります。

自然循環式冷凍設備

蒸発部と凝縮器が冷媒配管によって接続され，冷媒ガスの液化および蒸発のサイクルを繰り返す設備をいいます。
アンモニア冷媒で二酸化炭素（二次冷媒）を冷却するものなどがあります。

④往復式圧縮機等その他の冷凍設備

算出にあたっては，冷媒ガスの種類に応じて冷凍則第５条４号に掲げる表の該当欄の数値を用います。

算出式　R=V/C

R ： １日の冷凍能力（t）

V ： ピストン押しのけ量（m³/h）

（イ）多段圧縮方式，多元冷凍方式：$V_H+0.08V_L$

V_H ： 標準回転速度における最終段または最終元の１時間のピストン押しのけ量（m³/h）

V_L ： 標準回転速度における最終段または最終元の前の気筒の１時間のピストン押しのけ量（m³/h）

（ロ）回転ピストン圧縮機方式：$60\times0.785tn(D^2-d^2)$

t ： 回転ピストンのガス圧縮部分の厚さ（m）

n ： 回転ピストンの１分間の標準回転数の数値（rpm）

D ： 気筒の内径（m）

d ： ピストンの外径（m）

（ハ）その他の方式：圧縮機の標準回転速度における１時間のピストン押しのけ量の数値

C ： 冷凍則第５条４号に示される冷媒ガスの種類に応じて定められた数値（下の表）

●各冷媒ガスのCの数値（冷凍則第５条４号）

冷媒ガスの種類	圧縮機の気筒１個の体積	
	5000m³以下のもの	5000m³を超えるもの
R21	49.7	46.6
R114	46.4	43.5
ノルマルブタン	37.2	34.9
イソブタン	27.1	25.4
クロルメチル	14.5	13.6
R134a	14.4	13.5
R12	13.9	13.1
R500	12.0	11.3
プロパン	9.6	9.0
R22	8.5	7.9
アンモニア	8.4	7.9
R502	8.4	7.9
R13B1	6.2	5.8
R13	4.4	4.2
エタン	3.1	2.9
二酸化炭素	1.8	1.7
その他のガス	$13900V_A/(0.75(h_A-h_B))$	$13900V_A/(0.80(h_A-h_B))$

チャレンジ問題

問1

難　中　易

以下のうち，正しいものはどれか。

(1) 遠心式圧縮機を使用する製造設備では，圧縮機の原動機の定格出力は規定されず，1日の冷凍能力は個々に設ける。

(2) 吸収式冷凍設備は，発生器を加熱する1時間の入熱量27800kJをもって1日の冷凍能力を1tとする。

(3) 自然環流式冷凍設備および自然循環式冷凍設備は，算式R=V/Cによるものをもって1日の冷凍能力とする。

(4) 製造設備以外の製造設備は，算式R=QAによるものをもって1日の冷凍能力とする。

解説

冷凍則第5条において（冷凍能力の算定基準）が規定されています。(1)は定格出力1.2kWで1日の冷凍能力は1tです。また，(3)と(4)の計算式は入れ替わっています。

解答 (2)

問2

難　中　易

以下のうち，正しいものはどれか。

(1) 圧縮機の標準回転速度における1時間のピストン押しのけ量の数値は，遠心式圧縮機を使用する冷凍設備の1日の冷凍能力の算定に必要な数値のひとつである。

(2) 冷媒設備内の冷媒ガスの充てん量の数値は，冷凍保安規則に定められている。

(3) 圧縮機の原動機の定格出力の数値は，冷凍保安規則に定められている。

(4) 圧縮機の標準回転速度における1時間のピストン押しのけ量の数値は，冷凍保安規則に定められている。

解説

「圧縮機の標準回転速度における1時間のピストン押しのけ量の数値」は，往復式圧縮機を使用する製造設備の1日の冷凍能力の算定基準に必要な数値として冷凍則第5条4号に定められています。

解答 (4)

第10章　法令：製造設備および製造方法の技術上の基準

2 製造設備の技術上の基準

まとめ&丸暗記　この節の学習内容とまとめ

□ 製造設備の技術上の基準	第１種製造者および第２種製造者のいずれも，高圧ガス製造をする際に，製造施設および定置式製造施設において，冷凍則で細かく規定されている
□ 第１種製造者の技術上の基準	冷凍則第７条１～17号「定置式製造施設に係る技術上の基準」 (1) 火気の付近に設置しない (2) 警戒標を掲示する (3) 漏えいガスが滞留しない構造 (4) 振動，衝撃，腐食等により冷媒ガスが漏れない (5) 凝縮器，受液器，配管，支持構造物および基礎の耐震設計 (6) 気密および耐圧試験に合格したもの (7) 圧力計の設置 (8) 許容圧力以下に戻す安全装置の設置 (9) 放出管の設置 (10) 丸形ガラス管液面計以外の液面計の使用 (11) 液面計の破損と漏えい防止 (12) 消火設備の設置 (13) 毒性ガスを冷媒とする受液器の漏えい防止措置 (14) 可燃性ガスを冷媒とする受液器の電気設備の防爆性能構造 (15) 冷媒ガス漏えいの検知警報設備 (16) 除害設備の設置 (17) バルブ等を適切に操作できる装置
□ 第２種製造者の技術上の基準	冷凍則第12条と，冷凍則第７条の１号～４号，６号，８号～12号，14号～17号が認定施設を除く定置式製造設備に同じく適用される 冷凍則第12条２項においては，製造設備が定置式製造設備かつ，認定指定設備では，第７条１～４号，６～８号，11号（可燃性ガスまたは毒性ガスを冷媒ガスとする冷媒設備を除く），15号，17号の基準とする

製造設備等の基準

1　製造設備の技術上の基準

第1種製造者および第2種製造者のいずれも，高圧ガス製造の際に**製造施設が技術上の基準に適合**するように維持しなければなりません。

定置式製造施設において，第1種製造者および第2種製造者それぞれに冷凍則で細かく規定されています。

2　第1種製造者の定置式製造施設に係る技術上の基準

●冷凍則第7条

（定置式製造施設に係る技術上の基準）

1　圧縮機，油分離器，凝縮器および受液器ならびにこれらの間の配管は，引火性または発火性の物をたい積した場所および火気の付近にないこと。ただし，火気に対して安全な措置を講じた場合は，この限りでない。

2　製造施設には，施設外部から見やすいように警戒標を掲げること。

3　圧縮機，油分離器，凝縮器もしくは受液器または配管（可燃性ガス，毒性ガスまたは特定不活性ガスの製造設備のものに限る）を設置する室は，冷媒ガスが漏えいしたとき滞留しないような構造とすること。

4　製造設備は，振動，衝撃，腐食等により漏れないものであること。

5　凝縮器（縦置円筒形で胴部の長さ5m以

補足

警戒標（2号）

注意喚起や警戒を促すための危険表示などの標識のことです。「関係者以外の立ち入り禁止」,「火気厳禁」,「冷凍機械室」などの看板や貼り紙があります。

高圧ガスが滞留しない構造（3号）

所定の面積の開口部，および機械換気装置の設置を講じます。

振動，衝撃，腐食等への措置（4号）

振れ止めや可とう管，防振装置などの設置，塗装措置などを講じます。

冷媒設備の圧力計とは（7号）

吐出し圧力計や吸込み圧力計などです。

上)，受液器(内容積が5000ℓ以上)および配管，これらの支持構造物および基礎は耐震設計であること。

6　冷媒設備は，許容圧力以上の圧力で行う気密試験および配管以外の部分について許容圧力の1.5倍以上の圧力で水その他の安全な液体を使用して行う耐圧試験(液体の使用が困難と認められるときは，許容圧力の1.25倍以上の圧力で空気，窒素等の気体を使用して行う耐圧試験)または高圧ガス保安協会が行う試験に合格するものであること。

7　冷媒設備(圧縮機(圧縮機が強制潤滑方式で，潤滑油圧力に対する保護装置を有するものは除く)の油圧系統を含む)には，圧力計を設けること。

8　冷媒設備には，設備内の冷媒ガスの圧力が許容圧力を超えた場合に直ちに許容圧力以下に戻すことができる安全装置を設けること。

9　安全弁または破裂板には，放出管を設けること。この場合，放出管の開口部の位置は，放出する冷媒ガスの性質に応じた適切な位置であること。

9の2　㋑吸収式アンモニア冷凍機のアンモニアの冷媒量が25kg以下㋺1つの架台上など，㋑～㋷まで条件が規定

10　受液器に設ける液面計には，丸形ガラス管液面計以外を使用する。

11　受液器にガラス管液面計を設ける場合には，ガラス管液面計には破損を防止するための措置を講じ，受液器とガラス管液面計とを接続する配管には，ガラス管液面計の破損による漏えいを防止するための措置を講ずる。

12　可燃性ガスの製造施設には，その規模に応じて，適切な消火設備を適切な箇所に設ける。

13　毒性ガスを冷媒ガスとする冷媒設備の受液器であって，その内容積が10000ℓ以上のものの周囲には，液状のガスが漏えいした場合にその流出を防止するための措置を講ずる。

14　可燃性ガス(アンモニアを除く)を冷媒ガスとする冷媒設備の電気設備は，設置場所およびガスの種類に応じた防爆性能を有する構造とすること。

15 可燃性ガス，毒性ガスまたは特定不活性ガスの製造施設には，漏えいするガスが滞留するおそれのある場所に，漏えいを検知し，警報する設備を設ける。ただし，吸収式アンモニア冷凍機は除く。

16 毒性ガスの製造設備には，ガスが漏えいしたときに安全に，速やかに除害するための措置を講ずること。ただし，吸収式アンモニア冷凍機は除く。

17 製造設備に設けたバルブまたはコック（自動制御を除く）には，作業員がバルブまたはコックを適切に操作することができるような措置を講ずること。

2 認定指定設備である製造施設における技術上の基準は，前項1号～4号，6号～8号，11号（可燃性ガスまたは毒性ガスが冷媒ガスの冷凍設備を除く），15号および17号の基準とする。

3 第2種製造者の定置式製造施設に係る技術上の基準

●冷凍則第12条

第7条1号～4号，6号，8号～12号，14号～17号までの基準とする。

2 製造設備が定置式製造設備かつ，認定指定設備では，第7条1号～4号，6号～8号，11号（可燃性ガスまたは毒性ガスを冷媒ガスとする冷媒設備に係るものを除く），15号，17号の基準とする。

補足

強制潤滑方式（7号）

潤滑油を給油ポンプによって強制的に循環させて潤滑する方式です。

毒性ガスが漏えいした場合の措置（16号）

除害設備などを設け，防爆マスク，空気呼吸器，保護手袋，保護長靴，保護衣などの保護具も必要となります。

バルブ等を適切に操作できるような措置（17号）

バルブ等の開閉方向の表示，流体の名称および流れる方向の表示，安全弁元弁の開閉表示および弁の施錠などの措置を講じます。

チャレンジ問題

問1

難 中 易

以下のうち，正しいものはどれか。

(1) 製造施設には，その施設の規模に応じて，適切な消火設備を適切な箇所に設けなければならない。

(2) 製造施設には，冷媒ガスが漏えいしたときに安全に，かつ，速やかに除害するための措置を講じるべき定めはない。

(3) 受液器の液面計に丸形ガラス管液面計以外のガラス管液面計を使用する場合は，その損傷を防止する措置を講じなくてもよい。

(4) 冷媒設備に安全装置を設けた場合，圧力計を設ける必要はない。

解説

冷凍則第7条1項12号に「可燃性ガスの製造施設には，その規模に応じて，適切な消火設備を適切な箇所に設けること」と定められています。

解答 (1)

問2

難 中 易

以下のうち，正しいものはどれか。

(1) 認定指定設備の冷媒設備は，所定の気密試験および耐圧試験に合格するものでなければならないが，その試験を行う場所については定められていない。

(2) 定期自主検査は，製造施設のうち認定指定設備に係る部分については実施する必要はない。

(3) 冷媒設備の安全弁に設けた放出管の開口部の位置については，特に定めがない。

(4) 冷媒設備には，その設備内の冷媒ガスの圧力が許容圧力を超えた場合に直ちに許容圧力以下に戻すことができる安全装置を設けなければならない。

解説

冷凍則第7条1項8号に「冷媒設備には，当該設備内の冷媒ガスの圧力が許容圧力を超えた場合に直ちに許容圧力以下に戻すことができる安全装置を設けること」と定められています。

解答 (4)

移動式製造設備の技術上の基準

1 移動式製造設備の技術上の基準

冷凍則第８条に**移動式製造設備の技術上の基準**が定められていますが，ほぼ定置式と同様となります。

●冷凍則第８条

（移動式製造設備に係る技術上の基準）

1 製造施設は，引火性または発火性の物をたい積した場所の付近にないこと。

2 前条１項２号～４号まで，６号～８号までおよび10号～12号までの基準に適合すること。

チャレンジ問題

問１ 難 中 易

以下のうち，正しいものはどれか。

(1) 製造施設には，施設内部のみ，警戒標を掲げればよい。
(2) 受液器に設ける液面計には，丸形ガラス管液面計以外も使用できる。
(3) 冷媒設備（圧縮機の油圧系統を含む）には，圧力計を設けること。
(4) 冷媒設備には，設備内の冷媒ガスの圧力が許容圧力を超えた場合には，作業員が直ちに許容圧力以下に戻すこと。

解説

冷凍則第７条７号（P271参照）に規定されています。

解答 (3)

第10章　法令：製造設備および製造方法の技術上の基準

3　製造方法の技術上の基準

まとめ＆丸暗記　この節の学習内容とまとめ

□ 第１種製造者の製造方法の基準	冷凍則第９条に定められている (1) 安全弁の止め弁は常に全開 (2) 1日１回以上点検，修理などの措置 (3) 保安上支障のない修理 ㋑修理等の作業計画書，責任者の監視下での作業，異常の責任者への通報措置㋺修理時の危険防止措置㋩修理後の設備の作動点検の実施 (4) バルブに過大な力を加えない
□ 第２種製造者の製造方法の基準	冷凍則第１４条に定められている (1) 変更工事後の試運転と気密試験の実施 (2) 冷凍則第９条１〜４号までの基準への適合
□ バルブ等の操作に係る措置の技術上の基準	冷凍則第７条１７号に規定するバルブまたはコックを安全かつ適切に操作する基準は，一般高圧ガス保安規則関係例示基準の33に定められている (1.1) バルブ等には名称，開閉を明示 (1.2) バルブ等の配管に流体の名称・流れの方向を表示 (1.3) 保安上重大な影響を与えるバルブ等の適切な操作措置 (2.1) バルブ操作の留意事項を定める (2.2) バルブ操作前後に関係先との緊密な連絡・確認 (2.3) バルブの計器室外操作では，計器室と緊密な連絡を取る (2.4) 液化ガスのバルブ等は閉止操作を行わない
□ その他の製造に係る技術上の基準	冷凍則第１４条に定められている。なお，特定不活性ガスが追加された ２　特定不活性ガスを冷媒ガスとする冷凍設備にあっては，冷媒ガスが漏えいしたとき燃焼を防止するための適切な措置を講ずること

製造の方法に係る技術上の基準

1 第1種製造者の製造方法の基準

冷凍則第9条に第1種製造者の製造方法の基準が定められています。

●冷凍則第9条

（製造の方法に係る技術上の基準）

1　安全弁に付帯して設けた止め弁は，常に全開しておくこと。ただし，安全弁の修理または清掃（以下修理等）のため特に必要な場合は，この限りでない。

2　高圧ガスの製造は，製造する高圧ガスの種類および製造設備の態様に応じ，1日に1回以上製造設備の属する製造施設の異常の有無を点検し，異常のあるときは，設備の補修その他の危険を防止する措置を講じてすること。

3　冷媒設備の修理等およびその修理等をしたあとの高圧ガスの製造は，次に掲げる基準により保安上支障のない状態で行うこと。

㋑　修理等をするときは，あらかじめ，修理等の作業計画および作業の責任者を定め，修理等は，作業計画に従い，責任者の監視の下に行うことまたは異常があったときに直ちにその旨を責任者に通報するための措置を

補足

安全弁（1号）

圧力機器および圧力配管において内部圧力が異常に上昇した場合に，自動的に圧力を放出させて内部圧力の降下とともに自動的に閉じる構造の弁。逃がし弁ともいいます。

講じて行うこと

㋺ 可燃性ガスまたは毒性ガスを冷媒ガスとする冷媒設備の修理等をするときは，危険を防止するための措置を講ずること

㋩ 冷媒設備を開放して修理等をするときは，冷媒設備のうち開放する部分に他の部分からガスが漏えいすることを防止するための措置を講ずること

㋥ 修理等が終了したときは，冷媒設備が正常に作動することを確認したあとでなければ製造をしないこと

4 製造設備に設けたバルブを操作する場合には，バルブの材質，構造および状態を勘案して過大な力を加えないよう必要な措置を講ずること。

2 第2種製造者の製造方法の基準

冷凍則第 14 条に第 2 種製造者の製造方法の基準が定められています。

●冷凍則第 14 条

1 製造設備の設置または変更の工事を完成したときは，酸素以外のガスを使用する試運転または許容圧力以上の圧力で行う気密試験（空気を使用するときは，あらかじめ，冷媒設備中にある可燃性ガスを排除したあとに行うものに限る）を行ったあとでなければ製造をしないこと。

2 冷凍則第９条１号～４号までの基準（製造設備が認定指定設備の場合は，第９条３号㋺を除く）に適合すること。

3 バルブ等の操作に係る措置の技術上の基準

冷凍則第7条17号に規定するバルブまたはコックを安全かつ適切に操作する基準は，**一般高圧ガス保安規則関係例示基準**に以下のように定められています。

「33. バルブ等の操作に係る適切な措置」

1.1 バルブ等には，名称または記号・番号等を標示し，手動式バルブにはハンドルまたは別に取り付けた標示板に，駆動式バルブには操作パネの操作部にバルブ等の開閉の方向を明示すること。

1.2 バルブ等の配管には,内部の流体を名称または塗色で表示して流れの方向を表示すること。

1.3 製造設備等に保安上重大な影響を与えるバルブ等には，作業員が適切に操作することができるような次の①～③の措置を講ずる。

①開閉状態を明示する機能を取付ける

②通常使用しないバルブ等は，施錠，封印，禁札，ハンドルを外す等の措置を講ずる

③計器盤に設けた緊急遮断弁，緊急放出弁，全停止等を行うボタン，ハンドル等には，カバー，キャップまたは保護枠を取付け，緊急遮断弁等の開閉状態を示す表示を計器盤に設ける

2.1 バルブ操作の留意事項を作業基準に定める。

2.2 製造設備等に影響を与えるバルブ等の操作は，操作前後に関係先と緊密な連絡・確認をする。

2.3 計器室外で計器室の計器に従いバルブ等を操作する場合は，計器室と操作場所間相互で通報設備などを使い，緊密な連絡を取りながら行う。

2.4 液化ガスのバルブ等については，液封状態になるような閉止操作を行わないこと。

補足

バルブ等の配管内部の流体の表示（1.2）

操作ボタン等により開閉するものは除きます。

保安上重大な影響を与えるバルブ等とは（1.3）

圧力を区分するバルブ，安全弁の元弁，緊急遮断弁，緊急放出弁，計装用空気と保安用不活性ガス等の送出または受入れ用バルブ，調節弁，減圧弁，遮断用仕切板などがあります。

バルブ等の開閉状態の機能（1.3の①）

手動式バルブ等の開閉状態を明示する標示板，ラベル等を取付けますが，ハンドルレバー等の向きにより，作業員が通常操作する位置から開閉状態が明確に判断できるバルブはこの限りではありません。また，駆動式バルブ等は，アクチュエーター，操作パネル等の開閉状態を確認できるようにします。

4 その他製造に係る技術上の基準

特定不活性ガスが追加されたため，**冷媒ガスが漏えいしたときの適切な措置**が新たに規定されました。

●冷凍則第15条

（その他製造に係る技術上の基準）

1 前条第1号の基準に適合すること。

2 特定不活性ガスを冷媒ガスとする冷凍設備にあっては，冷媒ガスが漏えいしたとき燃焼を防止するための適切な措置を講ずること。

チャレンジ問題

問1 難 中 易

以下のうち，正しいものはどれか。

(1) 冷媒設備の修理が終了したときは，特にその冷媒設備が正常に作動することを確認したあとでなければ高圧ガスの製造をしてはならない。

(2) 冷媒設備の安全弁に付帯して設けた止め弁は，その安全弁の修理または清掃のため以外でも，常に全開にしておく必要はない。

(3) 高圧ガスの製造は，1日に1回以上その製造設備が属する製造設備の異常の有無を点検して行わなければならないが，自動制御装置を設けて自動運転を行っている製造設備にあっては，1か月に1回の点検でよい。

(4) 凝縮器の直近に取付けたバルブに，作業員が適切に操作することができる措置を講じていれば，他のバルブにはその措置を講じる必要はない。

解説

冷凍則第9条3号の㈡「修理等が終了したときは，冷媒設備が正常に作動することを確認したあとでなければ製造をしないこと」と定められています。

解答 (1)

法令

第11章 高圧ガスの取り扱い方法に係る法規

第11章 法令:高圧ガスの取り扱い方法に係る法規

1 高圧ガスの貯蔵, 販売, 輸入, 消費等

まとめ&丸暗記 この節の学習内容とまとめ

□ 高圧ガスの貯蔵	高圧ガスは, 省令が定める技術上の基準に従って貯蔵しなければならない(法第15条, 一般則第19条1項)
□ 貯蔵所	貯蔵容量によって, 第1種貯蔵所および第2種貯蔵所に区分される(法第16条, 法第17条の2)
□ 貯蔵の方法に係る技術上の基準	冷凍設備には転落, 転倒等による衝撃を防止する措置を講じ, 粗暴な取り扱いをしない(冷凍則第27条)ほか, 一般則第18条2号, 一般則第6条2項8号に基準が定められる
□ 貯蔵の規制をない容積	高圧ガスの貯蔵量が少ない場合は, 貯蔵の規制を受けない。貯蔵高圧ガスが液化ガスの場合, 質量10kgで1㎥とみなし, 貯蔵量の規制は1.5kg=0.15㎥となる(一般則第19条)
□ 販売事業の届出	高圧ガスの販売の事業とは, 販売を継続的に反復して行うことをいい, 都道府県知事への届出が必要(法第20条の4, 冷凍則第26条)
□ 輸入検査	高圧ガスの輸入をした者は, 都道府県知事の輸入検査を受けなければならない(第22条)
□ 高圧ガスの消費等	高圧ガスの消費とは, 燃焼, 反応, 溶解等により, 高圧ガスを瞬時に高圧ガスでない状態にすること(法第24条の2) なお, 災害の発生を防止するため特別の注意を要するものとして, その種類が定められている(施行令第7条) ①モノシラン ②ホスフィン ③アルシン ④ジボラン ⑤セレン化水素 ⑥モノゲルマン ⑦ジシラン
□ 高圧ガスの廃止の届出	第1種製造者, 第2種製造者は, 高圧ガスの製造を廃止したときは, 都道府県知事に届出をする(法第21条1～3項, 冷凍則第29条2項)

高圧ガスの貯蔵と販売

1 高圧ガスの貯蔵

高圧ガスの貯蔵とは，高圧ガスを**貯槽**や**容器**に貯蔵することをいいます。高圧ガスの貯蔵は，**法第15条**に定められていますが，これに対応して**政令**および**省令**でも細かく定められています。高圧ガスは，**省令が定める技術上の基準**に従って貯蔵しなければなりません。

●法第15条（要約）

（貯蔵）

高圧ガスの貯蔵は，省令で定める技術上の基準に従ってしなければならない。ただし，第1種製造者が許可を受けたところに従って貯蔵する高圧ガスもしくは定める容積以下の高圧ガスについては，この限りでない。

2　都道府県知事は，貯蔵所の所有者または占有者が貯蔵所においてする高圧ガスの貯蔵が技術上の基準に適合していないと認めるときは，その者に対し，その技術上の基準に従って高圧ガスを貯蔵すべきことを命ずることができる。

●一般則第19条1項（要約）

（貯蔵の規制を受けない容積）

省令で定める容積は，0.15m³とする。

2　貯蔵する高圧ガスが液化ガスであるときは，質量10kgをもって容積1m³とみなす。

補足

省令が定める技術上の基準とは

一般則第16条に定める「定置式製造設備に係る技術上の基準」を指します。高圧ガスの貯蔵に関する容器置場および充てん容器の構造，取扱等について定められています。

2 貯蔵所

高圧ガスの貯蔵所には，貯蔵する容量によって，第 1 種貯蔵所および第 2 種貯蔵所に区分され，それぞれ法により定められています。

●法第 16 条（抜粋）

（貯蔵所）

容積 $300m^3$（政令で定めるガスの種類ごとに 300㎥を超える政令で定める値）以上の高圧ガスを貯蔵するときは，あらかじめ都道府県知事の許可を受けて設置する第 1 種貯蔵所においてしなければならない。

●法第 17 条の 2（抜粋）

容積 $300m^3$ 以上の高圧ガスを貯蔵するとき（第 16 条の条文に規定するときを除く）は，あらかじめ，都道府県知事に届け出て設置する貯蔵所（以下「第2種貯蔵所」という）においてしなければならない。

第 1 種貯蔵所は，$300m^3$ 以上の定められた量以上の政令で定める高圧ガスの貯蔵をする場合は，あらかじめ都道府県知事の許可を受けなければなりません。

一方の第 2 種貯蔵所では，$300m^3$ 以上の高圧ガスを貯蔵する場合に，あらかじめ都道府県知事に届出をします。

3 貯蔵の方法に係る技術上の基準

高圧ガスの貯蔵の方法については，冷凍則第 20 条，同 27 条 2 号，一般則第 18 条にその定めがあります。なお，一般則 18 条 2 号の㋺に記される第 6 条 2 項 8 号についても，過去の試験に出題されていますので示しておきます。

●冷凍則第20条

（貯蔵の方法に係る技術上の基準）

法第15条1項の省令で定める技術上の基準は，第27条2号の基準とする。

●冷凍則第27条2号

2　冷凍設備には転落，転倒等による衝撃を防止する措置を講じ，かつ，粗暴な取扱いをしないこと。

●一般則第18条2号

（貯蔵の方法に係る技術上の基準）

2　容器により貯蔵する場合の基準（㋑～㋬の抜粋要約）。

㋑　可燃性ガス，毒性ガスの充てん容器等の貯蔵は，通風の良い場所ですること

㋺　第6条2項8号の基準に適合すること

●一般則第6条2項8号（要約）

8　容器置場および充てん容器等は，次に掲げる基準に適合すること。

㋑　充てん容器等は，充てん容器および残ガス容器に区分して容器置場に置く

㋺　可燃性ガス，毒ガス，特定不活性ガスおよび酸素の充てん容器等は，それぞれ区分して

補足

一般則第6条2項8号

令和2年9月30日更新，令和2年8月6日公布（令和2年経済産業省令第66号）改正。

充てん容器等とは

充てん容器および残ガス容器のことをいいます。なお，充てん容器とは，実際に高圧ガスを充てんしてある容器であり，充てん時における質量が1/2以上減少していないもののことです。

容器置場に置く

㊁ 容器置場には，計器等作業に必要なもの以外のものを置かない

㊁ 容器置場（不活性ガス（特定不活性ガスを除く）空気を除く）の周囲2m以内においては，火気の使用を禁じ，かつ，引火性または発火性の物を置かない。ただし，容器置場と火気等の間を有効に遮る措置を講じた場合は，この限りではない

㊭ 充てん容器等は，常に40℃以下に保つこと

㊬ 圧縮水素運送自動車用容器は，常に65℃以下に保つ

㊦ 充てん容器等（内容積が5ℓ以下のものを除く）には，転落，転倒等による衝撃およびバルブの損傷を防止する措置を講じ，かつ，粗暴な取扱いをしないこと

㊠ 可燃性ガスの容器置場には，携帯電燈以外の燈火を携えて立ち入らない

3 高圧ガスを燃料とする車両に固定した燃料装置用容器により貯蔵する場合の基準（省略）。

4 貯蔵の規制を受けない容積

高圧ガスの貯蔵の規制は，**貯蔵量が少ない**場合はその限りではありません。

●一般則第19条（要約）

（貯蔵の規制を受けない容積）

省令で定める容積は，0.15㎥とする。

2 貯蔵する高圧ガスが液化ガスであるときは，質量10kgをもって容積1㎥とみなす。

つまり，高圧ガスの貯蔵量の規制を受けない容積とは，**1.5kg=0.15㎥**となります。

5 販売事業の届出

高圧ガスの**販売の事業**とは，販売を**継続的に反復**して行うことをいい，都道府県知事への**届出**が必要です。

●法第20条の4（要約）

（販売事業の届出）

高圧ガスの販売の事業を営もうとする者は，販売所ごとに，事業開始の日の20日前までに，都道府県知事に届け出なければならない。ただし，次の場合は除く。

1　第1種製造者が事業所において販売するとき。

2　医療用の圧縮酸素その他の政令で定める販売事業で貯蔵数量が常時容積5㎥未満の販売所で販売の場合。

●冷凍則第26条（要約）

（販売業者に係る販売の事業の届出）

法第20条の4の規定により届出をしようとする者は，高圧ガス販売事業届書に次項に掲げる書類を添えて，販売所の所在地を管轄する都道府県知事に提出しなければならない。ただし，事業の譲渡，遺贈または分割により引き続き高圧ガスの販売の事業を営もうとする者が新たに届け出るときは，書類の添付を省略できる。

2　経済産業省令で定める書類は，次の各号に掲げるものとする。

①　販売の目的を記載したもの

②　省令で定める技術上の基準に関する事項を記載したもの

補足

政令（施行令6条）で定める販売事業

①医療用の高圧ガス②内容積300ml以下の高圧ガス（温度39℃で圧力20MPa以下）③消火器内の高圧ガス④内容積1.2ℓ以下の容器内の液化フルオロカーボン⑤自動車またはその部品内の高圧ガス⑥緩衝装置内の高圧ガス

チャレンジ問題

問1

難　中　易

以下のうち，正しいものはどれか。

(1) アンモニアの充てん容器および残ガスの貯蔵は，風通しの良い場所で行う。

(2) アンモニアの充てん容器を車両に積載して貯蔵することは禁じられているが，不活性のフルオロカーボンの充てん容器は，車両積載で貯蔵してもよい。

(3) 液化フルオロカーボンの充てん容器および残ガス容器はそれぞれ区分して容器置場に置くべき定めはない。

(4) 液化アンモニアの充てん容器については，その温度を常に40℃以下に保つべき定めがあるが，その残ガス容器についてはその定めはない。

解説

一般則第18条2号の㋑に定められています。ここでいう充てん容器等とは，容器置場ならびに充てん容器および残ガス容器のことです。

解答 (1)

問2

難　中　易

以下のうち，正しいものはどれか。

(1) 液化アンモニアの容器を置く容器置場には，携帯電燈以外の燈火を携えて立ち入っても問題はない。

(2) 充てん容器および残ガス容器それぞれの内容積が5ℓを超えるものには，転落，転倒等による衝撃およびバルブの損傷防止措置を講じる必要はない。

(3) 液化フルオロカーボン134aの充てん容器は，40℃以下に保たなくともよい

(4) 液化ガスを貯蔵するとき，貯蔵の方法に係る技術上の基準に従って貯蔵しなければならないのは，その質量が1.5kgを超えるものである。

解説

一般則第19条1項「経済産業省令で定める容積は，0.15m³とする」および，同則2項「貯蔵する高圧ガスが液化ガスであるときは，質量10kgをもって容積1m³とみなす」と定められています。よって，容積0.15m³は質量1.5kgとなります。

解答 (4)

高圧ガスの輸入,消費等

1 輸入検査

高圧ガスの**輸入**をした者は，輸入した高圧ガスおよびその容器について**都道府県知事の輸入検査**を受ける必要があります。輸入検査を行うのは，**陸揚げ地を管轄する**都道府県知事となります。

●法第22条（抜粋）

（輸入検査）

　高圧ガスの輸入をした者は，輸入をした高圧ガスおよびその容器につき，都道府県知事が行う輸入検査を受け，これらが輸入検査技術基準に適合していると認められたあとでなければ，これを移動してはならない。

2 消費等

高圧ガスの消費とは，廃棄以外の**燃焼**，**反応**，**溶解**等により，高圧ガスを瞬時に高圧ガスでない状態にすることをいいます。

●法第24条の2（要約）

（消費）

　政令で定める種類の高圧ガス（特定高圧ガス）を消費する者は，事業所ごとに，消費開始の日の20日前までに，消費する特定高圧ガスの種類，消費（消費に係る貯蔵および導管による輸送を含む）のための施設の位置，構造および設備ならびに消費の方法を記載した書面を添えて，その旨を都道府県知事に届け出なければならない。

●施行令第7条（要約）

（政令で定める種類の高圧ガス）

法第24条の2の高圧ガスであって，その消費に際し災害の発生を防止するため特別の注意を要するものとして政令で定める種類のものは，次に掲げるガスの圧縮ガスおよび液化ガスとする。

①モノシラン ②ホスフィン ③アルシン ④ジボラン ⑤セレン化水素 ⑥モノゲルマン ⑦ジシラン

3 高圧ガスの廃止の届出

高圧ガスの製造を**廃止**したときは，その旨を**都道府県知事に届け出**ます。

●法第21条1～3項

（製造等の廃止等の届出）

第1種製造者は，高圧ガスの製造を開始し，または廃止したときは，遅滞なく，その旨を都道府県知事に届け出なければならない。

2　第2種製造者であって，高圧ガスの製造の事業を廃止したときは，遅滞なく，その旨を都道府県知事に届け出なければならない。

3　第2種製造者であって，高圧ガスの製造を廃止したときは，遅滞なく，その旨を都道府県知事に届け出なければならない。

●冷凍則第29条2項

（高圧ガスの製造の開始または廃止の届出）

2　第１種製造者または第２種製造者は，高圧ガス製造廃止届書を，事業所の所在地を管轄する都道府県知事に提出しなければならない。

チャレンジ問題

問1　難　中　易

以下のうち，正しいものはどれか。

(1) 高圧ガスの輸入をした者は，輸入をした高圧ガスおよびその容器につき，都道府県知事が行う輸入検査を受けるが，移動はその限りではない。

(2) 政令で定める種類の高圧ガス（特定高圧ガス）を消費する者は，事業所ごとに，消費開始の日の20日前までに，規定の書面を添えて，その旨を都道府県知事に届け出なければならない。

(3) 第１種製造者は，高圧ガスの製造を開始し，または廃止したときは，遅滞なく，その旨を都道府県知事に届け出なければならないが，第２種製造者においてはその限りではない。

(4) 高圧ガスの貯蔵とは，廃棄以外の燃焼，反応，溶解等により，高圧ガスを瞬時に高圧ガスでない状態にすることをいう。

解説

法第24条の2「消費」および施行令第7条「政令で定める種類の高圧ガス」などによって定められています。

解答 (2)

2 高圧ガスの移動，廃棄等

まとめ＆丸暗記　この節の学習内容とまとめ

□ 高圧ガスの移動	高圧ガスの移動とは，高圧ガスを充てんした容器の車両積載，タンクローリーなどの車両に固ていされた容器による移動，導管による運送，移送等をいう（法第23条）
□ 車両に固定した容器による移動	タンクローリーなどの車両に固定された容器による高圧ガスの移動は厳しく規制され，一般則49条によって詳細に定められている（一般則第49条1項22号）
□ その他の場合における移動に係る技術上の基準	充てん容器などを車両に積載して，移動する場合の技術上の基準で，フルオロカーボンなどが充てんされた容器を積載したトラック等で移動することを指す（一般則第50条）
□ 高圧ガスの廃棄	容器や施設内にある高圧ガスを，高圧ガスでない状態にして大気，河川および海等に放出して捨てたり，または燃焼させたりすることをいう（法第25条）
□ 廃棄に係る技術上の基準に従うべき高圧ガス	省令により，廃棄する高圧ガスの種類についても定められ，原則，可燃性ガスは燃焼，アンモニアなどの毒性ガスは除外装置で除害して放出する（冷凍則第33条および一般則第61条）
□ 廃棄に係る技術上の基準	廃棄の場所，廃棄の方法の基準について定められている（冷凍則第34条および一般則第62条）

高圧ガスの移動

1　高圧ガスの移動

高圧ガスの移動とは，高圧ガスを充てんした容器の**車両積載**，**タンクローリー**などの**車両に固定された容器による移動**，**導管による運送**，**移送等**をいいます。

なお，冷凍機の移動は対象外となります。

●法第23条（要約）

（移動）

高圧ガスを移動するには，その容器について，保安上必要な措置を講じなければならない。

2　車両により高圧ガスを移動するには，積載方法および移動方法について省令で定める技術上の基準に従ってしなければならない。

3　導管により高圧ガスを輸送するには，省令で定める技術上の基準に従ってその導管を設置し，および維持しなければならない。

2　車両に固定した容器による移動

タンクローリーなどの**車両に固定された容器**による高圧ガスの移動は厳しく規制され，一般則49条によって詳細に定められています。

同規則1項1～22号のうち，過去の試験に出題された21号を，次に抜粋します。

●一般則第49条1項21号(抜粋)

(車両に固定した容器による移動に係る技術上の基準等)

21 可燃性ガス,毒性ガス,特定不活性ガスまたは酸素の高圧ガスを移動するときは,高圧ガスの名称,性状および移動中の災害防止のために必要な注意事項を記載した書面を運転者に交付し,移動中携帯させ,これを遵守させること。

3 その他の場合における移動に係る技術上の基準

充てん容器などを**車両に積載**して,移動する場合の**技術上の基準**です。

フルオロカーボンなどが充てんされた容器を積載した**トラック等で移動**することを指します。

●一般則第50条(1~14号の抜粋)

(その他の場合における移動に係る技術上の基準等)

省令で定める保安上必要な措置および技術上の基準は,次の各号に掲げるものとする。

1 充てん容器等を車両に積載して移動するとき(容器の内容積が25ℓ以下である充てん容器等(毒性ガスに係るものを除く)のみを積載した車両であって,積載容器の内容積の合計が50ℓ以下である場合を除く)は,車両の見やすい箇所に警戒標を掲げること。ただし,消防自動車などの特定車両は除く。

2 充てん容器等は,その温度(ガスの温度を計測できる充てん容器等にあっては,ガスの温度)を常に40℃以下に保つこと。

3 一般複合容器等であって容器の刻印等により示された年月から15年を経過したものを高圧ガスの移動に使用しないこと。

5　充てん容器等（内容積が5ℓ以下のものを除く）には，転落，転倒等による衝撃およびバルブの損傷を防止する措置を講じ，かつ，粗暴な取扱いをしないこと。

6　次に掲げるものは，同一の車両に積載して移動しないこと。

㋑　充てん填容器等と消防法に規定する危険物

㋺　塩素の充てん容器等とアセチレン，アンモニアまたは水素の充てん容器等

7　可燃性ガスの充てん容器等と酸素の充てん容器等とを同一の車両に積載して移動するときは，これらの充てん容器等のバルブが相互に向き合わないようにすること。

8　毒性ガスの充てん容器等には，木枠またはパッキンを施すこと。

9　可燃性ガス，特定不活性ガス，酸素または三フッ化窒素の充てん容器等を車両に積載して移動するときは，消火設備ならびに災害発生防止のための応急措置に必要な資材および工具等を携行すること。ただし，容器の内容積が25ℓ以下である充てん容器等のみを積載した車両であって，積載容器の内容積の合計が50ℓ以下である場合にあっては，この限りでない。

10　毒性ガスの充てん容器等を車両に積載して移動するときは，毒性ガスの種類に応じた

補足

一般則第49条1項21号

可燃性ガス，毒性ガス，特定不活性ガスまたは酸素の高圧ガスを移動するときは，高圧ガスの名称，性状および移動中の災害防止のために必要な注意事項を記載した書面を運転者に交付し，移動中携帯させ，これを遵守させること。

防毒マスク，手袋その他の保護具ならびに災害発生防止のための応急措置に必要な資材，薬剤および工具等を携行すること。

14 一般則第49条1項21号に掲げる高圧ガスを移動するとき（ガスの充てん容器等を車両に積載して移動するときに限る）は，同号の基準を準用する。ただし，容器の内容積が25ℓ以下である充てん容器等（毒性ガスに係るものを除き，高圧ガス移動時の注意事項を示したラベルが貼付されているものに限る）のみを積載した車両であって，積載容器の内容積の合計が50ℓ以下である場合にあっては，この限りでない。

チャレンジ問題

問1 難 中 易

以下のうち，正しいものはどれか。

(1) 液化アンモニアを移動するときは，車両の見やすい箇所に警戒標を掲げなければならないが，不活性の液化フルオロカーボンの場合は必要ない。

(2) 液化アンモニアを移動するときは，転落，転倒等による衝撃およびバルブの損傷を防止する措置を講じ，かつ，粗暴な取扱いをしてはならないが，不活性の液化フルオロカーボンを移動するときはその定めはない。

(3) 液化アンモニアを移動するときは，消火設備のほか防毒マスク，手袋その他の保護具ならびに災害発生防止のための応急措置に必要な資材，薬剤および工具等も携行しなければならない。

(4) 高圧ガスを移動する車両の見やすい箇所に警戒標を掲げなければならない高圧ガスは，可燃性ガスおよび毒性ガスの2種類に限られている。

解説

一般則第50条10号に定められています。また，「内容積が25ℓ以下の充てん容器を積載した車両で，合計が50ℓ以下の場合を除く」とも記されています。

解答 (3)

高圧ガスの廃棄

1 高圧ガスの廃棄

高圧ガスの廃棄とは，容器や施設内にある高圧ガスを，**高圧ガスでない状態**にして**大気**，**河川**および**海**等に放出して捨てたり，または**燃焼**させたりすることをいいます。

廃棄に際しては，高圧ガスの**種類**，廃棄する**場所**や**数量**，**廃棄の方法**などについて，**省令で定める技術上の基準に従って**行わなければなりません。

●法第25条

（廃棄）

省令で定める高圧ガスの廃棄は，廃棄の場所，数量その他廃棄の方法について省令で定める技術上の基準に従ってしなければならない。

2 廃棄に係る技術上の基準に従うべき高圧ガス

省令により，廃棄する**高圧ガスの種類**についても定められています。

原則，**可燃性ガスは燃焼**，アンモニアなどの**毒性ガスは除害装置で除害**して放出します。

●冷凍則第33条

（廃棄に係る技術上の基準に従うべき高圧ガスの指定）

法第25条の省令で定める高圧ガスは，可燃性ガス，毒性ガスおよび特定不活性ガスとする。

●一般則第61条

（廃棄に係る技術上の基準に従うべき高圧ガスの指定）

法第25条の省令で定める高圧ガスは，可燃性ガス，毒性ガス，特定不活性ガスおよび酸素とする。

3 廃棄に係る技術上の基準

廃棄の場所，廃棄の方法の基準については，以下のように定められています。

●冷凍則第34条

（廃棄に係る技術上の基準）

法第25条の省令で定める技術上の基準は，次の各号に掲げるものとする。

1　可燃性ガスおよび特性不活性ガスの廃棄は，火気を取り扱う場所または引火性もしくは発火性の物をたい積した場所およびその付近を避け，かつ，大気中に放出して廃棄するときは，通風の良い場所で少量ずつ放出すること。

2　毒性ガスを大気中に放出して廃棄するときは，危険または損害をほかにおよぼすおそれのない場所で少量ずつすること。

●一般則第62条

（廃棄に係る技術上の基準）

冷凍則33号に「第25条の省令で定める技術上の基準」は，次の各号に掲げるものとする。

1　廃棄は，容器とともに行わないこと。

2　可燃性ガスまたは特定不活性ガスの廃棄は，火気を取り扱う場所または引火性もしくは発火性の物をたい積した場所およびその付近を避け，かつ，大気中に放出して廃棄するときは，通風の良い場所で少量ずつ放出すること。

3　毒性ガスを大気中に放出して廃棄するときは，危険または損害をほかにおよぼすおそれのない場所で少量ずつすること。

4　可燃性ガス，毒性ガスまたは特定不活性ガスを継続かつ反復して廃棄するときは，ガスの滞留を検知するための措置を講じてすること。

5　酸素または三フッ化窒素の廃棄は，バルブおよび廃棄に使用する器具の石油類，油脂類その他の可燃性の物を除去したあとにすること。

6　廃棄したあとは，バルブを閉じ，容器の転倒およびバルブの損傷を防止する措置を講ずること。

7　充てん容器等のバルブは，静かに開閉すること。

8　充てん容器等，バルブまたは配管を加熱するときは，次に掲げるいずれかの方法により行うこと。

㋑ 熱湿布を使用すること

㋺ 温度40℃以下の温湯そのほかの液体（可燃性のものおよび充てん容器等，バルブまたは充てん用枝管に有害な影響をおよぼすおそれのあるものを除く）を使用すること

㋩ 空気調和設備（空気の温度を40℃以下に調節する自動制御装置を設けたものであって，火気で直接空気を加熱する構造のものおよび可燃性ガスを冷媒とするもの以外のものに限る）を使用すること

チャレンジ問題

問1

難 中 **易**

以下のうち，正しいものはどれか。

(1) 冷凍保安規則に定められている高圧ガスの廃棄に係る技術上の基準に従うべき高圧ガスは，可燃性ガスおよび毒性ガスに限られる。
(2) 製造施設の冷凍設備内の高圧ガスであるアンモニアは，高圧ガスの廃棄に係る技術上の基準に従って廃棄しなければならないものに該当する。
(3) 毒性ガスを大気中に放出して廃棄するときは，危険または損害をほかにおよぼすおそれのない場所で一気にすること。
(4) 高圧ガスの廃棄は，容器とともにあわせて行う。

解説

冷凍則第33条に「可燃性ガス，毒性ガスおよび特定不活性ガスとする」とあり，一般則第61条に「可燃性ガス，毒性ガス，特定不活性ガスおよび酸素とする」とあります。

解答 (2)

法令

第 12 章
容器

第12章 法令:容器

1 容器の定義および製造,検査等

まとめ&丸暗記 この節の学習内容とまとめ

□ 容器の適用範囲	高圧ガスを充てんするための容器とは,高圧ガスを充てんするための容器であって,地盤面に対して移動することができるもので,その保安について規定している。(容器則第1条)。なお,移動できないものは貯槽という
□ 用語の定義	容器の名称,容器に充てんされる高圧ガスなどを定義(容器則第2条)
□ 製造の方法の基準	容器に充てんされる高圧ガスの種類や,容器の材料などについての製造方法の基準を定める(容器則第3条)
□ 製造の方法	容器製造業者は,高圧ガスを充てんする容器の製造において,省令で定める技術上の基準に従ってその製造をしなければならない(法第41条)
□ 充てん	高圧ガスを充てんする容器については,容器の刻印や附属品などの規定,充てんする高圧ガスの条件などが定められる(法第46条の2,法第48条1項)
□ 最高充てん圧力	容器の区分に応じて充てんすることができる最高の圧力(容器則第2条25条)
□ 液化ガスの質量の計算の方法	圧縮ガスは,刻印された圧力以下で充てんし,液化ガスは,規定の算式で計算した質量以下で充てん(容器則第22条)
□ 充てんする高圧ガスの種類または圧力の変更	充てんする高圧ガスの種類,圧力を変更する際は,所定の機関に申請する(法第54条,冷凍則第29条2項)
□ 容器検査	容器の製造または輸入をした者は,所定機関の容器検査を受けなければならない(法第44条,容器則第24条)
□ くず化その他の処分	検査・再検査に適合しなかった容器,附属品,廃棄する容器等は,くず化し,処分しなければならない(法第56条)

容器の定義

1 適用範囲

高圧ガスを充てんするための**容器**について，容器保安規則（容器則）第１条にその定義が示されています。

なお，容器とは，**地盤面に対して移動**することができるものを指し，移動できないものは**貯槽**といいます。

●容器則第１条（要約）

（適用範囲）

高圧ガスを充てんするための容器であって地盤面に対して移動することができるものに関する保安について規定する。

2 用語の定義

容器の**名称**およびその容器に**充てんされる高圧ガス等**について，用語の定義が詳しく定められています。

●容器則第２条（抜粋）

（用語の定義）

1　継目なし容器　内面に0Paを超える耐圧部分に溶接部を有しない容器。

2　溶接容器　耐圧部分に溶接部を有する容器。

3　超低温容器　温度が−50℃以下の液化ガス

（冷媒等）を充てんすることができる容器で断熱材で被覆することにより容器内のガスの温度が常用の温度を超えて上昇しないような措置を講じてあるもの。

4　低温容器　断熱材で被覆し，または冷凍設備で冷却することにより容器内のガスの温度が常用の温度を超えて上昇しないような措置を講じてある液化ガス（冷媒等）を充てんするための容器。

5　ろう付け容器　耐圧部分がろう付けにより接合された容器。

6　再充てん禁止容器　高圧ガスを一度充てんしたのち再度高圧ガスを充てんすることができないものとして製造された容器。

7　繊維強化プラスチック複合容器　ライナーに，周方向のみまたは軸方向および周方向に樹脂含浸連続繊維を巻き付けた複合構造を有する容器。

14　液化天然ガス自動車燃料装置用容器　自動車の燃料装置用として液化天然ガスを充てんするための容器。

ここに示した容器のうち，２号の溶接容器，３号の超低温容器，５号のろう付け容器は，**溶接容器等**といわれます。

3　製造の方法の基準

容器に充てんされる高圧ガスの種類や，容器の材料などについての**製造の方法の基準**が定められています。

●容器則第３条

（製造の方法の基準）

経済産業省令で定める技術上の基準は，次の各号に掲げるものとする。

1　容器は，充てんする高圧ガスの種類，充てん圧力，使用温度および使用される環境に応じた適切な材料を使用して製造すること。

2　容器は，充てんする高圧ガスの種類，充てん圧力，使用温度および使用される環境に応じた適切な肉厚を有するように製造すること。

3　容器は，その材料，使用温度および使用される環境に応じた適切な構造および仕様により製造すること。

4　容器は，その材料および構造に応じた適切な加工，溶接および熱処理の方法により製造すること。

5　容器は，適切な寸法精度を有するように製造すること。

チャレンジ問題

問1

難　中　易

以下のうち，正しいものはどれか。

(1) 継目なし容器とは，内面に10Paを超える耐圧部分に溶接部を有しない容器のことをいう。

(2) 超低温容器とは，温度が－80℃以下の液化ガス（冷媒等）を充てんすることができる容器で断熱材で被覆することにより容器内のガスの温度が常用の温度を超えて上昇しないような措置を講じてあるものをいう。

(3) 低温容器とは，断熱材で被覆し，または冷凍設備で冷却することにより容器内のガスの温度が常用の温度を超えて下降しないような措置を講じてある液化ガス（冷媒等）を充てんするための容器をいう。

(4) 容器は，充てんする高圧ガスの種類，充てん圧力，使用温度および使用される環境に応じた適切な材料を使用して製造しなければならない。

解説

容器則第３条１号に「容器は，充てんする高圧ガスの種類，充てん圧力，使用温度および使用される環境に応じた適切な材料を使用して製造すること」と定められています。

解答 (4)

製造と充てん，容器検査等

1 製造の方法

容器製造業者は，高圧ガスを充てんする**容器の製造**において，省令で定める**技術上の基準に従って**その製造をしなければなりません。

●法第41条

（製造の方法）

高圧ガスを充てんするための容器の製造の事業を行う者（容器製造業者）は，省令で定める技術上の基準に従って容器の製造をしなければならない。

2　経済産業大臣は，容器製造業者の製造の方法が前項の技術上の基準に適合していないと認めるときは，その技術上の基準に従って容器の製造をすべきことを命ずることができる。

2 充てん

高圧ガスを**充てんする容器**については，**刻印や附属品などの容器の規定**，充てんする**高圧ガスの条件**などが定められています。

●法第46条2号

（表示）

容器の所有者は，次に掲げるときは，遅滞なく，省令で定めるところにより，その容器に，表示をしなければならない。その表示が滅失したときも，同様とする。

2　容器（高圧ガスを充てんしたものに限り，省令で定めるものを除く）の輸入をした者は，遅滞なく，省令で定めるところにより，その容器に，表示をしなければならない。

●**法第48条1項（抜粋）**

（充てん）

高圧ガスを容器（再充てん禁止容器を除く）に充てんする場合は，その容器は，次の各号のいずれにも該当するものでなければならない。

1　刻印等または自主検査刻印等がされているものであること。

2　第46条第1項の表示をしてあること。

3　バルブを装置してあること。この場合において，そのバルブが附属品検査を受け，これに合格し，かつ，刻印がされているものであること。

5　容器検査もしくは容器再検査を受けたあと，省令で定める期間を経過した容器または損傷を受けた容器にあっては，容器再検査を受け，これに合格し，刻印または標章の掲示がされているものであること。

（4）容器に充てんする高圧ガスは，次の各号のいずれにも該当するものでなければならない。

1　刻印等または自主検査刻印等において示された種類の高圧ガスであり，圧縮ガスにあってはその刻印等または自主検査刻印等において示された圧力以下のものであり，液化ガスにあってはその刻印等または自主検査刻印等において示された内容積に応じて計算した質量以下のものであること。

3 最高充てん圧力

容器の**区分**に応じて充てんすることができる**最高の圧力**です。

●容器則第2条25号

最高充てん圧力　次の表の上欄に掲げる容器の区分に応じて，それぞれ同表の下欄に掲げる圧力（ゲージ圧力）。

容器の区分	圧力
圧縮ガスを充てんする容器	温度35℃（アセチレン3ガスは15℃）においてその容器に充てんすることができるガスの圧力のうち最高のものの数値
超低温容器，低温容器または液化天然ガス自動車燃料装置用容器	常用の圧力のうち最高のものの数値
超低温容器，低温容器，液化天然ガス自動車燃料装置用容器以外の容器で液化ガスを充てんするもの	耐圧試験圧力の3/5倍（再充てん禁止容器の場合は耐圧試験圧力の4/5倍）の圧力の数値
国際圧縮水素自動車燃料装置用容器，圧縮水素二輪自動車燃料装置用容器	燃料の充てん中にその容器にかかるガスの圧力のうち最高のものの数値で，公称使用圧力の5/4倍の圧力の数値

4 液化ガスの質量の計算の方法

圧縮ガスは，容器に**刻印された圧力以下で充てん**し，液化ガスの場合は，次の算式で計算した質量以下で重点を行います。

●容器則第22条（要約）

省令で定める液化ガスの計算の方法は，次の算式によるものとする。

G=V/C　　G ： 液化ガスの質量（kg）の数値［kg］
　　　　　V ： 容器の内容積（ℓ）の数値［ℓ］
　　　　　C ： 液化ガスの種類に応じて示された定数［kg/ℓ］

5 容器に充てんする高圧ガスの種類または圧力の変更

充てんする高圧ガスの**種類**，**圧力を変更**する際，容器の所有者は**所定の機**

関にその旨を申請します。

●法第54条（抜粋）

（容器に充てんする高圧ガスの種類または圧力の変更）

容器の所有者は，その容器に充てんしようとする高圧ガスの種類または圧力を変更しようとするときは，刻印等をすべきことを経済産業大臣，協会または指定容器検査機関に申請しなければならない。

2　変更後にその容器が規格に適合すると認めるときは，速やかに，刻印等をしなければならない。この場合，容器にされていた刻印等を抹消しなければならない。

3　1項の規定による申請をした者は，規定による刻印等がされたときは，遅滞なく，省令で定めるところにより，その容器に，表示をしなければならない。

6 容器検査

容器の製造または輸入をした者は，所定機関の**容器検査**を受けなければなりません。また，経過年数による**容器の再検査**の期間についても定められています。

●法第44条（抜粋）

（容器検査）

容器の製造または輸入をした者は，経済産業大臣，指定容器検査機関が省令で定める方法に

補足

附属品検査および附属品再検査

附属品の検査については，法49条の2,3および容器則13,18条に，再検査については，法49条の4，容器則28,29,38条に定められています。

容器再検査の期間

容器則24条において容器再検査機関が規定されています。

●溶接容器等
製造後経過年数が20年未満は5年，20年以上は2年

●一般継目なし容器
5年

●一般複合容器
3年

容器再検査の期間の起算日の規定

●容器検査を受けたことのない容器は，容器検査合格月の前月の末日

●容器検査を受けたことのある容器は，前回の検査合格月の前月の末日

より行う容器検査を受け，これに合格し刻印または標章の掲示がされているものでなければ，容器を譲渡し，引き渡してはならない。ただし，次に掲げる容器については，この限りでない。

1　登録容器製造業者が製造した容器であって，刻印または標章の掲示がされているもの。

3　輸出その他の省令で定める用途に供する容器。

4　高圧ガスを充てんして輸入された容器であって，高圧ガスを充てんしてあるもの。

②　前項の容器検査を受けようとする者は，その容器に充てんしようとする高圧ガスの種類および圧力を明らかにしなければならない。

③　再充てん禁止容器について，容器検査を受けようとする者は，その容器が再充てん禁止容器である旨を明らかにしなければならない。

④　容器検査においては，その容器が省令で定める高圧ガスの種類および圧力の大きさ別の容器の規格に適合するときは，これを合格とする。

●容器則第24条（抜粋）

（容器再検査の期間）

1　溶接容器，超低温容器およびろう付け容器（溶接容器等）については，製造後の経過年数20年未満のものは5年，20年以上のものは2年。

3　一般継目なし容器については，5年。

4　一般複合容器については，3年。

7　くず化その他の処分

検査および再検査に適合しなかった容器，附属品または廃棄する容器等は，**くず化**し，**処分**して再使用できないようにしなければなりません。

●**法第56条（抜粋）**

（くず化その他の処分）

経済産業大臣は，容器が規格に適合しない場合，くず化・処分を命ずることができる。

2　協会または指定容器検査機関は，容器検査に合格しなかった容器は，遅滞なく，その旨を経済産業大臣に報告しなければならない。

3　容器再検査に合格しなかった容器について3か月以内に刻印等がされなかったときは，遅滞なく，くず化し，処分しなければならない。

4　附属品検査または附属品再検査に合格しなかった附属品について1，2の規定に準用する。

5　容器または附属品の廃棄をする者は，くず化し，使用することができないように処分しなければならない。

チャレンジ問題

問1

難　中　易

以下のうち，正しいものはどれか。

(1) 一般継目なし容器の容器再検査の期間は3年である。
(2) 容器の輸入をした者は，その容器に表示をする必要はない。
(3) 容器に高圧ガスを充てんする場合は，刻印等または自主検査刻印等が必要である。
(4) 一般複合容器の容器再検査の期間は5年である。

解説

法第48条1項に定められています。

解答 (3)

第12章 法令:容器

2 容器の刻印および表示等

まとめ&丸暗記 この節の学習内容とまとめ

□ 容器の刻印等	経済産業大臣, 協会または指定容器検査機関は, 容器が容器検査に合格した場合に, その容器に刻印をしなければならない(法第45条)
□ 刻印等の方式	刻印をしようとする者は, 容器の見やすい箇所に, 規定事項を規定順序で刻印しなければならない(容器則第8条) ①検査実施者の名称の符号 ②容器製造業者の名称 ③充てんすべき高圧ガスの種類 ④容器の記号など
□ 容器の表示	容器の所有者は, 省令で定めるところにより, その容器に, 表示をしなければならない(法第46条1項) ●容器に刻印等がされたとき ●容器再検査で刻印または標章の掲示をしたとき ●刻印または掲示(自主検査刻印等)がされている容器を輸入したとき
□ 表示の方式	①表示をしようとする者は, 高圧ガスの種類に応じて, 塗色をその容器の外面の見やすい箇所に, 容器の表面積の1/2以上について行うものとする ②容器の外面に充てんすることができる高圧ガスの名称を明示する ③可燃性ガスは「燃」(赤色), 毒性ガスには「毒」(黒色)を明示する ④容器の外面に容器の所有者の氏名または名称, 住所および電話番号(氏名等)を明示する(容器則第10条)
□ 容器を譲り受けた者が行う表示	容器を譲り受けた者は, 容器則第10条1項3号および5項の規定の例により表示を行う(容器則第11条, 法第47条1項)
□ 高圧ガスの種類または圧力の変更に伴なう表示	容器に充てんする高圧ガスの種類または圧力を変更したときに行う表示は, 第10条1項1～2号および5項の規定の例により行わなければならない(容器則第12条)

容器の刻印

1 刻印等

容器が容器検査に合格したら，**刻印等**の掲示をします。刻印等とは，**刻印**または**標章**をいいます。

●法第45条（要約）

（刻印等）

経済産業大臣，協会または指定容器検査機関は，容器が容器検査に合格した場合において，その容器が刻印をすることが困難なものとして省令で定める容器以外のものであるときは，速やかに，その容器に，刻印をしなければならない。

2　経済産業大臣，協会または指定容器検査機関は，容器が容器検査に合格した場合において，速やかに，その容器に，標章を掲示しなければならない。

3　何人も，容器に，規定の刻印もしくは標章の掲示またはこれらと紛らわしい刻印等をしてはならない。

2 刻印等の方式

見やすい箇所に，定められた事項を刻印します。

●**容器則第８条（抜粋）**

（刻印等の方式）

刻印をしようとする者は，容器の厚肉の部分の見やすい箇所に，明瞭に，かつ，消えないように次の各号に掲げる事項をその順序で刻印しなければならない。

1　検査実施者の名称の符号

2　容器製造業者の名称またはその符号

3　充てんすべき高圧ガスの種類

5　容器の記号および番号

6　内容積（記号：V，単位：ℓ）

7　附属品を含まない容器の質量（記号：W，単位：kg）

9　容器検査に合格した年月

11　耐圧試験における圧力（記号：TP，単位：MPa）およびM

12　最高充てん圧力（記号：FP，単位：MPa）およびM

チャレンジ問題

問１　難　中　易

以下のうち，正しいものはどれか。

(1) 容器検査に合格した容器への刻印等は，いつ行ってもよい。

(2) 容器の刻印等は，容器の厚肉の部分の見やすい箇所に，明瞭に，消えないように定められた事項を，定められた順序で刻印しなければならない。

(3) 充てんすべき高圧ガスの種類は，容器の刻印には必要ない。

(4) 容器製造業者の名称またはその符号は，刻印をしなくともよい。

解説

容器則第８条１項（上記参照）により定められています。

解答（2）

容器の表示等

1 表示

容器に刻印がされたら，その容器の所有者は，遅滞なく，表示をしなければなりません。

●法第46条1項（抜粋）

（表示）

容器の所有者は，次に掲げるときは，遅滞なく，省令で定めるところにより，その容器に，表示をしなければならない。その表示が滅失したときも，同様とする。

1　容器に刻印等がされたとき。

2　容器再検査で刻印または標章の掲示をしたとき。

3　刻印または掲示（自主検査刻印等）がされている容器を輸入したとき。

2 表示の方式

高圧ガスの容器の種類に応じて，容器の外面の見やすい箇所に塗色をし，高圧ガスの名称ほか，規定事項を明示しなければなりません。

●容器則第10条(抜粋)

(表示の方式)

表示をしようとする者は,次の各号に掲げるところに従って行わなければならない。

1 高圧ガスの種類に応じて,塗色をその容器の外面の見やすい箇所に,容器の表面積の1/2以上について行うものとする。ただし,その他の種類の高圧ガスを充てんする容器のうち着色加工していないアルミニウム製,アルミニウム合金製およびステンレス鋼製の容器,液化石油ガスを充てんするための容器ならびに圧縮天然ガス自動車燃料装置用容器にあっては,この限りでない。

2 容器の外面に次に掲げる事項を明示するものとする。

㋑ 充てんすることができる高圧ガスの名称

㋺ 高圧ガスの性質を示す文字,可燃性ガスは「燃」(赤色),毒性ガスには「毒」(黒色)を明示する

3 容器の外面に容器の所有者の氏名または名称,住所および電話番号(氏名等)を明示するものとする。

●高圧ガスの塗色

高圧ガスの種類	塗色の区分
酸素ガス	黒色
水素ガス	赤色
液化炭酸ガス	緑色
液化アンモニア	白色
液化塩素	黄色
アセチレンガス	かっ色
その他の種類の高圧ガス	ねずみ色

3 容器を譲り受けた者が行う表示

容器を譲り受けた者についても，容器への刻印等の表示をすることが定められています。

●容器則第11条

（容器を譲り受けた者が行う表示）

容器を譲り受けた者は，容器則第10条1項3号および5項の規定の例により行わなければならない。

●法第47条1項

容器を譲り受けた者は，遅滞なく，省令で定めるところにより，その容器に，表示をしなければならない。その表示が滅失したときも，同様とする。

4 高圧ガスの種類または圧力の変更に伴う表示

容器に充てんする**高圧ガスの種類や圧力に変更**があった場合は，**表示の変更**も行わなければなりません。

●容器則第12条

（容器に充てんする高圧ガスの種類または圧力の変更に伴う表示）

法第54条3項の規定により表示しようとする者は，第10条1項1号，2号および5項の規定の例により行わなければならない。

チャレンジ問題

問1

難 中 **易**

以下のうち，正しいものはどれか。

(1) 刻印または掲示（自主検査刻印等）がされている容器を輸入したときは，表示の必要はない。
(2) 容器の所有者は，その容器に刻印がされたときは，遅滞なく，省令で定めるところにより，その容器に，表示をしなければならない。
(3) 容器再検査で刻印または標章の掲示をしたときは，容器への表示は行わなくともよい。
(4) 容器の所有者は，省令で定めるところにより，遅滞なく，その容器に，表示をしなければならないが，その表示が滅失したときはその限りではない。

解説

法第46条1項（P315参照）により定められています。

解答（2）

問2

難 中 **易**

以下のうち，正しいものはどれか。

(1) 高圧ガスの種類に応じて，塗色をその容器の外面の見やすい箇所に，容器の表面積の全体について行うものとする。
(2) 容器の外面には，充てんすることができる高圧ガスの名称のみを明示すればよい。
(3) 高圧ガスの性質を示す文字，可燃性ガスは「燃」（赤色），毒性ガスには「毒」（黒色）を明示する。
(4) 容器を譲り受けた者は，遅滞なく，省令で定めるところにより，その容器に，表示をしなければならない。その表示が滅失したときは，その限りではない。

解説

容器則第10条2号の㋺により，容器に充てんできる高圧ガスの種類による表示の方法が定められています。

解答（3）

法令

第13章

保安

第13章 法令：保安

1 完成検査，危害予防規程および保安教育

まとめ＆丸暗記　この節の学習内容とまとめ

□ 完成検査	都道府県知事の許可を受けた第１種製造者が，高圧ガスの製造のための施設または，第１種貯蔵所の工事を完成したときに法令で定める技術上の基準に適合する施設であるかを確認するための完成検査を受ける（法第20条）
□ 完成検査の申請等	第１種製造者が完成検査を受ける際に，製造施設完成検査申請書を事業所の所在地を管轄する都道府県知事に提出する（冷凍則第21条）
□ 完成検査を要しない変更の工事の範囲	設備の冷凍能力の変更が所定の範囲内の場合は，完成検査は不要。ただし，耐震設計構造物，可燃性ガスおよび毒性ガスの冷媒設備の取替え工事，冷媒設備に関係する切断・溶接を伴う工事においては必要となる（冷凍則第23条）
□ 危害予防規程	第１種製造者（事業者）が事業所および製造設備の実情に合わせて運転，維持，管理等に関して事故災害を予防するために自らが定め，事業者および事業所内の従業者が遵守することが義務づけられた規定のこと（法第26条） →第２種製造者は危害予防規程の制定は不要
□ 危害予防規程の届出等	第１種製造者は，危害予防規程届書に定めた危害予防規程を添えて都道府県知事または指定都市の長に届け出なければならない。変更の場合も同様（冷凍則第35条）
□ 保安教育	第１種製造者は，事業所の従業者に対して安全教育計画を定め，第２種製造者は，公共の安全の維持や災害発生の防止および従業者に法の理解や安全な操作方法の十分な理解を促すための安全教育を行う（法第27条）
□ 保安教育計画の策定と実施	保安安全計画は，各事業所に見合った教育の実施体制や教育訓練の内容等を具体的に規定する（法第27条）

完成検査等

1 完成検査

都道府県知事の許可を受けた**第１種製造者**が，高圧ガスの製造のための施設または第１種貯蔵所の工事を完成したときに，**都道府県知事**が行う**完成検査**を受けます。完成検査とは，法令で定める技術上の基準に適合する施設であるかを確認するための法定検査をいいます。

原則として**高圧ガス保安協会**または，**指定完成検査機関**が行い，検査後に**製造施設完成検査証**を受領します。

●法第20条（抜粋）

（完成検査）

高圧ガスの製造のための施設または第１種貯蔵所の設置の工事を完成したときは，都道府県知事が行う完成検査を受け，これらが技術上の基準に適合していると認められたあとでなければ，これを使用してはならない。ただし，高圧ガスの製造のための施設または第１種貯蔵所につき，省令で定めるところにより高圧ガス保安協会（協会）または経済産業大臣が指定する者（指定完成検査機関）が行う完成検査を受け，これらが技術上の基準に適合していると認められ，その旨を都道府県知事に届け出た場合は，この限りでない。

4　協会または指定完成検査機関は，完成検査を行ったときは，遅滞なく，その結果を都道府県知事に報告しなければならない。

補足

認定完成検査実施者

特定変更工事に係る完成検査を，自ら行うことができる者として経済産業大臣の認定を受けている者をいいます。

2 完成検査の申請等

第1種製造者が完成検査を受ける際には，**製造施設完成検査申請書**を事業所の**所在地を管轄する都道府県知事**に提出しなければなりません。

●冷凍則第21条

（完成検査の申請等）

製造施設について都道府県知事または指定都市の長が行う完成検査を受けようとする第1種製造者は，製造施設完成検査申請書を，事業所の所在地を管轄する都道府県知事に提出しなければならない。

2　都道府県知事または指定都市の長は，完成検査において，製造施設が省令で定める技術上の基準に適合していると認めるときは，製造施設完成検査証を交付するものとする。

3 完成検査を要しない変更の工事の範囲

設備の冷凍能力の変更が**所定の範囲内**であれば，完成検査は不要です。ただし，**耐震設計構造物，可燃性ガスおよび毒性ガスの冷媒設備の取替え工事，冷媒設備に関係する切断・溶接を伴う工事**においては，完成検査が必要となります。なお，所定の範囲内とは**変更前の冷凍能力の20%以内**（告示）です。

●冷凍則第23条

（完成検査を要しない変更の工事の範囲）

省令で定めるものは，製造設備（耐震設計構造物として適用を受ける製造設備を除く）の取替え（可燃性ガスおよび毒性ガスを冷媒とする冷媒設備を除く）の工事（冷媒設備に係る切断，溶接を伴う工事を除く）であって，設備の冷凍能力の変更が告示で定める範囲であるものとする。

チャレンジ問題

問1 難 中 易

以下のうち，正しいものはどれか。

(1) 高圧ガスの製造施設または第1種貯蔵所設置工事を完成したときは，都道府県知事が行う完成検査を受け，技術上の基準に適合したあとでなければ使用できない。

(2) 完成検査を行った高圧ガス保安協会等は，結果の都道府県知事への報告は不要。

(3) 完成検査を受けようとする第1種製造者は，都道府県知事に報告すればよい。

(4) 都道府県知事は，第1種製造者に完成検査の検査結果を口頭にて通達する。

解説

法第20条第1項に「都道府県知事が行う完成検査を受け，技術上の基準に適合していると認められたあとでなければ，これを使用してはならない」（抜粋）と定められています。

解答 (1)

問2 難 中 易

以下のうち，正しいものはどれか。

(1) 設備の冷凍能力変更の所定の範囲とは，変更前の冷凍能力の35%以内をいう。

(2) 製造設備取替え工事においては，設備の冷凍能力の変更は自由にできる。

(3) 耐震設計構造物，可燃性および毒性ガスの冷媒設備の取替え工事，冷媒設備に関係する切断・溶接を伴う工事においては，完成検査を受ける必要がある。

(4) 完成検査は，第1種製造者，第2種製造者の両者に課せられる。

解説

冷凍則第23条に，「耐震設計構造物の適用を受ける製造設備を除く」「可燃性および毒性ガス冷媒の冷媒設備を除く」「冷媒設備の切断，溶接を伴う工事を除く」とあります。

解答 (3)

危害予防規程の制定，届出等

1 危害予防規程

危害予防規程とは，第１種製造者（事業者）が事業所および製造設備の実情に合わせて運転，維持，管理等に関して**事故災害を予防**するために**自らが定め**，事業者および事業所内の従業者が**遵守**することが義務づけられた規定のことをいいます。

なお，第２種製造者には，危害予防規程を制定する必要はありません。

●法第26条

（危害予防規程）

第１種製造者は，省令で定める事項について記載した危害予防規程を定め，省令で定めるところにより，都道府県知事に届け出なければならない。これを変更したときも，同様とする。

2　都道府県知事は，公共の安全の維持または災害の発生の防止のため必要があると認めるときは，危害予防規程の変更を命ずることができる。

3　第１種製造者およびその従業者は，危害予防規程を守らなければならない。

4　都道府県知事は，第１種製造者またはその従業者が危害予防規程を守っていない場合において，公共の安全の維持または災害の発生の防止のため必要があると認めるときは，第１種製造者に対し，危害予防規程を守るべきことまたはその従業者に危害予防規程を守らせるため必要な措置をとるべきことを命じ，または勧告することができる。

なお，危害予防規程に盛り込むべき項目は，冷凍則第35条２項に詳しく示されています。

2 危害予防規程の届出等

第1種製造者は，危害予防規程届書に定めた危害予防規程を添えて**都道府県知事または指定都市の長に届け出**なければなりません。変更の場合も同様です。

危害予防規程に定めるべき項目は，省令で定められ，その概要は冷凍則第35条に示されています。ただし，これらの項目すべてを盛り込む必要はなく，関連する基準や要領に落とし込んで定め，届け出ます。

●冷凍則第35条

（危害予防規程の届出等）

届出をしようとする第1種製造者は，危害予防規程届書に危害予防規程（変更のときは，変更の明細を記載した書面）を添えて，事業所の所在地を管轄する都道府県知事に提出しなければならない。

2　省令で定める事項は，次の各号に掲げる事項の細目とする。

① 省令で定める技術上の基準および技術上の基準に関すること

② 保安管理体制および冷凍保安責任者の行うべき職務の範囲に関すること

③ 製造設備の安全な運転および操作に関すること

④ 製造施設の保安に係る巡視および点検に関すること

⑤ 製造施設の増設に係る工事および修理作業の管理に関すること

⑥ 製造施設が危険な状態となったときの措置およびその訓練方法に関すること

⑦ 大規模な地震に係る防災および減災対策に関すること

⑧ 協力会社の作業の管理に関すること

⑨ 従業者に対する危害予防規程の周知方法および危害予防規程に違反した者に対する措置に関すること

⑩ 保安に係る記録に関すること

⑪ 危害予防規程の作成および変更の手続に関すること

⑫ 災害の発生防止のために必要な事項に関すること

チャレンジ問題

問1

難 中 易

以下のうち，正しいものはどれか。

(1) 第1種製造者は，危害予防規程を定め，都道府県知事に届け出なければならない。これを変更したときは，その必要はない。

(2) 第1種製造者およびその従業者は，危害予防規程を守らなければならない。

(3) 従業者は，公共の安全の維持または災害の発生の防止のため必要があると認めるときは，危害予防規程の変更を命ずることができる。

(4) 法第35条に示された危害予防規程の項目のすべてを盛り込んで危害予防規程を定めることが必要である。

解説

法第26条3項に「第1種製造者およびその従業者は，危害予防規程を守らなければならない」と定められています。

解答 (2)

保安教育

1 保安教育

第 1 種製造者は，事業所の従業者に対して**安全教育計画**を定めます。

また，第 2 種製造者は，公共の安全の維持や災害発生の防止および従業者に**法の理解や安全な操作方法の十分な理解を促すための安全教育**を行うことが法により定められています。

これは，高圧ガスによる災害を未然に防止するためには危害予防規程のみでは不十分であり，**異常時や事故発生時の緊急を要する対応に関する訓練も必要**となるために実施される教育といえます。

2 保安教育計画の策定と実施

保安安全計画は，各事業所に見合った教育の実施体制や教育訓練の内容等を**具体的に規定**するものです。

保安安全計画には，危害予防規程のような各政令が定める記載すべき事項が示されているわけではありません。事業所の従業者に対する教育は**事業者の責任において行う**ものであり，自主保安を念頭に第 1 種製造者（事業者）が自ら考え作成します。

安全教育および安全教育計画書の策定と実施については，法第 27 条により定められています。

●法第27条

（保安教育）

第１種製造者は，その従業者に対する保安教育計画を定めなければならない。

2　都道府県知事は，公共の安全の維持または災害の発生の防止上十分でないと認めるときは，前項の保安教育計画の変更を命ずることができる。

3　第１種製造者は，保安教育計画を忠実に実行しなければならない。

4　第２種製造者，第１種貯蔵所もしくは第２種貯蔵所の所有者もしくは占有者，販売業者または特定高圧ガス消費者（第２種製造者等）は，その従業者に保安教育を施さなければならない。

5　都道府県知事は，第１種製造者が保安教育計画を忠実に実行していない場合において公共の安全の維持もしくは災害の発生の防止のため必要があると認めるとき，または第２種製造者等がその従業者に施す保安教育が公共の安全の維持もしくは災害の発生の防止上十分でないと認めるときは，第１種製造者または第２種製造者等に対し，それぞれ，保安教育計画を忠実に実行し，またはその従業者に保安教育を施し，もしくはその内容もしくは方法を改善すべきことを勧告することができる。

6　協会は，高圧ガスによる災害の防止に資するため，高圧ガスの種類ごとに，１項の保安教育計画を定め，または４項の保安教育を施すにあたって基準となるべき事項を作成し，これを公表しなければならない。

チャレンジ問題

問1

難　中　易

以下のうち，正しいものはどれか。

(1) 第1種製造者は，従業者に対する保安教育を実施しなければならない。

(2) 保安教育を施さなければならない者には，第2種製造者等も含まれる。

(3) 都道府県知事は，公共の安全の維持または災害の発生の防止上十分でないと認めるときは，保安教育計画の変更を命ずることができる。

(4) 警察署は，保安教育計画を実行していない場合に，勧告することができる。

解説

法第27条2項に「都道府県知事は，公共の安全の維持または災害の発生の防止上十分でないと認めるときは，前項の保安教育計画の変更を命ずることができる」とあります。

解答 (3)

問2

難　中　易

以下のうち，正しいものはどれか。

(1) 保安教育は，第1種製造者には実施が義務づけられているが，第2種製造者においてはその限りではない。

(2) 第2種製造者は，従業者に保安教育を施さなければならない。

(3) 第2種製造者等が従業者に施す保安教育が公共の安全の維持，災害発生防止上十分でないと認めるとき，都道府県知事は注意を促すことで勧告とする。

(4) 協会は，高圧ガスによる災害防止のため，高圧ガスの種類ごとに保安教育計画を定め，保安教育を施す基準事項を作成し，第1種製造者のみに通達する。

解説

法第27条4項に「第2種製造者，第1種貯蔵所もしくは第2種製造者等は，その従業者に保安教育を施さなければならない」とあります。

解答 (2)

第13章　法令：保安

2 保安責任者

まとめ&丸暗記　この節の学習内容とまとめ

□ 冷凍保安責任者とは	第１種製造者および第２種製造者の事業所で，冷凍設備の運転管理や保守保安の規定の資格を有し現場責任者の立場にある者を冷凍保安責任者という
□ 冷凍保安責任者の選任	冷凍設備の大きさにより選任条件が規定され，選任条件の規定には，交付を受けている免状の種類，高圧ガス製造に関する経験がある（法第27条の4）
□ 製造施設の区分による凍保安責任者の選任	製造施設の区分に応じ，製造施設ごとに製造保安責任者免状を交付され，高圧ガス製造の経験を有する者を冷凍保安責任者に選任しなければならない（冷凍則36条１項）
□ 冷凍保安責任者の選任不要の施設	第１種製造者，第２種製造者それぞれに詳細な規定が定められている（冷凍則第36条2項および3項）。 冷媒ガスが二酸化炭素および不活性のフルオロカーボンで，50t未満の第２種製造施設／認定指定設備／20t未満の第２種製造施設／すべてのユニット形など
□ 冷凍保安責任者の選任の届出	第１種製造者等は，冷凍保安責任者を選任・解任した際には，その旨を都道府県知事に届出をしなければならない（冷凍則第37条）
□ 冷凍保安責任者の職務	高圧ガス製造における保安に関する業務を統括管理する。冷凍保安責任者は，保安統括者ともいう（法第32条６項）
□ 冷凍保安責任者の代理者の選任等	第１種製造者等は，冷凍保安責任者の代理者を選任・解任した際には，都道府県知事に届出をする（冷凍則第39条）

冷凍保安責任者の選任等

1 冷凍保安責任者とは

第1種製造者および第2種製造者の事業所で，冷凍設備の**運転管理**や**保守保安**の**規定の資格**を有し**現場責任者の立場**にある者を**冷凍保安責任者**といいます。

2 冷凍保安責任者の選任

冷凍保安責任者は，**冷凍設備の大きさ**（1日の冷凍能力1t／冷凍則第5条で計算）により，**選任条件**が規定されています。選任条件の規定には，交付を受けている**免状の種類**，高圧ガス製造に関する**経験**があります。

●法第27条の4（抜粋）

（冷凍保安責任者）

第1種製造者（製造のための施設が省令で定める施設である者その他省令で定める者を除く）および第2種製造者（1日の冷凍能力が省令で定める値以下の者および製造のための施設が省令で定める施設である者その他省令で定める者を除く）は，事業所ごとに，省令で定めるところにより，製造保安責任者免状の交付を受けている者であって，省令で定める高圧ガスの製造に関する経験を有する者のうちから，冷凍保安責任者を選任し，職務を行わせなければならない。

3 製造施設の区分による冷凍保安責任者の選任

製造施設の区分に応じ，製造施設ごとに製造保安責任者免状を交付され，高圧ガスの製造に関する経験を有する者を**冷凍保安責任者に選任**します。この区分において，認定指定設備を併設し，**２つ以上の製造施設が同一の計器室により制御**されている場合は，同一の製造施設とみなします。この場合，**冷凍能力が最大である製造施設の区分**として冷凍保安責任者を選任します。

●冷凍則第36条1項

（冷凍保安責任者の選任等）

第１種製造者等は，製造施設の区分に応じ，製造施設ごとに，それぞれ製造保安責任者免状の交付を受けている者であって，高圧ガスの製造に関する経験を有する者のうちから，冷凍保安責任者を選任しなければならない。この場合において，２以上の製造施設が，設備の配置等からみて一体として管理されるものとして設計されたものであり，かつ，同一の計器室において制御されているときは，２以上の製造施設を同一の製造施設とみなし，これらの製造施設のうち冷凍能力が最大である製造施設の冷凍能力を最大の冷凍能力として，冷凍保安責任者を選任することができるものとする。

製造施設の区分	製造保安責任者免状の交付を受けている者	高圧ガスの製造に関する経験
１日の冷凍能力が300t以上	第１種冷凍機械責任者免状	１日の冷凍能力が100t以上の製造施設を使用してする高圧ガスの製造に関する１年以上の経験
１日の冷凍能力が100t以上300t未満	第１種冷凍機械責任者免状 第２種冷凍機械責任者免状	１日の冷凍能力が20t以上の製造施設を使用してする高圧ガスの製造に関する１年以上の経験
１日の冷凍能力が100t未満	第１種冷凍機械責任者免状 第２種冷凍機械責任者免状 第３種冷凍機械責任者免状	１日の冷凍能力が3t以上の製造施設を使用してする高圧ガスの製造に関する１年以上の経験

4 冷凍保安責任者の選任不要の施設

第1種製造者については冷凍則第36条2項に，第2種製造者については同則3項に定められています。

●冷凍則第36条2項（抜粋要約）

2　省令で定める施設は，次の各号に掲げるものとする。

① 製造設備が可燃性ガスおよび毒性ガス（アンモニアを除く）以外のガスを冷媒ガスの製造施設であって，次の㋑から㋠を満たすもの（アンモニア冷媒で，二酸化炭素を冷媒ガスとする自然循環式冷凍設備では，アンモニアを冷媒設備の部分に限る）

㋑ 機器製造業者の事業所において次の①から⑤までの事項が行われてるもの

(1) 冷媒設備および圧縮機用原動機を1つの架台上に一体に組み立てる

(2) アンモニア冷媒の製造施設で，冷媒設備および圧縮機用原動機をケーシング内に収納する

(3) アンモニア冷媒の製造施設（空冷凝縮器に限る）にあって，凝縮器に散水するための散水口を設ける

(4) 冷媒ガスの配管を完了し気密試験を実施

(5) 冷媒ガスを封入し，試運転後に保安確認する

㋺ アンモニアを冷媒ガスの製造施設で，ブラインまたは二酸化炭素を冷媒ガスとする自然循環式冷凍設備の冷媒ガスにより冷凍する製造設備であること

㋩ 圧縮機の高圧側圧力が許容圧力を超えた

補足

ユニット形設備

冷凍則第36条2項の(1)の㋑〜㋠を満たす製造設備とは，俗にいう「ユニット形設備」を指します。

ときに運転を停止する高圧遮断装置のほか，次の（1）から（7）までに掲げる必要な自動制御装置を設けるものであること
（1）開放型圧縮機には，低圧遮断装置を設ける
（2）強制潤滑装置を有する開放型圧縮機には，潤滑油圧力が異常低下したときに圧縮機を停止する油圧保護遮断装置を設ける
（3）圧縮機を駆動する動力装置には，過負荷保護装置を設ける
（4）液体冷却器には，液体の凍結防止装置を設ける
（5）水冷式凝縮器には，冷却水断水保護装置を設ける
（6）空冷式凝縮器および蒸発式凝縮器には，凝縮器用送風機が運転されなければ圧縮機が稼動しないことを確保する装置を設ける
（7）暖房用電熱器内蔵のエアコンなどには，過熱防止装置を設ける
㊁　製造設備がアンモニアを冷媒ガスとするものである製造施設において，ハに掲げたもののほか，次の①から⑤までに掲げる自動制御装置を設けること
（1）ガス漏えい検知警報設備と連動して作動し，専用機械室やケーシング外で遠隔で手動操作できるスクラバー式または散水式の除害設備を設ける
（2）感震器と連動して作動し，手動で復帰する緊急停止装置を設ける。
（3）ガス漏えい検知警報設備が通電されなければ冷凍設備が稼動しない装置を設ける
（4）容積圧縮式圧縮機には，吐出される冷媒ガス温度が設定温度以上になった場合に圧縮機の運転を停止する高温遮断装置を設ける
（5）吸収式冷凍設備の発生器内の溶液が設定温度以上になった場合に運転を停止する溶液高温遮断装置を設ける
㋭　アンモニア冷媒設備において，1日の冷凍能力が60t未満であること
㋬　冷媒ガスの止め弁の操作を必要としないもの
㋣　分割搬入して再組立ての際に，溶接や切断などが不要なもの
㋠　変更工事にあたり，すべての部品などが製造時と同一であること
②　R114の製造設備に係る製造施設

●冷凍則第36条3項(抜粋要約)

3　冷凍保安責任者を選任する必要のない第2種製造者は，次の各号のいずれかに掲げるものとする。

①　冷凍のためガスを圧縮し，または液化して高圧ガスの製造をする設備でその1日の冷凍能力が3t以上(二酸化炭素またはフルオロカーボン(可燃性ガスを除く)では，20t以上。アンモニアまたはフルオロカーボン(可燃性ガスに限る)では，5t以上20t未満)のものを使用して高圧ガスを製造する者

②　前項第1号の製造施設(アンモニアを冷媒ガスとするものに限る)で，その製造設備の1日の冷凍能力が20t以上50t未満のものを使用して高圧ガスを製造する者

補足

第2種製造者における選任不要の例外

ユニット形でない不活性以外のフルオロカーボンおよびアンモニアは，20t以上～50t未満に関しては，選任が必要です。

5　冷凍保安責任者の選任の届出

第1種製造者等は，冷凍保安責任者を選任した際には，その旨を都道府県知事に**届出**をしなければなりません。解任をする場合も，同様です。

●冷凍則第37条

(冷凍保安責任者の選任等の届出)

第1種製造者等は，冷凍保安責任者が交付を受けた製造保安責任者免状の写しを添えて，事業所の所在地を管轄する都道府県知事に提出しなければならない。

6　冷凍保安責任者の職務

高圧ガス製造における**保安に関する業務を統括管理**します。冷凍保安責任者は，**保安統括者**ともいいます。

●法第32条6項

（保安統括者等の職務等）

保安統括者は，高圧ガスの製造に係る保安に関する業務を統括管理する。

6　冷凍保安責任者は，高圧ガスの製造に係る保安に関する業務を管理する。

7　冷凍保安責任者の代理者

冷凍保安責任者（保安統括者）が，旅行，疾病その他の事故などにより，**職務を行うことができなくなった場合**に，その職務を代行させる**代理者**をあらかじめ選任しておかなければなりません。

●法第33条1項（要約）

（保安統括者等の代理者）

第1種製造者等は，省令で定めるところにより，あらかじめ，冷凍保安責任者（保安統括者等）の代理者を選任し，保安統括者等が旅行，疾病その他の事故によってその職務を行うことができない場合に，その職務を代行させなければならない。この場合において，冷凍保安責任者の代理者については省令で定めるところにより製造保安責任者免状の交付を受けている者であって，省令で定める高圧ガスの製造に関する経験を有する者のうちから，選任しなければならない。

8 冷凍保安責任者の代理者の選任等

第１種製造者等は，冷凍保安責任者の代理者を選任・解任した際には，都道府県知事に届出をします。

●冷凍則第39条（要約）

（冷凍保安責任者の代理者の選任等）

第１種製造者等は，製造保安責任者免状の交付を受け，高圧ガスの製造に関する経験を有する者から，冷凍保安責任者の代理者を選任しなければならない。

2　第１種製造者等は，冷凍保安責任者代理者届書に，代理者が交付を受けた製造保安責任者免状の写しを添えて，事業所の所在地を管轄する都道府県知事に提出しなければならない。

チャレンジ問題

問１　難　中　易

以下のうち，正しいものはどれか。

(1) 事業所で，冷凍設備の資格を有し現場責任者の立場にある者を冷凍保安責任者という。
(2) 冷凍保安責任者は，有する免状の種類が規定に該当していればよい。
(3) 2つ以上の製造施設が同一計器室制御の場合は，2名の冷凍保安責任者を選任する。
(4) 冷凍保安責任者を選任した場合，経済産業省に届出をする。

解説

法第27条の4に「製造保安責任者免状の交付を受けている者であって，省令で定める高圧ガスの製造に関する経験を有する者」（抜粋）とあります。

解答 (1)

第13章 法令：保安

3 保安検査および定期自主検査

まとめ&丸暗記 この節の学習内容とまとめ

□ 保安検査とは	製造施設（冷凍施設）が法律上の技術基準を満たしているかを点検・確認するために定期的に行われる第三者機関（協会など）により実施される法定検査をいう
□ 保安検査	第1種製造者は，高圧ガスの爆発その他災害が発生するおそれがある製造のための施設（省令で定める特定施設）について，省令で定めるところにより，定期に，都道府県知事が行う保安検査を受けなければならない（法第35条）
□ 特定施設の範囲等	ヘリウム，R21またはR114を冷媒ガスとする製造施設および製造施設のうち認定指定設備の部分を除く製造施設を特定施設という（冷凍則第40条）
□ 定期自主検査とは	高圧ガスの製造施設の設備点検などを，冷凍保安責任者などが行う検査のことを定期自主検査といい，省令で定める技術上の基準に適合しているかどうかの自主的な検査を1年に1回以上，定期的に行わなければならない
□ 定期自主検査	第1種製造者，第2種製造者は，1日の冷凍能力が省令で定める値以上である者または特定高圧ガス消費者は，定期に保安のための自主検査を行い，その検査記録を作成，保存しなければならない（法第35条の2）
□ 定期自主検査の対象施設および実施方法等	第1種製造者と第2種製造によって，省令により定められた1日の冷凍能力の値と使われる冷媒ガスの種類が異なり，自主検査の実施時には検査等の監督を行う（冷凍則第44条）
□ 電磁的方法による保存	自主検査の検査記録は，電磁的方法により作成・保存ができるが，必要に応じて電気計算機等で直ちに表示できるようにしなければならない（冷凍則第44条の2）

保安検査

1 保安検査とは

保安検査とは，製造施設（冷凍施設）が法律上の技術基準を満たしているかを点検・確認するために定期的に行われる第三者機関（協会など）により実施される法定検査をいいます。

2 保安検査

法第35条に定められるほか，関連する規定として冷凍則第40条，41条，42条，55条も確認しておきましょう。

●法第35条

（保安検査）

第1種製造者は，高圧ガスの爆発その他災害が発生するおそれがある製造のための施設（省令で定める特定施設）について，省令で定めるところにより，定期に，都道府県知事が行う保安検査を受けなければならない。ただし，次に掲げる場合は，この限りでない。

① 特定施設のうち省令で定めるものについて，協会または経済産業大臣の指定する者（指定保安検査機関）が行う保安検査を受け，その旨を都道府県知事に届け出た場合

② 自ら特定施設に係る保安検査を行うことができる者として経済産業大臣の認定を受けている者（認定保安検査実施者）が，その認定に係る特定施設について，検査の記録を都道府県知事に届け出た場合

2 前項の保安検査は，特定施設が技術上の基準に適合しているかどうかについて行う。

3 協会または指定保安検査機関は，保安検査を行ったときは，遅滞なく，その結果を都道府県知事に報告しなければならない。

4 都道府県知事，協会または指定保安検査機関が行う保安検査の方法は，省令で定める。

3 特定施設の範囲等

特定施設とは，**高圧ガスの爆発，その他災害が発生するおそれがある冷凍施設**をいいます。保安検査は，高圧ガスに関わるすべての製造施設ではなく，特定施設が対象となります。

●冷凍則第40条

（特定施設の範囲等）

次の各号に掲げるものを除く製造施設（特定施設）とする。

① ヘリウム，R21またはR114を冷媒ガスとする製造施設

② 製造施設のうち認定指定設備の部分

2 都道府県知事もしくは指定都市の長が行う保安検査または認定保安検査実施者が自ら行う保安検査は，3年に1回受け，または自ら行わなければならない。ただし，災害その他やむを得ない事由によりその回数で保安検査を受け，または自ら行うことが困難であるときは，事由を勘案して経済産業大臣が定める期間に1回受け，ま

たは自ら行わなければならない。

3　保安検査を受けようとする第１種製造者は，製造施設完成検査証の交付を受けた日または前回の保安検査について保安検査証の交付を受けた日から２年１１月を超えない日までに，保安検査申請書を事業所の所在地を管轄する都道府県知事に提出しなければならない。

4　都道府県知事または指定都市の長は，保安検査において，特定施設が省令で定める技術上の基準に適合していると認めるときは，保安検査証を交付するものとする。

チャレンジ問題

問１　難　中　易

以下のうち，正しいものはどれか。

(1) 第1種製造者は，特定施設について定期に保安検査を受ける必要がある。
(2) 特定施設についての保安検査の方法は，都道府県知事が定める。
(3) ヘリウム，R21またはR114を冷媒ガスとする製造施設は特定施設である。
(4) 保安検査や認定保安検査実施者が自ら行う保安検査は，5年に1回である。

解説

法第35条に「第１種製造者は，高圧ガスの爆発その他災害が発生するおそれがある製造のための施設（省令で定める特定施設）について，省令で定めるところにより，定期に，都道府県知事が行う保安検査を受けなければならない」と示されています。

解答 (1)

定期自主検査

1 定期自主検査とは

高圧ガスの製造施設の設備点検などを，冷凍保安責任者などが行う検査のことを**定期自主検査**といいます。

省令で定める技術上の基準に適合しているかどうかの自主的な検査を１年に１回以上，定期的に行わなければなりません。

2 定期自主検査

冷凍保安責任者などが行った定期自主検査においては，**検査記録を作成**し，**保存**することが必要です。

なお，検査記録の保存期間に関しての規定はなく，また，都道府県知事等への届出は不要です。

●法第35条の2（要約）

（定期自主検査）

第１種製造者，第２種製造者もしくは第２種製造者であって１日に製造する高圧ガスの容積が省令で定めるガスの種類ごとに省令で定める量（１日の冷凍能力が省令で定める値）以上である者または特定高圧ガス消費者は，製造または消費のための施設であって省令で定めるものについて，省令で定めるところにより，定期に，保安のための自主検査を行い，その検査記録を作成し，これを保存しなければならない。

3 定期自主検査の対象施設および実施方法等

定期自主検査を行う製造施設には，**１日の冷凍能力の値**が省令により定められています。**第１種製造者と第２種製造者により，その定められた値と使われる冷媒ガスが異なります。**

また，**定期自主検査の実施**にあたっては検査等の監督を行います。

●冷凍則第44条

（定期自主検査を行う製造施設等）

１日の冷凍能力が省令で定める値は，アンモニアまたはフルオロカーボン（不活性のものを除く）を冷媒ガスとするものにあっては，20tとする。

2　省令で定めるものは，製造施設（アンモニアを冷媒ガスとする製造施設であって，その製造設備の１日の冷凍能力が20t以上50t未満のものを除く）とする。

3　自主検査は，第１種製造者の製造施設にあっては省令で定める技術上の基準（耐圧試験に係るものを除く）に適合しているか，または第２種製造者の製造施設にあっては省令で定める技術上の基準（耐圧試験に係るものを除く）に適合しているかどうかについて，１年に１回以上行わなければならない。ただし，災害その他やむを得ない事由によりその回数で自主検査を行うことが困難であるときは，事由を勘案して経済産業大臣が定める期間に１回以上行わなければならない。

4　第１種製造者（経済産業大臣が冷凍保安責任者の選任を不要とした者を除く）または第２種製造者（経済産業大臣が冷凍保安責

任者の選任を不要とした者を除く）は，同条の自主検査を行うときは，その選任した冷凍保安責任者に自主検査の実施について監督を行わせなければならない。

5　第１種製造者および第２種製造者は，検査記録に次の各号に掲げる事項を記載しなければならない。

①　検査をした製造施設

②　検査をした製造施設の設備ごとの検査方法および結果

③　検査年月日

④　検査の実施について監督を行った者の氏名

4　電磁的方法による保存

自主検査の検査記録は，**電磁的方法**により作成・保存ができますが，必要に応じて電気計算機等で**直ちに表示できる**ようにしなければなりません。

●冷凍則第44条の2

（電磁的方法による保存）

検査記録は，前条第５項各号に掲げる事項を電磁的方法（電子的方法，磁気的方法その他の人の知覚によって認識することができない方法をいう）により記録することにより作成し，保存することができる。

2　前項の規定による保存をする場合には，同項の検査記録が必要に応じ電子計算機その他の機器を用いて直ちに表示されることができるようにしておかなければならない。

3　第１項の規定による保存をする場合には，経済産業大臣が定める基準を確保するよう努めなければならない。

チャレンジ問題

問1

難 中 易

以下のうち，正しいものはどれか。

(1) 定期自主検査においては，検査記録の作成および保存は必要ない。

(2) 定期自主検査の実施にあたっては，検査等における監督が必要である。

(3) 定期自主検査を行う製造施設等の，アンモニアまたはフルオロカーボン（不活性のものを除く）冷媒ガスの1日の冷凍能力の値は50tとする。

(4) 第1種製造者，第2種製造者ともに，自主検査を行う製造施設が技術上の基準に適合しているかどうかについて，2年に1回行わなければならない。

解説

冷凍則第44条4項に「第1種製造者または第2種製造者は，自主検査を行うときは，選任した冷凍保安責任者に自主検査実施について監督を行わせなければならない」とあります。

解答（2）

問2

難 中 易

以下のうち，正しいものはどれか。

(1) 自主検査の検査記録には，検査をした製造施設，設備ごとの検査方法と結果，検査年月日，検査実施の監督を行った者の氏名を記載する。

(2) 災害その他やむを得ない事由により，定められた回数の自主検査を行うことが困難なときは，自主検査を行わなくてもよい。

(3) 自主検査を行う製造施設は，アンモニアを冷媒ガスとする製造施設であって，1日の冷凍能力が20t以上50t未満の施設とする。

(4) 検査記録は，電磁的方法での作成および保存はできない。

解説

冷凍則第44条5項（P344参照）により，設問のとおりの事項が定められています。

解答（1）

4 危険時の措置および届出，火気等の制限と帳簿，事故届等

まとめ&丸暗記　この節の学習内容とまとめ

□ 危険時の措置および届出	高圧ガスを製造する冷凍施設が危険な状態になったときは，直ちに，省令で定める災害の発生の防止のための応急の措置を講じなければならない。また，その事態を発見した者は，直ちに，その旨を都道府県知事または警察官，消防吏員もしくは消防団員もしくは海上保安官に届け出なければならない（法第36条）
□ 危険時の措置	（1）製造施設が危険な状態になったときは，直ちに応急措置を行い，製造作業を中止し，冷媒設備内のガスを安全な場所に移す，あるいは大気中に安全に放出し，この作業に特に必要な作業員のほかは退避させる（2）応急措置を講ずることができないときは，従業者または必要に応じ付近の住民に退避するよう警告する（冷凍則第45条）
□ 火気等の制限	高圧ガスの製造施設で，事業者等が指定する場所での承諾を得ない火気の取り扱いおよび発火物の携帯は，何人であっても禁止されている（法第37条）
□ 帳簿	第1種製造者等は，帳簿に所定事項を記載し，保存しなければならない（法第60条第1項，容器則第71条）
□ 帳簿の保存期間	第1種製造者は，事業所ごとに，製造施設に異常があった年月日および措置を記載した帳簿を備え，記載の日から10年間保存しなければならない（冷凍則第65条）
□ 事故届	高圧ガス災害の発生，容器の喪失，盗難時には直ちに都道府県知事または警察官に届出をする（法第63条）
□ 現状変更の禁止	高圧ガスによる災害が発生したときには，交通確保などのやむを得ない場合を除き，許可なく現状を変更してはならない（法第64条）

危険時の措置と届出,火気等の制限

1 危険時の措置および届出

高圧ガスを製造する冷凍施設が**危険な状態**になったときは，以下のように定められています。

●法第36条

（危険時の措置および届出）

高圧ガスの製造のための施設，貯蔵所，販売のための施設，特定高圧ガスの消費のための施設または高圧ガスを充てんした容器が危険な状態となったときは，高圧ガスの製造のための施設，貯蔵所，販売のための施設，特定高圧ガスの消費のための施設または高圧ガスを充てんした容器の所有者または占有者は，直ちに，省令で定める災害の発生の防止のための応急の措置を講じなければならない。

2　前項の事態を発見した者は，直ちに，その旨を都道府県知事または警察官，消防吏員もしくは消防団員もしくは海上保安官に届け出なければならない。

2 危険時の措置

災害発生防止のための**応急の措置**の規定です。

●**冷凍則第45条**

（危険時の措置）

省令で定める災害の発生の防止のための応急の措置は，次の各号に掲げるものとする。

① 製造施設が危険な状態になったときは，直ちに，応急の措置を行うとともに製造の作業を中止し，冷媒設備内のガスを安全な場所に移し，または大気中に安全に放出し，この作業に特に必要な作業員のほかは退避させること

② 前号に掲げる措置を講ずることができないときは，従業者または必要に応じ付近の住民に退避するよう警告すること

3 火気等の制限

高圧ガスの製造施設で，事業者等が指定する場所での承諾を得ない**火気の取り扱い**および**発火物の携帯**は，何人であっても禁止されています。

●**法第37条（要約）**

（火気等の制限）

何人も，第１種製造者もしくは第２種製造者の事業所，第１種貯蔵所もしくは第２種貯蔵所，販売所においては，第１種製造者，第２種製造者，第１種貯蔵所もしくは第２種貯蔵所の所有者もしくは占有者，販売業者もしくは特定高圧ガス消費者または液化石油ガス販売事業者が指定する場所で火気を取り扱ってはならない。

2 何人も，第１種製造者，第２種製造者，第１種貯蔵所もしくは第２種貯蔵所の所有者もしくは占有者，販売業者もしくは特定高圧ガス消費者または液化石油ガス販売事業者の承諾を得ないで，発火しやすい物を携帯して，前項に規定する場所に立ち入ってはならない。

チャレンジ問題

問1

難　中　易

以下のうち，正しいものはどれか。

(1) 高圧ガスについて災害が発生したときは，都道府県知事または警察官に届け出なければならないが，容器の盗難等については届出の必要はない。

(2) 第1種製造者が事業所内で指定する場所では，その従業者を除き，何人も火気を取り扱ってはならない。

(3) 第1種製造者が事業所内で指定する場所では，この事業所の従業者といえども，何人も火気を取り扱ってはならない。

(4) 第1種製造者が事業所内で指定する場所では，その事業所に選任された冷凍保安責任者を除き，何人も火気を取り扱ってはならない。

解説

法第37条1項に「何人も，第1種製造者，第2種製造者が指定する場所で火気を取り扱ってはならない」とあり，従業者といえども取り扱いは禁止です。

解答 (3)

問2

難　中　易

以下のうち，正しいものはどれか。

(1) 製造施設が危険な状態になったときは，直ちに応急の措置を行い，製造作業を継続したまま，冷媒設備内のガスを大気中に安全に放出する。

(2) 応急措置を講ずることができないときは，従業者のみに退避の警告する。

(3) 何人も，第1種製造者等の承諾を得ないで，発火しやすい物を携帯して，規定する場所に立ち入ってはならないが，選任の従業者はその限りではない。

(4) 高圧ガスの製造施設等が危険な状態となったときは直ちに，災害の発生の防止のための応急の措置を講じなければならない。

解説

法第36条（P347参照）により，設問のとおりの事項が定められています。

解答 (4)

帳簿, 事故届等

1 帳簿

第１種製造者等は，**帳簿**に所定事項を**記載**し，**保存**しなければなりません。

●法第60条１項

（帳簿）

第１種製造者，第１種貯蔵所または第２種貯蔵所の所有者または占有者，販売業者，容器製造業者および容器検査所の登録を受けた者は，帳簿を備え，高圧ガスもしくは容器の製造，販売もしくは出納または容器再検査もしくは附属品再検査について，省令で定める事項を記載し，これを保存しなければならない。

●容器則第71条（抜粋）

（帳簿）

帳簿に記載すべき事項は，次の表に掲げる記載すべき者の区分に応じて，それぞれ同表の下欄に掲げるものとする。

記載すべき者の区分	記載すべき事項
容器製造業者	①刻印等がされたとき 型式承認番号（自主検査刻印等のある容器に限る），容器の記号および番号，充てんすべきガスの種類，内容積，製造年月日，容器検査の年月日（自主検査刻印等のある容器を除く），場所および成績並びに材料の製造者 ②容器を譲渡したとき 容器の記号および番号，譲渡先ならびに譲渡年月日
容器検査所の登録を受けた者	①容器再検査をしたとき 容器の記号および番号ならびに容器再検査の年月日および成績 ②附属品再検査をしたとき 附属品の記号および番号ならびに附属品再検査の年月日および成績

2 帳簿の保存期間

記載した帳簿は，定められた期間保存します。

●冷凍則第65条

（帳簿）

第１種製造者は，事業所ごとに，製造施設に異常があった年月日およびそれに対してとった措置を記載した帳簿を備え，記載の日から10年間保存しなければならない。

3 事故届

高圧ガスによる**災害の発生**や，**容器を失ったとき**は都道府県知事等に**届出**をしなければなりません。

●法第63条

第１種製造者，第２種製造者，販売業者，液化石油ガス販売事業者，高圧ガスを貯蔵し，または消費する者，容器製造業者，容器の輸入をした者その他高圧ガスまたは容器を取り扱う者は，遅滞なく，その旨を都道府県知事または警察官に届け出なければならない。

① 高圧ガスについて災害が発生したとき

② 高圧ガスまたは容器の喪失，または盗まれたとき

補足

容器についての帳簿

容器については，容器則第71条により定められています。

2　経済産業大臣または都道府県知事は，所有者または占有者に対し，災害発生の日時，場所および原因，高圧ガスの種類および数量，被害の程度その他必要な事項につき報告を命ずることができる。

4 現状変更の禁止

高圧ガスによる災害が発生したときには，交通確保などの**やむを得ない場合を除き**，許可なく**現状を変更**してはいけません。

●法第64条（要約）

（現状変更の禁止）

何人も，高圧ガスによる災害が発生したときは，交通の確保その他公共の利益のためやむを得ない場合を除き，経済産業大臣，都道府県知事または警察官の指示なく，その現状を変更してはならない。

チャレンジ問題

問1　難　中　易

以下のうち，正しいものはどれか。

(1) 第1種製造者等は，帳簿に所定事項を記載し，保存しなければならない。

(2) 所定事項を記載した帳簿は，記載の日から2年間保存しなければならない。

(3) 第1種製造者等は，高圧ガスの災害や，容器の喪失・盗難は発生したときは，警察にのみ届出を行う。

(4) 高圧ガスによる災害が発生したときは，交通の確保その他公共の利益のためやむを得ない場合においても，その現状を変更してはならない。

解説

法第60条第1項に「第1種製造者等は，帳簿を備え，省令で定める事項を記載し，これを保存しなければならない」とあります。

解答 (1)

法令

第14章

指定設備・機器の製造

第14章　法令：指定設備・機器の製造

1 指定設備

まとめ&丸暗記　この節の学習内容とまとめ

□ 指定設備の認定	貯蔵を含む高圧ガスの製造施設において，公共の安全の維持または災害発生防止に支障をきたすおそれのない施設として指定認定機関の認定を受ける（法第56条の7）
□ 指定設備の申請	指定設備の認定を受けようとする者は，指定設備認定機関等に指定書類を提出しなければならない（冷凍則第56条） ①申請者の概要を記載した書類②設備の品名・設計図・その他設備の仕様を記載した書類③設備の製造・品質管理の方法の概略を記載した書類④規定する試験の成績証明書⑤技術上の基準に関する事項を記載した書類
□ 指定設備	政令により定められるものおよび経済産業大臣が定めるものとがある（施行令第15条，高圧ガス保安法施行令関係告示第6条2号）
□ 指定設備に係る技術上の基準	指定施設が認定を受けるための技術上の基準（1）～（14）の項目が定められている（冷凍則第57条） 《本試験に出る認定指定施設の技術上の基準（抜粋）》 冷媒設備は，脚上または1つの架台上に組み立てられていること（3号）／事業所で行う耐圧試験，気密試験に合格するものであること（4号）／事業所において試運転を行い，分割されずに搬入されるものであること（5号）
□ 指定設備認定証が無効となる設備の変更の工事等	認定指定設備に変更の工事，または認定指定設備の移設等（転用を除く）を変更の工事等行ったときは，認定指定設備に係る指定設備認定証は無効とするが，次の場合はこの限りでない（冷凍則第62条） ①変更の工事が同等の部品への交換のみの場合②移設等を行い指定設備認定機関等の調査を受け，認定指定設備技術基準適合書の交付を受けた場合

指定設備に係る法令

1　指定設備の認定

製造に係る貯蔵を含む高圧ガスの製造施設において，**公共の安全の維持**または**災害発生防止に支障をきたすおそれのない施設**として**政令**で定められた施設が**指定設備**です。**指定認定機関**の認定を受けます。

●法第56条の7

（指定設備の認定）

高圧ガスの製造（製造に係る貯蔵を含む）のための設備のうち公共の安全の維持または災害の発生の防止に支障を及ぼすおそれがないものとして政令で定める設備（指定設備）の製造をする者，指定設備の輸入をした者および外国において本邦に輸出される指定設備の製造をする者は，省令で定めるところにより，その指定設備について，経済産業大臣，協会または経済産業大臣が指定する者（指定設備認定機関）が行う認定を受けることができる。

2　前項の指定設備の認定の申請が行われた場合において，経済産業大臣，協会または指定設備認定機関は，指定設備が省令で定める技術上の基準に適合するときは，認定を行うものとする。

2 指定設備の申請

指定設備の認定を受けようとする者は，**指定設備認定機関等に指定書類を提出**します。

●冷凍則第56条（抜粋）

（指定設備に係る認定の申請）

認定を受けようとする者は，指定設備認定申請書に次の各号に掲げる書類を添えて，経済産業大臣，協会または指定設備認定機関（指定設備認定機関等）に提出しなければならない。

① 申請者の概要を記載した書類

② 設備の品名および設計図その他設備の仕様を明らかにする書類

③ 設備の製造および品質管理の方法の概略を記載した書類

④ 規定する試験に関する成績証明書

⑤ 省令で定める技術上の基準に関する事項を記載した書類

3 指定設備

指定設備には，定められた要件があります。**政令により定められるもの**および，**経済産業大臣が定めるもの**とがありますので，確認しておきましょう。

●施行令第15条

（指定設備）

政令で定める設備は，次のとおりとする。

① 窒素を製造するため空気を液化して高圧ガスの製造をする設備でユニット形のもののうち，経済産業大臣が定めるもの

② 冷凍のため不活性ガスを圧縮し，または液化して高圧ガスの製造をする設備でユニット形のもののうち，経済産業大臣が定めるもの

●高圧ガス保安法施行令関係告示第6条2項（要約）

（経済産業大臣が定めるもの）

① 定置式製造設備であること

② 設備の冷媒ガスが不活性フルオロカーボンであること

③ 設備の冷媒ガスの充てん量が3000kg未満であること

④ 設備の1日の冷凍能力が50t以上であること

4 指定設備に係る技術上の基準

指定施設が認定を受けるための**技術上の基準**です。

●冷凍則第57条（要約）

（指定設備に係る技術上の基準）

省令で定める技術上の基準は，次の各号とする。

① 設備の製造業者の事業所（事業所）において，第1種製造者，第2種製造者が設置する場合に，それぞれの基準に適合して製造されていること

② 指定設備は，ブラインを共通に使用する以外には，他の設備と共通に使用する部分がないこと

③ 冷媒設備は，脚上または1つの架台上に組み立てられていること

補足

ユニット形冷凍設備

機器製造業者の製造事業所において冷凍設備および圧縮機用電動機を1つの架台上に組み立てられたもので，1日の冷凍能力が20t以上50t未満の機種がこれに相当し，作業責任者を選任する必要があります。

事業所

冷凍則第57条内における「事業所」とは，指定設備を製造するメーカーや工場などのことをいいます。

④　事業所で行う耐圧試験，気密試験に合格するものであること

⑤　事業所において試運転を行い，分割されずに搬入されるものであること

⑥　指定設備の冷媒設備のうち直接風雨にさらされる部分および外表面に結露のおそれのある部分には，銅，銅合金，ステンレス鋼その他耐腐食性材料を使用し，または耐腐食処理を施しているものであること

⑦　指定設備の冷媒設備の配管，管継手およびバルブの接合は，溶接またはろう付けによること。ただし，それが適当でない場合は，保安上必要な強度を有するフランジ接合またはねじ接合継手による接合に代えることができる

⑧　凝縮器が縦置き円筒形の場合は，胴部の長さが５m未満であること

⑨　受液器は，その内容積が5000ℓ未満であること

⑩　指定設備の冷媒設備には，安全装置として破裂板を使用しないこと。ただし，安全弁と破裂板を直列に使用する場合は，この限りでない

⑪　液状の冷媒ガスが充てんされ，冷媒設備の他の部分から隔離されることのある容器で内容積300ℓ以上のものには，同一の切り換え弁に接続された２つ以上の安全弁を設けること

⑫　日常の運転操作に必要な冷媒ガスの止め弁には，手動式を使用しない

⑬　冷凍のための指定設備には，自動制御装置を設けること

⑭　容積圧縮式圧縮機には，吐出し冷媒ガス温度が設定温度以上になった場合に圧縮機の運転を停止する装置が設けられていること

5　指定設備認定証が無効となる設備の変更の工事等

指定設備の**変更の工事等**で，**指定施設認定証が無効**となる場合があります。

●冷凍則第62条（要約）

認定指定設備に変更の工事，または移設等（転用を除く）を行ったときは，指定設備認定証は無効とする。ただし，次の場合は除く。

① 変更工事が同一部品への交換のみの場合

② 移設等を行い指定設備認定機関等の調査を受け，認定指定設備技術基準適合書の交付を受けた場合

2 認定指定設備に変更の工事，または移設等を行ったときは，(1)のただし書を除き，指定設備認定証を返納しなければならない。

3 (1)のただし書の場合は，指定設備認定証に，変更の工事内容および工事の年月日または移設等を行った年月日を記載しなければならない。

チャレンジ問題

問1 難 中 易

以下のうち，正しいものはどれか。

(1) 移動式製造設備であることは，認定指定設備の条件のひとつである。

(2) 所定の気密試験・耐圧試験を実施する場所については定められていない。

(3) 事業所で試運転を行い，使用場所に分割せず搬入されるものであること。

(4) 凝縮器が縦置き円筒形の場合は，胴部の長さが10m未満であること。

解説

冷凍則第57条5号に「指定設備の冷媒設備は，事業所において試運転を行い，使用場所に分割されずに搬入されるものであること」とあります。

解答 (3)

2 機器の製造

まとめ&丸暗記 この節の学習内容とまとめ

□ 冷凍設備に用いる機器の製造	冷凍設備に用いる機器の製造について，機器の製造事業を行う者は，省令で定める技術上の基準に従ってそれら機器の製造を行わなければならない（法第57条）
□ 冷凍設備に用いる機器の指定	冷凍設備に用いる機器は，1日の冷凍能力が3t以上の冷凍機とすることが省令により定められている。ただし，二酸化炭素および不燃性のフルオロカーボンについては，5t以上と規定されている（冷凍則第63条）
□ 機器の製造に係る技術上の基準	《機器の製造に係る技術上の基準（抜粋）》 ①1日の冷凍能力が20t未満のものを除く機器の冷媒設備の経済産業大臣が定める容器 ㋑材料は，容器の設計圧力，設計温度，製造する高圧ガスの種類等に応じ，適切なもの ㋺設計圧力または設計温度で発生する最大応力に対し安全な強度を有するもの ㋩容器の板の厚さ，断面積等は，形状，寸法，設計圧力，設計温度への材料の許容応力，溶接継手の効率等に応じて適切であること ㊁溶接は，継手の種類に応じ適切な種類，方法により行う ㋭溶接部は，母材の最小引張強さ以上の強度を有するものであること　など ②機器は，冷媒設備の設計圧力以上の圧力で行う適切な気密試験および配管以外の部分が設計圧力の1.5倍以上の圧力で適切な耐圧試験に合格するものであること ③機器の冷媒設備は，振動，衝撃，腐食等により冷媒ガスが漏れないものであること ④機器の材料および構造は，機器が前2号の基準に適合するものであること

機器の製造に係る法令

1　冷凍設備に用いる機器の製造

冷凍設備に用いる機器の製造について，**機器の製造事業を行う者**は，省令で定める**技術上の基準**に従ってそれら機器の製造を行わなければなりません。

●法第57条

（冷凍設備に用いる機器の製造）

もっぱら冷凍設備に用いる機器であって，省令で定めるものの製造の事業を行う者（機器製造業者）は，その機器を用いた設備が技術上の基準に適合することを確保するように省令で定める技術上の基準に従ってその機器の製造をしなければならない。

2　冷凍設備に用いる機器の指定

冷凍設備に用いる機器は，1日の冷凍能力が**3t以上**の冷凍機とすることが省令により定められています。ただし，**二酸化炭素**および**不燃性のフルオロカーボン**については，**5t以上**と規定されています。

●冷凍則第63条

（冷凍設備に用いる機器の指定）

省令で定めるものは，もっぱら冷凍設備に用いる機器（以下，単に機器という）であって，1日の冷凍能力が3t以上（二酸化炭素およびフルオロカーボン（可燃性ガスを除く）にあっては，5t以上）の冷凍機とする。

3 機器の製造に係る技術上の基準

省令で定める**機器の製造に係る技術上の基準**について，冷凍則64条に詳しく示されています。

●冷凍則第64条

（機器の製造に係る技術上の基準）

省令で定める技術上の基準は，次に掲げるものとする。

① 機器の冷媒設備（1日の冷凍能力が20t未満のものを除く）に係る経済産業大臣が定める容器（ポンプまたは圧縮機に係るものを除く）は，次に適合すること

㋑ 材料は，容器の設計圧力（容器を使用することができる最高の圧力として設計された適切な圧力），設計温度（容器を使用することができる最高または最低の温度として設定された適切な温度），製造する高圧ガスの種類等に応じ，適切なものであること

㋺ 容器は，設計圧力または設計温度において発生する最大の応力に対し安全な強度を有しなければならない

㋩ 容器の板の厚さ，断面積等は，形状，寸法，設計圧力，設計温度における材料の許容応力，溶接継手の効率等に応じ，適切であること

㋥ 溶接は，継手の種類に応じ適切な種類および方法により行うこと

㋭ 溶接部（溶着金属部分および溶接による熱影響により材質に変化を受ける母材の部分）は，母材の最小引張強さ（母材が異なる場合は，最も小さい値）以上の強度を有するものでなければならない

ただし，アルミニウムおよびアルミニウム合金，銅および銅合金，チタンおよびチタン合金または9%ニッケル鋼を母材とする場合であって，許容引張応力の値以下で使用するときは，許容引張応力の値の４倍の値以上の強度を有する場合は，この限りでない

㋬ 溶接部については，応力除去のため必要な措置を講ずること。ただし，応力除去を行う必要がないと認められるときは，この限りでない

㋣ 構造は，その設計に対し適切な形状および寸法でなければならない

㋠ 材料の切断，成形その他の加工（溶接を除く）は，ロおよびハの規定によるほか，次の（1）から（4）までに掲げる規定によらなければならない

（1）材料の表面に使用上有害な傷，打こん，腐食等の欠陥がないこと

（2）材料の機械的性質を損なわないこと

（3）公差が適切であること

（4）使用上有害な歪みがないこと

㋷ 突合せ溶接による溶接部は，同一の溶接条件ごとに適切な機械試験に合格するものであること。ただし，経済産業大臣がこれと同等以上のものと認めた協会が行う試験に合格した場合は，この限りでない

㊦ 突合せ溶接による溶接部は，その内部に使用上有害な欠陥がないことを確認するため，高圧ガスの種類等に応じ，放射線透過試験その他の内部の欠陥の有無を検査する適切な非破壊試験に合格するものであること。ただし，非破壊試験を行うことが困難であるとき，または非破壊試験を行う必要がないと認められるときは，この限りでない。

㊧ 低合金鋼を母材とする容器の溶接部その他安全上重要な溶接部は，その表面に使用上有害な欠陥がないことを確認するため，磁粉探傷試験その他の表面の欠陥の有無を検査する適切な非破壊試験に合格するものであること。ただし，非破壊試験を行うことが困難であるとき，または非破壊試験を行う必要がないと認められるときは，この限りでない。

(2) 機器は，冷媒設備について設計圧力以上の圧力で行う適切な気密試験および配管以外の部分について設計圧力の1.5倍以上の圧力で水その他の安全な液体を使用して行う適切な耐圧試験（液体を使用することが困難であると認められるときは，設計圧力の1.25倍以上の圧力で空気，窒素等の気体を使用して行う耐圧試験）に合格するものであること。ただし，経済産業大臣がこれらと同等以上のものと認めた協会が行う試験に合格した場合は，この限りでない。

(3) 機器の冷媒設備は，振動，衝撃，腐食等により冷媒ガスが漏れないものであること。

(4) 機器（第1号に掲げる容器を除く）の材料および構造は，機器が前2号の基準に適合することとなるものであること。

チャレンジ問題

問1

難 中 **易**

以下のうち，正しいものはどれか。

(1) もっぱら冷凍設備に用いる機器であり，省令で定めるものの製造の事業を行う者は，技術上の基準に適合するように製造をしなければならない。

(2) 冷凍設備に用いる機器の指定において，省令で定めるものは，もっぱら冷凍設備に用いる機器であり，1日の冷凍能力が5t以上，二酸化炭素および不活性のフルオロカーボンにあっては，3t以上の冷凍機とする。

(3) もっぱら冷凍設備に用いる機器の機器製造業者は，省令で定める技術上の基準に従って製造しなければならない機器は，冷媒ガスの種類にかかわらず，1日の冷凍能力が50t以上の冷凍機に用いられるものに限られる。

解説

法第57条に「もっぱら冷凍設備に用いる機器であって，省令で定めるものの製造の事業を行う者は，その機器を用いた設備が技術上の基準に適合することを確保するように技術上の基準に従って製造をしなければならない」とあります。

解答 (1)

問2

難 中 **易**

以下のうち，正しいものはどれか。

(1) 材料は，適切なものを自由に使用して製造することができる。

(2) 容器は，設計圧力，設計温度で発生する最小応力に対する強度があればよい。

(3) 溶接は，継手の種類に応じ適切な種類および方法により行う。

(4) 使用上有害な歪みがあっても，運転上支障がなければ問題はない。

解説

冷凍則第64条1号㈡ (P362参照) に示されています。

解答 (3)

索引

英数字

あ行

か行

さ行

た行

な行

は行

ま行

や行

ら行

制作・執筆●
アート・サプライ

執筆協力●
乙羽クリエイション

第3種冷凍機械責任者　超速マスター〔第2版〕

2020年12月20日　初　版　第1刷発行
2024年4月1日　第2版　第1刷発行

編著者	TAC株式会社（冷凍機械研究会）
発行者	多田敏男
発行所	TAC株式会社　出版事業部（TAC出版）
	〒101-8383　東京都千代田区神田三崎町3-2-18 電話　03(5276)9492(営業) FAX　03(5276)9674 https://shuppan.tac-school.co.jp
制作・執筆	株式会社　アート・サプライ
印刷	日新印刷　株式会社
製本	株式会社　常川製本

ISBN 978-4-300-11169-7
N.D.C.533

書籍の正誤に関するご確認とお問合せについて

書籍の記載内容に誤りではないかと思われる箇所がございましたら、以下の手順にてご確認とお問合せをしてくださいますよう、お願い申し上げます。
なお、正誤のお問合せ以外の**書籍内容に関する解説および受験指導などは、一切行っておりません。**
そのようなお問合せにつきましては、お答えいたしかねますので、あらかじめご了承ください。

1 「Cyber Book Store」にて正誤表を確認する

TAC出版書籍販売サイト「Cyber Book Store」の
トップページ内「正誤表」コーナーにて、正誤表をご確認ください。

CYBER BOOK STORE TAC出版書籍販売サイト

URL:https://bookstore.tac-school.co.jp/

2 1の正誤表がない、あるいは正誤表に該当箇所の記載がない ⇒ 下記①、②のどちらかの方法で文書にて問合せをする

★ご注意ください★

お電話でのお問合せは、お受けいたしません。
①、②のどちらの方法でも、お問合せの際には、「お名前」とともに、
「対象の書籍名(○級・第○回対策も含む)およびその版数(第○版・○○年度版など)」
「お問合せ該当箇所の頁数と行数」
「誤りと思われる記載」
「正しいとお考えになる記載とその根拠」
を明記してください。
なお、回答までに1週間前後を要する場合もございます。あらかじめご了承ください。

① ウェブページ「Cyber Book Store」内の「お問合せフォーム」より問合せをする

【お問合せフォームアドレス】

https://bookstore.tac-school.co.jp/inquiry/

② メールにより問合せをする

【メール宛先 TAC出版】

syuppan-h@tac-school.co.jp

※土日祝日はお問合せ対応をおこなっておりません。
※正誤のお問合せ対応は、該当書籍の改訂版刊行月末日までといたします。

乱丁・落丁による交換は、該当書籍の改訂版刊行月末日までといたします。なお、書籍の在庫状況等により、お受けできない場合もございます。
また、各種本試験の実施の延期、中止を理由とした本書の返品はお受けいたしません。返金もいたしかねますので、あらかじめご了承くださいますようお願い申し上げます。

TACにおける個人情報の取り扱いについて
■お預かりした個人情報は、TAC(株)で管理させていただき、お問合せへの対応、当社の記録保管にのみ利用いたします。お客様の同意なしに業務委託先以外の第三者に開示、提供することはございません(法令等により開示を求められた場合を除く)。その他、個人情報保護管理者、お預かりした個人情報の開示等及びTAC(株)への個人情報の提供の任意性については、当社ホームページ(https://www.tac-school.co.jp)をご覧いただくか、個人情報に関するお問い合わせ窓口(E-mail:privacy@tac-school.co.jp)までお問合せください。

(2022年7月現在)